数学与科学史丛书

日食与视差

唐 泉 著

国 家 自 然 科 学 基 金
陕西省重点学科资助项目
中 国 博 士 后 科 学 基 金
咸阳师范学院学术出版基金
资助出版

科 学 出 版 社
北 京

内 容 简 介

本书全面、翔实地论述了古希腊、古代印度、阿拉伯和中国数理天文学中视差算法的原理与精度，以及视差对日食食甚、食分和起讫时刻的影响。书中解决了传统日食理论和视差理论中的一些遗留问题，构建了日食时差算法的天文模型，较为清晰地勾勒出传统视差理论的发展脉络。

本书适于科学史工作者、数学和天文学工作者，以及相关专业的高校师生阅读。

图书在版编目（CIP）数据

日食与视差／唐泉著．—北京：科学出版社，2011

（数学与科学史丛书）

ISBN 978-7-03-030457-5

Ⅰ．①日…　Ⅱ．①唐…　Ⅲ．①日食－视差－研究

Ⅳ．①P125.11

中国版本图书馆 CIP 数据核字（2011）第 035919 号

丛书策划：孔国平

责任编辑：孔国平　郭勇斌　樊　飞　王日臣

责任校对：刘小梅／责任印制：徐晓晨／封面设计：陈　敬

编辑部电话：010－64035853

E-mail：houjunlin@mail.sciencep.com

科学出版社 出版

北京东黄城根北街16号

邮政编码：100717

http://www.sciencep.com

北京厚诚则铭印刷科技有限公司 印刷

科学出版社发行　各地新华书店经销

*

2011年4月第　一　版　开本：850×1168　1/32

2021年7月第四次印刷　印张：10

字数：260 000

定价：128.00 元

（如有印装质量问题，我社负责调换）

总　　序

中华民族正濒临伟大复兴的前夕，科学技术是第一生产力，科技力量的强大无疑是实现民族复兴的决定性关键因素。

中国科学技术源远流长，在历史上众多方面有无数重大贡献，绝非仅仅是通过丝绸之路传至西方的所谓“四大发明”而已。由于本人是数学工作者，试就中国古代对数学的贡献略志数语如下。

提起数学，我们通常会想到古希腊欧几里得逻辑推理的演绎体系与相应的定理证明。在它的影响下，形成了绚丽多彩的现代数学。古希腊对数学的这种影响与成就，自然是不可磨灭而应该为国人所向往与虚心学习的。

与欧几里得体系不同，中国古代的数学家重视实际问题的解决，由此自然导致多项式方程（组）的求解与相应算法的发现。对方程研究的不断深化，也逐步导致正负数、分数即有理数、(开方型）无理数，以及不尽小数即一般无理数的引入及其计算与极限等规律的发现。这在公元 263 年刘徽的《九章算术注》中即已完成。而在欧洲，则直至 19 世纪 Weierstrass 与 Cantor 等时代，才以繁复而不甚自然的形式实现了实数系统的完成，其中还出现过所谓的数学危机。

不仅如此，我国宋元时期天元概念的引入与天元术的创立，其成就之一是导致解多变量多项式方程组的一般思路与具体方法。20 世纪 70 年代我国的数学家们正是由于研习中国古代数学的启发，建立了解多项式方程组的一般方法，并由此创立了数学的机械化体系，取得从理论以至实际的多方面应用。特别是成功地应用于（初等与微分）几何定理的机器证明，为计算机时代脑力劳动的机械化开其先河。这不能不归功于中国古代数学所蕴含的思想与方法的深邃内容。

在科学、技术，以至医药、农牧业、地理与制图、水利、工程与机械制造等诸多方面，中国古代也有着辉煌的成就。试以天文学为例，我国是天文学发达最早的国家之一，早在新石器时代中期，我们的祖先已开始观天象，并用以定方位、定时间、定季节。我国历代都有历法，相传黄帝时代即已有之。不仅如此，历代还设置观察天文现象的专职官吏，传说颛顼时代就已有“火正”的官。

由于制历与天象观察都需要数学的帮助，因而中国古代数学的许多成就往往散见于历代的天文历法与有关著作之中。例如，有着悠久发展历史的招差术，主要见于历代的历法之中，在元代历法中实际上已有接近于微积分中麦克劳林级数的内容。

本丛书主编曲安京教授是天文学史方面有突出贡献的著名专家，中国古代天文成就的详情可参看本丛书中曲安京所著《中国历法与数学》和《中国数理天文学》两书。至于其他方面，可参阅李约瑟的《中国科学技术史》及国内出版介绍中国科学技术史的有关著作。

聊志数语，以贺本丛书在曲安京教授的精心策划之下，取得巨大的成功。

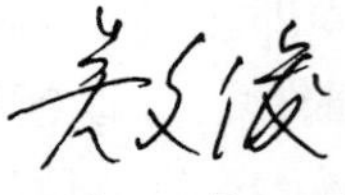

2005 年 12 月 22 日

目　录

第一章　绪　　论

现代天文学家能够非常精确地预报日食，但对古代天文学家而言，日食计算是一件非常困难的事情，其中的主要原因是月亮视差一直困扰着他们。视差理论在古希腊、古代印度、阿拉伯和中国等文明的日食理论中占有非常重要的地位，日食计算中的许多项目，如日食食甚、日食食分和日食起讫时刻等都与月亮视差有关。对古代天文学家来说，日食计算的精度在很大程度上取决于视差算法的优劣。本书的主旨，就是详细阐述古希腊、古代印度、阿拉伯和中国数理天文学中的视差理论以及视差在日食计算中的应用。

第一节　视差概念

在现代天文学中，天体视差指的是观测者在两个不同位置看同一天体的方向之差。视差的大小，通常用观测者的两个不同位置之间的距离（又称为基线）在天体处的张角来表示，这个角度等于两个观测地点到该天体的连线在天球上的两个几何投影点之间的弧段。在实际应用中，只有当两个观测点之间的距离小于观测者与被观测天体的距离时，视差才有意义。

天体视差与天体到观测者的距离之间存在着简单的三角关系，测出天体的视差，就可以确定天体与观测者之间的距离(即天体距离)。因此，天体的视差测量是确定天体距离最基本的方法，称为三角测量法。

由于天体的距离都很遥远，它们的视差很小，因此要精确测定它们的视差，必须尽可能将基线拉长。在测定太阳系内一些天体的视差时，通常以地球的半径作为基线，所测定的视差称为周日视差。在测定恒星的视差时，通常以地球和太阳之间的平均距离作为基线，所测定的视差称为周年视差。①

一、周日视差

由于所有的恒星都离我们很远，因此观测者在地球范围内的移动不会引起这些恒星的任何视差位移。但对于太阳系内的天体，如太阳、月亮和行星等，这样的位移则不能忽略。为使太阳系内的天体，如太阳、月亮或行星的一切观测可以进行互相比较，必须预先将这些观测归算到一个标准参考点。这一点通常是这样选择的，它尽可能处在使地面上一切相对的各点成对称的位置，同时它本身不参加地球的周日转动。很明显，这个点就是地球的中心，而太阳、月亮、行星及太阳系内其他天体的一切观测都归算到这一点。②

当选用地球中心为标准参考点时，从地心与某个实际观测地点看到的天体位置的差别，即天体在天球上的两个几何投影之间的角距离称为地心视差。由于太阳系内的天体视差位移现象与地球绕轴周日转动有关，因此也称地心视差为周日视差（diurnal parallax）。显然，周日视差就是由地心观测变为地面观测所作的修正，其大小即为由太阳系内某一天体看地球半径所张的角。

如图 1-1 所示，假设观测者位于地球表面上 M 点，O 为地心，OZ 为铅垂线，B 为太阳系内任一天体。连接 OB 、MB ，在三角形 OMB 中，OM 表示地球半径，记为 r ，OB 是从地球中心到天体的距离，记为 R ，天体 B 对地球半径的张角 $\angle OBM$ ，记为 p ，p 即为周日视差。

---

① 中国大百科全书 · 天文卷 . 北京：中国大百科全书出版社 . 1980. 326.

② 文采尔 M K. 球面天文学 . 朱裕栋，张先觉译 . 北京：高等教育出版社 . 1958. 207.

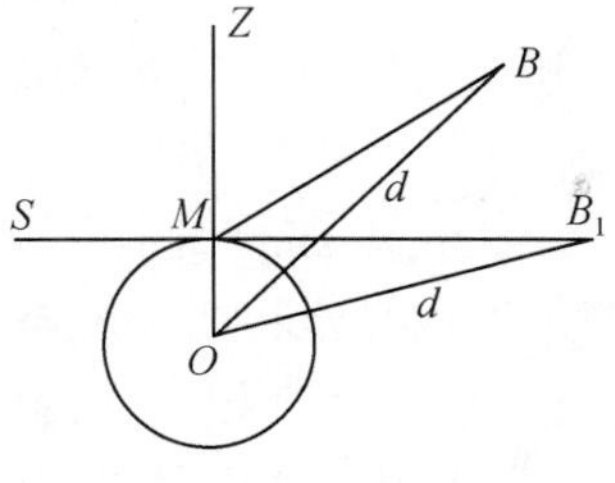

图1-1 周日视差

视差 p 的大小，可以根据天体 B 到地心的距离 R 以及它的视天顶距 z' 求出。考察三角形 OMB，由已知 $OM = r$，$OB = R$，$\angle OMB = 180° - z'$，利用正弦公式有

$$\frac{\sin p}{\sin(180° - z')} = \frac{r}{R} \tag{1-1}$$

由此可得视差和天体距离之间的相互关系如下

$$\sin p = \frac{r}{R} \times \sin z' \tag{1-2}$$

由式（1-2）可以看出，视差是由天体的视天顶距 z' 决定的。由于在一天之内，天体的视天顶距不断变化，故视差也具有周日变化的特性，这也正是地心视差通常被称为“周日视差”的原因。

考察式（1-2），当天体位于观测者的天顶，亦即当 $z' = 0°$ 时，视差 $p = 0°$；而当天体位于地平，亦即 $z' = 90°$ 时，视差达到最大，这个视差的最大值叫做地平视差（horizontal parallax），本书中我们用 p_0 表示地平视差。将 $z' = 90°$ 代入式(1-2)，容易得出

$$\sin p_0 = \frac{r}{R} \tag{1-3}$$

作真地平线通过 M（$MS \perp OZ$），则在直角三角形 OMB_1 中，式（1-3）显然成立。至此可以看出，地平视差 p_0 其实就是

一个从位于地平处的天体上来看观测地点的地球半径所得的角距。联合式（1-2）和式（1-3），可以求出天体位于任意天顶距时的视差

$$\sin p = \sin p_0 \times \sin z' \quad (1\text{-}4)$$

式（1-4）表明了周日视差和地平视差的相互联系。观测资料表明，所有天体的地平视差都很小，因此它们的周日视差也相应很小，故在式（1-4）中，我们可以用弧度值来代替视差的正弦数值，于是可得

$$p = p_0 \times \sin z' \quad (1\text{-}5)$$

若用 z 表示天体 B 的地心天顶距，则有

$$z' = z + p \quad (1\text{-}6)$$

式（1-6）表明，视差总是把天体在地平上的位置降低，也就是说，我们从地球表面观测到的天体位置总比从地心观测到的位置要低。

由于天体的地平视差很小，故式（1-3）可以变为

$$\frac{p_0''}{206265} = \frac{r}{R} \quad (1\text{-}7)$$

解式（1-7）中的 R，得

$$R = \frac{206265}{p_0''} \times r \quad (1\text{-}8)$$

在计算地球到天体的距离时，先通过观测来测定它的视差，再由计算而求得距离，式（1-8）就表明了视差和天体距离之间的关系。在式（1-8）中，通常将地球半径 r 以地球的赤道半径代表，即取 r = 6378.39 千米；相应于地球赤道半径的地平视差，叫做赤道地平视差。

利用式（1-8），可以计算出从太阳到地球的距离和从地球到月球的距离。如令地球赤道半径 r =6378 千米，将太阳的地平视差取为 $p_0 = 8''.8$，则可得太阳到地球的距离为149 450 000千米；如将太阳的地平视差换为月球的地平视差 $p_0 = 57'$，可得月

球到地球的距离为384 000千米。

二、周年视差

在考察太阳系外一些天体的观测时，我们通常把由地心观测变为日心观测所作的修正称为日心视差或周年视差（annual parallax），周年视差的大小就是由恒星来看地球公转轨道半径所张的角。简单地说，恒星的周年视差就是地球和太阳间的距离在恒星处的张角。由于日食计算仅和周日视差有关，因此在本书中，若无特别说明，我们所称的视差均指周日视差。

周年视差的概念可借助图1-2说明。在图1-2中，S和E分别表示太阳和地球，P表示恒星。$r = PS$表示恒星和太阳的距离。$a = ES$表示地球绕日轨道的半长轴。$\pi = \angle EPS$即为恒星P的周年视差。

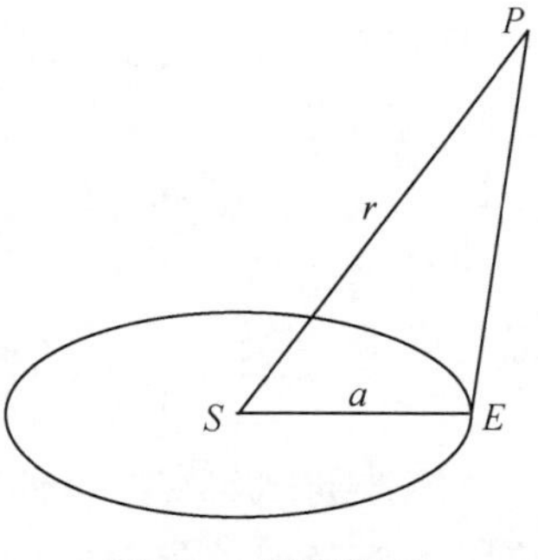

图1-2　周年视差

由于恒星到太阳的距离远远大于地球到太阳的距离，故$\angle PES$非常接近于直角。因此，在三角形PES中，恒星的周年视差π与太阳到恒星的距离r以及地球到太阳的平均距离a之间的关系可以表示为

$$\sin\pi = \frac{a}{r} \tag{1-9}$$

恒星的周年视差 π 都小于 1 角秒，即 1° 的 1/3600。所以通常 π 以角秒为单位，并把上式写为

$$\pi = 206265 \times \frac{a}{r} \tag{1-10}$$

显然，若 a 和 π 已知，便可求出 r。

通常，天文学家把日地距离 a 称做一个天文单位。实际上，天文单位是一个很小的距离，于是天文学家又引进了秒差距的概念。也就是说，如果恒星的周年视差是 1 角秒，那么它就距离我们 1 秒差距，1 秒差距大约为 206 265 天文单位。

只要测量出恒星的周年视差，它们的距离就很容易确定。但是，恒星周年视差的测量并不容易。哥白尼（Copernicus，1473～1543）提出日心说以后的近 300 年间，包括丹麦著名天文学家第谷（Tycho，1546～1601）在内的许多天文学家，都企图发现恒星的周年视差，但由于受当时观测条件的限制，他们的努力都没有成功，以致有些人对哥白尼学说的正确性曾一度表示怀疑。1837～1839 年，俄国的斯特鲁维（Struve，1793～1864）、德国的贝塞尔（Bessel，1784～1846）和英国的亨德森（Henderson，1798～1844）才分别测出了织女星（即天琴座 α）、天鹅座 61 和南门二（即半人马座 α）三颗近距恒星的周年视差。

早期用目视法测定恒星的周年视差，精度不高。20 世纪以来，天文学家开始使用大口径、长焦距的大型折射或反射望远镜和照相方法测定视差。当恒星同地球的距离等于 100 秒差距时，其周年视差的观测误差已相当于其视差本身相等的数值，因此只有对距离小于 100 秒差距的近距星，才能利用三角视差法比较准确地测定它们的恒星视差，而对于更远的天体，三角视差法则显得无能为力了。美国耶鲁大学天文台在 1952 年出版的《恒星视差总表》中列出了约 6000 颗恒星的三角视差，近几十年又测定了 10% 以上暗星的三角视差，例如在 1969 年版《格

利泽星表》中，列出了 1049 颗距离在 20 秒差距之内的近距星的视差。①

三、地平视差的测定

通过前面的讨论可知，天体的视差与地平视差及天体的视天顶距有关。天体的视天顶距比较容易测定，但地平视差的测定则比较困难。下面简单介绍一下测定月球地平视差和太阳地平视差的方法。

1. 月球地平视差的测定

测定月球周日地平视差的最简单方法是：在同一子午线上相距很远的两个地点同时观测月球，测定它在中天时的天顶距，如果已知两地的地理纬度，则可求出月球的地平视差。

如图 1-3 所示，假定有两个位于同一地球子午圈上的观测者，其中一个位于北半球的 M 点，另外一个位于南半球的 N 点，直线 OZ_1 和 OZ_2 分别是 M 和 N 点的铅垂线，QQ' 是赤道，PP' 是地球的自转轴，B 为月球。

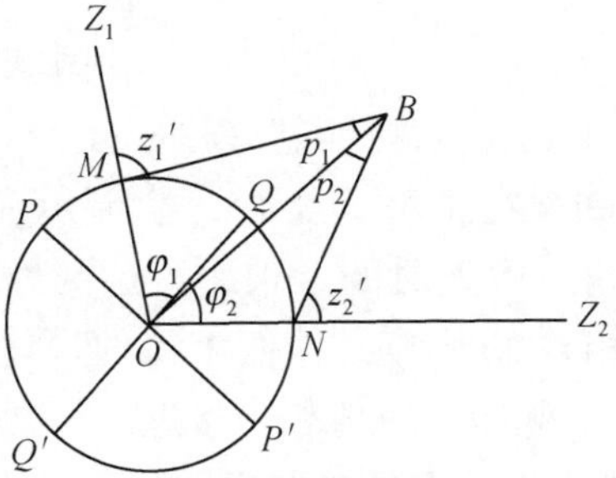

图 1-3 月球地平视差的测定

考察四边形 $OMBN$，由于四个内角的和为 360°，即有

① 中国大百科全书 · 天文卷. 北京：中国大百科全书出版社. 1980. 327.

$$\angle O + \angle M + \angle N + \angle B = 360° \qquad (1\text{-}11)$$

又从图 1-3 中看出，以下关系式显然成立

$$\angle O = \varphi_1 + \varphi_2, \angle B = p_1 + p_2$$

$$\angle M = 180° - z_1', \angle N = 180° - z_2'$$

将此四值代入式（1-11）并化简即得

$$p_1 + p_2 = z_1' + z_2' - (\varphi_1 + \varphi_2) \qquad (1\text{-}12)$$

根据前面所给出的视差公式，有 $p_1 = p_0 \times \sin z_1', p_2 = p_0 \times \sin z_2'$，代入式（1-12）即得

$$p_0 = \frac{z_1' + z_2' - (\varphi_1 + \varphi_2)}{\sin z_1' + \sin z_2'} \qquad (1\text{-}13)$$

利用式（1-13）即可计算出月球的地平视差。前面的叙述已经表明：为了测天体的视差，就要使位于同一地球子午圈上的两个观测者的距离尽可能远些，并且要同时在天体经过子午圈时去测定它的天顶距。我们已经在前面叙述了这个方法的基本概念。但实际上这个问题相当复杂，这是因为两个观测者不一定能位于同一个子午圈上，他们也不一定能在同一时间进行观测。另外，地球并非我们假想的圆球，而是一个不太规则的椭球体。

月球的周日地平视差最早是由法国天文学家拉卡伊（Lacaille，1713 ~ 1762）和拉朗德（Larand，1732 ~ 1807）测定的。1752 年，拉朗德在柏林天文台，拉卡伊在好望角天文台，同时测定月球在两地中天时的天顶距。这两地差不多在同一经圈上，而纬度则相差 90 多度。他们求得的月球的周日地平视差为 57′，该值和现代测得的数值相当接近。①

行星的周日地平视差也可在它们最接近地球时用上述方法测定。1672 年，法国天文学家卡西尼（Cassini，1625 ~ 1712）在火星冲日期间测定了它的视差。当时他与皮卡（Picard，1620 ~

① 宣焕灿．天文学史．北京：高等教育出版社．1992. 174 ~ 175.

1682）在巴黎，里奇（Richer，1630～1696）在法属圭亚那的卡宴同时观测，测得火星视差为25″，并由此推出了太阳视差为9″.5，这是当时最接近真值的数据。[①]

2. 太阳地平视差的测定

太阳视差是现代天文常数之一，它的确切名称是太阳赤道地平视差。前面我们简单介绍了测定月球视差的方法，但是这个方法对测定太阳视差不适用。这主要有如下几个方面的原因：第一，太阳视差很小，一般小于9″，这样小的数值很难测定；第二，太阳的光芒很强，它的视圆面中心很难测准；第三，太阳光会使仪器受热而变形，从而影响观测的精度。因此，测定太阳视差必须采用另外的方法。这个方法就是通过测定行星的视差，来间接求出太阳的视差。如利用火星冲日、金星凌日等天象发生时的有利时机来测定行星的视差，再间接求出太阳视差。此外，天文学家有时也利用没有位相和视圆面的小行星冲时来测定这些小行星的视差，再间接求出太阳视差。

下面我们就来简单介绍一下如何从火星的地平视差求出太阳的地平视差。

如图1-4所示，S、M和E分别表示太阳、火星和地球的中心，图中所示火星和太阳的位置叫冲。设地球半径为r，日地距离为Δ_1，太阳到火星的距离为Δ_2，p_S和p_M分别表示太阳和火星的地平视差。

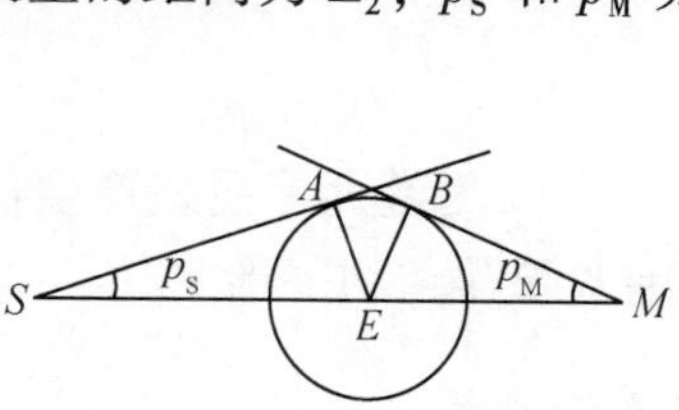

图1-4 太阳地平视差的测定

① 中国大百科全书·天文卷. 北京：中国大百科全书出版社. 1980. 188.

考察三角形 *SEA* 和三角形 *MEB*，可得下式

$$\sin p_{S} = \frac{r}{\Delta_1} \tag{1-14}$$

$$\sin p_{M} = \frac{r}{\Delta_2 - \Delta_1} \tag{1-15}$$

消去 r，可得

$$\Delta_1 \times \sin p_{S} = (\Delta_2 - \Delta_1) \times \sin p_{M} \tag{1-16}$$

两边同除以 Δ_1 变为

$$\sin p_{S} = \left(\frac{\Delta_2}{\Delta_1} - 1\right) \times \sin p_{M} \tag{1-17}$$

由于太阳和火星的地平视差都很小，亦即有 $p_{S} \approx \sin p_{S}$，$p_{M} \approx \sin p_{M}$，故上式化为

$$p_{S} = \left(\frac{\Delta_2}{\Delta_1} - 1\right) \times p_{M} \tag{1-18}$$

式中 Δ_2/Δ_1 的值可利用开普勒（Kepler，1571～1630）行星运动第三定理求得

$$\frac{\Delta_1^3}{\Delta_2^3} = \frac{T_1^2}{T_2^2} \tag{1-19}$$

式（1-19）中 Δ_1 和 Δ_2 分别表示地球和火星到太阳的距离，T_1 和 T_2 则分别表示二者的公转周期。取地球的公转周期 $T_1 = 365.26$ 日，火星的公转周期 $T_2 = 686.98$ 日，解得 $\Delta_2/\Delta_1 = 1.52$，将此值代入式（1-18）可得：

$$p_{S} = 0.52 p_{M} \tag{1-20}$$

式（1-20）表明，因测量火星视差产生的误差而引起的太阳视差之误差，只有火星误差的一半左右。

3. 太阳地平视差测量简史

天文学家测量太阳地平视差的历史可以追溯到很久以前。早在公元前 2 世纪，古希腊天文学家依巴谷（Hipparchus，公元

前190～前125）就发现了视差现象并建立了视差理论及其算法。依巴谷讨论了太阳和月亮的视差算法以及它们的地平视差，他将太阳到地球的距离取为地球半径的1200倍，从而得到太阳的地平视差为3′。依巴谷的视差理论被随后不久的天文学家托勒密（Ptolemaic，约公元90～168）所继承，托勒密在公元147年完成的著作《至大论》中，将日地距离取为地球半径的1210倍，从而得到太阳的地平视差为2′51″。

依巴谷和托勒密对日地距离的认识以及他们所采用的太阳地平视差数值，对后世天文学家影响很大。古代印度和阿拉伯天文学家基本都将太阳的地平视差取为3′左右。这种状况一直持续到哥白尼和第谷的时代，哥白尼将日地距离定为地球半径的1179倍，而第谷在《论新天象》中将该比值定为1040，后来在《新编天文学初阶》中又定为1150，所有这些数值推得的太阳地平视差均在3′左右徘徊。①

西方天文学家对日地距离的认识水平以及他们所采用的太阳地平视差数值，对中国的天文学家也产生了深远的影响，在明末西方天文学大规模传入中国之后，中国天文学家撰写的天文学著作在讨论视差时，基本上都将太阳地平视差取为3′。

17世纪初，开普勒在研究火星的观测结果时，指出前人采用的太阳视差数值太大，根据他的推测，这个数据不会大于1′。开普勒的行星运动定理给出了太阳系内各行星距离的相对数值一个比例，而要求出这些距离的真实长度，天文学家需要知道太阳到地球的距离，这个距离在现代天文学中通常被称为一个天文单位。

一直到17世纪下半叶，天文学家才开始知道较为精确的太阳地平视差的近似值。1656年，法国天文学家卡西尼提出了用观测

① 江晓原．第谷．见：席泽宗．世界著名科学家传记·天文学家1．北京：科学出版社．1990. 27.

火星冲日时的视差来测定太阳的视差，这个方法在前面讨论太阳视差时已经介绍过。1672 年，卡西尼等人利用火星冲日的机会首次求得了太阳视差。是年，巴黎天文台决心利用火星冲日这个机会来测定太阳视差。当时里奇横渡大西洋到法属圭亚那的卡宴，而卡西尼和皮卡在巴黎，他们利用带测微器的望远镜和钟分别测定火星上中天时的位置。次年，里奇将观测资料带回巴黎，卡西尼进行了计算，得到火星视差为 25″，并由此推出了太阳视差为 9″.5,这是当时最接近真值的数据。① 这个数值可以认为是第一次对太阳地平视差真数的近似值。此后开始了对视差测定的新纪元，同时也提供了许多解决这个重要问题的新方法。马拉底于 1704 年测得太阳视差约为 10″，布拉德于 1719 年测得太阳视差为 10″.5，拉卡伊于 1751 年测得太阳视差为 10″.2。

1716 年，英国天文学家哈雷（Halley，1656～1742）提出了一种利用金星凌日测定太阳视差的方法。这个方法的基本思路如下：当金星凌日时，从地球上不同两地同时进行观测，则金星将投影在太阳视圆面上并沿两条平行弦经过日轮，通过观测可求得金星对两地的张角，由此可推算出金星视差，进而可求得太阳视差。②

然而金星凌日天象比较罕见，最近的两次金星凌日现象一直要等到 1761 年和 1769 年，天文学家为此做了大量的准备工作。在 1761 年金星凌日天象发生时，天文学家所测得太阳视差的数值为 7″.5～10″.5，弥散度相当大。天文学家设法在技术上采取各种改进措施，希望在 1769 年金星凌日时通过观测得到更精确的数值。关于 1769 年的金星凌日观测，有 200 多篇论文发表，测得的太阳视差数值虽然仍有较大的弥散，但是大多数结

① 斯克伏尔错夫 E Φ. 天文学 . 萧云，康民译 . 北京：高等教育出版社 . 1955. 92.

② 宣焕灿 . 天文学史 . 北京：高等教育出版社 . 1992. 176.

果为8″.5～8″.8，结果较1761年好了许多。法国天文学家潘格雷（1711～1796）分析了当时的全部资料，于1775年算出太阳的视差很接近8″.8，非常接近现在采用的数值8″.794，但是他的结论没有引起天文学家的注意。

1769年以后的金星凌日，要等到1874年与1882年，天文学家在这一段时间内重新讨论过去的金星凌日的观测资料，希望得到可靠的数值。1786～1825年天文学家所得到的太阳视差的数值为8″.56～8″.85。最完全的讨论是德国天文家恩克（1791～1865）于19世纪初做成的，他的结果是8″.57，刊布于1824年，这个数值在19世纪上半期，被天文学家公认为是太阳视差最可能的数值，由此算出地球太阳间的距离是153 000 000千米，比真值长3 500 000千米。①

在18世纪和19世纪，天文学家通过观测稀有的金星凌日现象（1761年、1769年、1874年和1882年），多次测定了太阳的视差。但是由于金星凌日现象并不如它在几何学上的理论那样简单，光学的、仪器的和大气的影响都使得观测很不可靠，因而利用金星凌日现象来测出的太阳视差便不如预期的那样可靠。②

在19世纪后半叶，天文学家为了测定太阳视差而观测冲时的小行星，因为小行星没有像火星那样显著的圆面，因此它的地面坐标就可以测量得比有圆面和位相的火星准确得多。19世纪末，天文学家主要通过观测爱神星来测量太阳的地平视差，因为爱神星在某些冲时（1900～1901年，1930～1931年）到地球的距离只有太阳到地球距离的1/7，于是其视差达到60″。③

---

① 伏古勒尔G de. 天文学简史. 李晓舫译，罗玉君校. 上海：上海科学技术出版社. 1959. 54.

② 伏古勒尔G de. 天文学简史. 李晓舫译，罗玉君校. 上海：上海科学技术出版社. 1959. 53.

③ 勃拉日哥C H. 球面天文学教程. 易照华，杨海寿译. 北京：高等教育出版社. 1954. 178.

天文学家在测定太阳视差时，除了采用几何学方法以外，还采用现代最精确的观测方法——雷达天文方法。在纽康的天文常数系统中太阳视差取8″.8，这个数值从1896年起沿用到1967年。在1964年国际天文学联合会天文常数系统中，太阳视差作为导出常数，取为8″.794 05，这个数值从1968年开始，一直用到1983年。在1976年国际天文学联合会天文常数系统中，太阳视差仍属于导出常数，取为8″.794 148，该值将从1984年统一采用。后两个参数都是根据行星雷达测出一个天文单位距离的光行时，再乘以光速求出一个天文单位的距离而导出的。[①]

由于恒星距离我们非常遥远，因此，恒星周年视差的测定比太阳视差的测定更加困难。自从哥白尼提出日心说之后，许多天文学家都企图测量恒星视差，但都没有成功。直到19世纪30年代末，天文学家在恒星视差测量方面才取得了突破。1836年，俄国天文学家斯特鲁维测得织女星的视差为0″.125，与今测值0″.121非常接近，他的结果于1837年发表；1840年，斯特鲁维又发表了他的最新测量结果0″.261，这个结果误差反倒大了许多。1838年，德国天文学家贝塞尔撰文指出天鹅座61的视差为0″.314（今测值为0″.294）；1839年，英国天文学家亨德森宣布他测得人马座α的视差为1″.16（今测值为0″.76）。

第二节　日食原理与计算概要

一、日食的种类

月球在绕地球运动的过程中，有时会走到太阳和地球中间，此时月球的影子落在地球表面上，位于影子里的观测者便会看到太阳被月球遮住，这种现象称为日食。地球在背着太阳的方

① 中国大百科全书·天文卷. 北京：中国大百科全书出版社. 1980. 361.

向有一条阴影，月球在绕地球运动过程中有时会进入地影，这种现象称为月食。

月球的影子可分为本影、伪本影和半影三部分。如图1-5所示，区域 *AOC* 为本影，这个区域太阳光完全照不到；区域 *BAOE* 和 *DCOF* 为半影，仅仅有部分太阳光能射入这个区域；本影的延长区域 *EOF* 为伪本影。

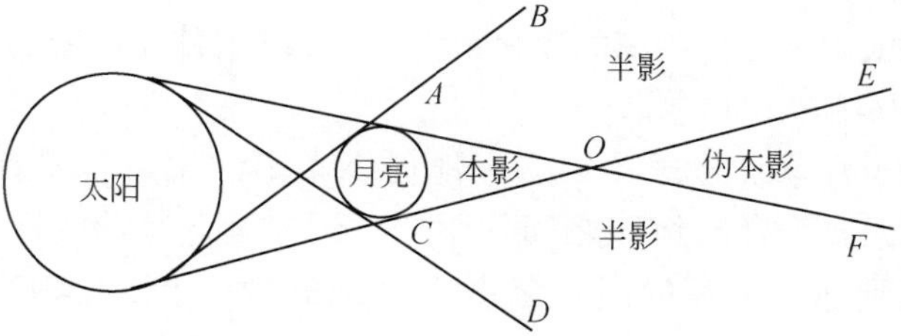

图1-5　月球的影子

月球本影的长度，取决于太阳和月亮之间的距离。当这个距离较大时，月影较长，当这个距离较小时，月影较短。如图1-6所示，*S* 和 *M* 分别表示太阳和月亮中心，*ABO* 分别与太阳和月亮相切于 *A* 和 *B*，做 $MC \parallel ABO$，则易知三角形 *BMO* 和三角形 *CSM* 相似。

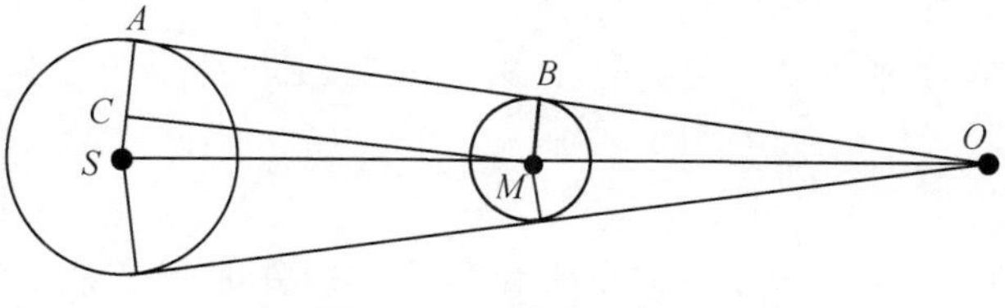

图1-6　月球本影的长度

若设太阳和月亮的半径分别为 R_S 和 R_M，本影长度 $l_M = OM$，$d = SM$ 表示太阳和月亮的距离，则根据相似三角形的性质，下列比例关系成立

$$\frac{R_S - R_M}{d} = \frac{R_M}{l_M} \tag{1-21}$$

化简整理可得

$$l_M = \frac{R_M}{R_S - R_M} \times d \tag{1-22}$$

由于太阳和月亮半径是常数，因此，月球本影长度取决于太阳和月亮的距离 d 。若取 $R_M = 1737$ 千米，$R_S = 695540$ 千米，并考虑太阳和月亮距离的变化范围[①]，可求出月球本影的长度为 367 000 ~ 379 660 千米。

由于月球绕地球的轨道和地球绕太阳的轨道都不是正圆，从而导致日、月同地球之间的距离时近时远。月球的近地点和远地点到地球表面的距离分别约为 356 700 千米和 407 000 千米。[②] 因此在日食时，观测者有时可能在半影范围内，有时可能在伪本影范围内，有时则可能在本影范围内。在半影范围内，太阳的一部分被月球遮住，这称为日偏食。在本影范围内，观测者看到太阳全部被月球遮住，这称为日全食；在伪本影内，月球不能完全遮住太阳，在太阳边缘剩下一圈光环，这称为日环食；此外，还有一种极少见的情形，伪本影区域先扫过地面，然后本影区域扫过地面，从而使地球上一部分地区看到环食，另一部分地区看到全食，这种食称为全环食。日全食、日环食和全环食合称为中心食。中心食发生时，必附带着发生偏食。

二、日食的判定

我们知道，日食一定发生在朔日，但并非每个朔日都会发

---

① 很显然，日月距离等于日地距离和月地距离之差。日地距离的最小值为 147 000 000千米，最大值为 152 006 000 千米，平均值为 149 500 000 千米；月地距离的最小值为 356 700 千米，最大值为 406 700 千米，平均值为 381 400 千米。

② 杰克·B. 齐克尔. 日全食. 傅承启译. 上海：上海科技教育出版社. 2002. 33.

生日食。由于太阳和月亮的视圆面直径只有半度左右，而黄道和白道之间有一个大约 5°9′ 的夹角，因此只有当朔时太阳和黄白交点的距离在一定范围之内，才会发生日食。这个范围在现代天文学中，称为日食界限。由于月亮视差的影响，日食的判定比月食判定要复杂一些。下面我们简单讨论一下发生日食的条件和日食的判定。

如图 1-7 所示，圆 OS 为黄道，圆 OM 为白道。

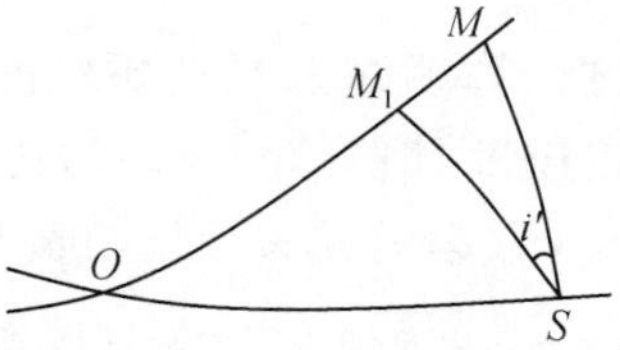

图 1-7　日食的条件

设在某一时刻，太阳和月亮分别位于 S 和 M，且此时 MS 和 OS 垂直，则 $\beta = \overset{\frown}{MS}$ 称为月亮的黄纬。由于月亮的运动速度较快，当月亮运动到 M_1 且 SM_1 垂直于 OM 时，月亮视中心和太阳视中心的距离最短，这个最短距离为①

$$\overset{\frown}{SM_1} \approx SM_1 = \beta \times \cos i' \qquad (1\text{-}23)$$

其中 $i' = \angle MSM_1$，它和黄白交角 I 有如下关系②

$$\tan i' = \frac{\Delta\lambda_M}{\Delta\lambda_M - \Delta\lambda_S}\tan I \qquad (1\text{-}24)$$

这里 $\Delta\lambda_M$ 和 $\Delta\lambda_S$ 分别表示月亮和太阳的黄经在单位时间内的变量。

设太阳和月亮的视半径分别为 r_S 和 r_M，太阳视差和月亮视

① 由于日食时，月亮的黄纬很小，故图 1-7 中的球面三角形 SMM 可近似看做平面三角形。

② 唐汉良，余宗宽．日月食及其计算概要．南京：江苏人民出版社．1959. 30.

差分别为 p_S 和 p_M，则日食的种类可由如下条件进行判断：

（1）当 $\widehat{SM_1} < r_M + r_S + p_M - p_S$ 或 $|\beta| < (r_M + r_S + p_M - p_S)\sec i'$ 时，发生日偏食；

（2）当 $\widehat{SM_1} < r_S - r_M + p_M - p_S$ 或 $|\beta| < (r_S - r_M + p_M - p_S)\sec i'$ 时，发生日全食；

（3）当 $\widehat{SM_1} < r_M - r_S + p_M - p_S$ 或 $|\beta| < (r_M - r_S + p_M - p_S)\sec i'$ 时，发生日环食。

显然，可以通过计算朔时月亮的黄纬是否满足以上各式，来判断是否发生日食以及日食的种类。为讨论问题方便，我们列出日月视半径和地平视差的相关数据如表 1-1。

表 1-1　日月视半径与地平视差①

	最大值	最小值	平均值
黄白交角 I	5°19′	4°57′	5°9′
i	5°52′	5°17′	5°33′
月亮地平视差 π_M	61′27″	53′53″	57′2″.608
太阳地平视差 π_S	8″.96	8″.65	8″.794
月亮视半径 S_M	16′45″	14′41″	15′32″.58
太阳视半径 S_S	16′18″	15′46″	15′59″.63

代入相关数据，可计算出发生日食的条件如下：

（1）$|\beta| > 1°34′50″$ 时，不可能有日偏食；

（2）$|\beta| < 1°24′33″$ 时，一定有日偏食；

（3）$|\beta| > 1°1′39″$ 时，不可能有中心食；

（4）$|\beta| < 0°54′$ 时，一定有中心食。

图 1-7 中的 $\widehat{OS}$，在现代天文学中，称为日食的界限。日食

① 唐汉良．日月食计算．南京：江苏科学技术出版社．1980. 26. 其中黄白交角 I 的数值，采自《中国大百科全书·天文学》．北京：中国大百科全书出版社．1980. 529.

界限和月亮的黄纬密切相关，考察图 1-7 中的球面三角形 OSM，显然有

$$\sin \widehat{OS} = \frac{\tan \beta}{\tan I} \tag{1-25}$$

将日食发生条件中的月亮黄纬值代入式（1-25），即可计算出相应的日食界限：

(1) $\widehat{OS} > 17°.9$ 时，不可能有日偏食；

(2) $\widehat{OS} < 15°.9$ 时，一定有日偏食；

(3) $\widehat{OS} > 11°.5$ 时，不可能有中心食；

(4) $\widehat{OS} < 10°.1$ 时，一定有中心食。

以上的讨论表明，判断日食是否发生，可以考察朔时月亮的黄纬或者太阳和黄白交点的黄经差，它们是一个球面三角形的两条边，二者可以互求。当然，由于太阳和月亮的视直径在不断变化，黄白交角也在随时间变化，因此，日食的界限也在变化。

三、日食的过程

一次完整的日全食过程包括以下五个阶段：初亏、食既、食甚、生光、复圆。而对于日偏食，则只有初亏、食甚和复圆三个阶段，称为日食三限。

由于月亮自西向东绕地球运转，所以日食总是从太阳圆面的西边缘开始。当月亮的东边缘与太阳圆面相外切的瞬间，称为初亏。初亏是日食过程开始的时刻。

当月面的西边缘与日面的西边缘相内切时，称为食既。此时整个太阳圆面被遮住，因此，食既也就是日全食开始的时刻。

食既以后，月轮继续东移，当月面中心和日面中心相距最近时，就达到食甚。对日偏食来说，食甚是太阳被月亮遮去最多的时刻。

月亮继续向东移动，当月面的东边缘和日面的东边缘相内切的瞬间，称为生光，它是日全食结束的时刻。

生光之后，月面继续移离日面，太阳被遮蔽的部分逐渐减少，当月面的西边缘与日面的东边缘相外切的刹那，称为复圆。这时太阳又呈现出圆盘形状，整个日全食过程结束。

日面的被食程度，通常用食分来表示。对于日偏食而言，日食的食分指的是食甚时刻日面视直径的被食部分与日面视直径的比值；对于日环食或日全食而言，其食分等于食甚时刻月面与日面视直径的比值。显然，环食和偏食的食分 $g<1$ ，全食的食分 $g \geqslant 1$ 。

日全食的持续时间很短。对一个赤道观测者来说，最长的全食时间为 7 分 40 秒，一般情况下，日全食仅仅持续 2～3 分钟。但是，一次日全食从初亏到复圆的全部时间最长可持续 4 小时之久。

四、现代日食计算概要

现代天文学中，日食计算非常复杂。计算日食，必须求出任一时刻的影轴、影的半径和轮廓，以及日食限。这些问题可归结为计算适合日食各种条件的观测地的坐标。因此必须先确定一个坐标系，使得所有位置都是对于这个坐标系而言的。这个坐标系通常是这样选择的：以地心 O 作为坐标系的原点，过地心引一条平行于月影锥轴的直线作为 Z 轴，向月亮方向为正；过地心垂直于 Z 轴的平面称为基本面，基本面和赤道面的交线为 X 轴，向东为正；基本面上和 X 轴相垂直的直线为 Y 轴，向北为正；坐标以地球赤道半径为长度单位。上述坐标系即称为贝塞尔坐标系（图 1-8）。

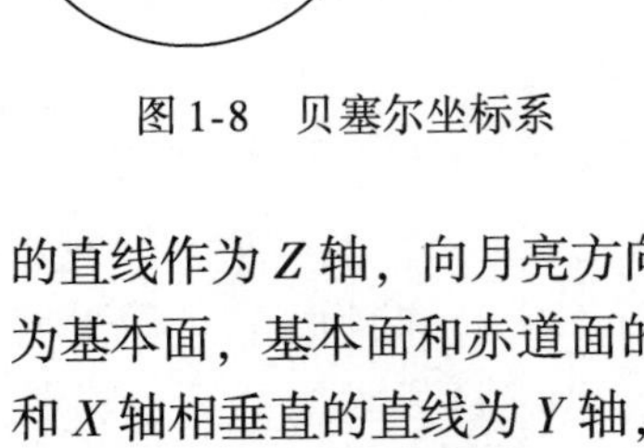

图 1-8　贝塞尔坐标系

在建立贝塞尔坐标系之后，还需要计算任何时刻月影锥轴的方向，月亮中心的坐标，观测地的坐标，从月影锥轴到观测地的距离，月影锥的方程式与截面积，等等。

现代天文学中，精密的日食计算主要利用贝塞尔根数表，贝塞尔根数的几何意义如下①：x，y 表示月影锥轴和基本面交点的坐标；d 表示 Z 轴和赤道面的交角；μ 是 Z 轴自历书子午圈起算的时角；u_1 和 u_2 分别表示半影锥和本影锥在基本面上的半径，其长度单位为地球赤道半径，u_1 恒为正，u_2 和本影锥顶的 z 坐标同号。本影锥顶在基本面后面时，u_2 为负值，可以看到全食，本影锥顶在基本面前面时，u_2 为正值，可以看到环食。在极少数情况下，u_2 在基本面上为正值，而在地面上为负值，可以看到全环食。f_1 和 f_2 是半影锥和本影锥的半顶角。

这些数据对计算日食的界限、食分及不同地点的食甚时刻等都是必不可少的元素，所以称为日食要素或贝塞尔要素。贝塞尔根数表中，x、y、$\sin d$、$\cos d$、μ、u_1、u_2，每 10 分钟列一数；x、y 的每分钟变量 x'、y' 每小时各列一数；f_1、f_2 和 μ'（以弧度表示的 μ 的每分钟变量）在整个日食过程中可视为常数。

用贝塞尔根数表推算日食所根据的原理是：初亏和复圆时观测者与影锥轴的距离等于半影半径；全食和环食的开始和结束时，等于本影半径。

《中国天文年历》中推算日食的过程主要包括如下几个步骤②：

（1）先定设时；从日食界限图上估计日食的时刻作为设时，用 T_0 表示。

---

① 1983 年中国天文年历．北京：科学出版社．1982. 527～528.

② 1983 年中国天文年历．北京：科学出版社．1982. 527～528. 读者欲了解日食计算的更详细的细节，可取阅唐汉良和余宗宽所著《日月食及其计算概要》（1959）和唐汉良《日月食计算》（1980）等著作。

(2) 求观测地在基本面上的位置，就是求观测地的坐标及其每分钟变量。

设 ξ 、η 、ζ 为观测地的坐标，ξ' 、η' 为 ξ 、η 的每分钟变量，λ^* 为观测地的历书经度，则观测地的坐标及其每分钟变量可由下列方程组求出

$$\begin{cases} \xi = \rho\cos\varphi'\sin(\mu - \lambda^*) \\ \eta = \rho\sin\varphi'\cos d - \rho\cos\varphi'\sin d\cos(\mu - \lambda^*) = \eta_1 - \eta_2 \\ \zeta = \rho\sin\varphi'\sin d + \rho\cos\varphi'\cos d\cos(\mu - \lambda^*) = \zeta_1 + \zeta_2 \\ \xi' = \mu'\rho\cos\varphi'\cos(\mu - \lambda^*) \\ \eta' = \mu'\xi\sin d \end{cases} \tag{1-26}$$

上式中，φ 为观测地的地理纬度，φ' 为观测地的地心纬度，ρ 为观测地的地心距离，$\sin d$ 、$\cos d$ 、μ 、μ' 等数值都可从贝塞尔根数表查出。

(3) 求观测地在平行面上与影轴的距离，就是求观测地与影轴的相对位置及运动。

过观测地作一个平面和基本面平行，称为平行面，ζ 即为平行面和基本面的距离。设 m 为观测地在平行面上距离影轴的长度，M 为观测地看到的影轴方位角，自北向东计算，n 为影轴与观测地的相对速度，N 为影轴对于观测者运动的方向，则

$$\begin{cases} m\sin M = x - \xi \\ n\sin N = x' - \xi' \\ m\cos M = y - \eta \\ n\cos N = y' - \eta' \end{cases} \tag{1-27}$$

上式中，x 、y 、x' 、y' 等数值均可从贝塞尔根数表查得，m 、n 恒取正值。

(4) 求真时与设时的差。

在设时的时候，平行面上半影锥的半径 l_1 和本影锥的半径 l_2 ，由下式求出

$$\begin{cases} l_1 = u_1 - \zeta \tan f_1 \\ l_2 = u_2 - \zeta \tan f_2 \end{cases} \tag{1-28}$$

上式中，u_1、u_2、f_1 和 f_2 等值可从贝塞尔根数表中查得，ζ 为观测地坐标的一个分量。l_1 可用来决定初亏和复圆的时刻，l_2 用来决定中心食的起讫时刻。

要计算设时和真时之间的订正值，先计算 ψ

$$\sin\psi = \frac{m}{l}\sin(M - N) \tag{1-29}$$

偏食时，$l = l_1$，全食时 $l = l_2$。若 $m\sin(M - N) > l_1$，则该地看不到偏食；若 $m\sin(M - N) > l_2$，则该地看不到中心食。

初亏和复圆的设时的订正值 Δt 由下式求出

$$\Delta t = \frac{l_1 \cos\psi}{n} - \frac{m\cos(M - N)}{n} \tag{1-30}$$

食甚设时的订正值 Δt 由下式求出

$$\Delta t = -\frac{m}{n}\cos(M - N) \tag{1-31}$$

原设时加上订正值 Δt 即得比较精确的见食时刻，若要求更精确的时刻，可以设时加订正值作为新的设时，再按以上公式重新计算一遍。

（5）求食分。

食分是日面直径的被遮部分与日面直径之比，在偏食情形按下式计算：

$$D = \frac{l_1 - \Delta}{2l_1 - 0.5464} \tag{1-32}$$

上式中，$\Delta = |m\sin(M - N)|$。

在全食和环食时，食分按下式计算：

$$D = \frac{0.5464}{2l_1 - 0.5464} \tag{1-33}$$

（6）求方位。

方位角是初亏、复圆或中心食的开始和结束时日月切点的方位，从日面正北点或定点向东计算。设从日面正北点算起的方位角为 P，则 $P = N + \psi$；设从日面定点算起的方位角为 V，则 $V = P - \gamma$，其中 γ 按 $\tan\gamma = \xi/\eta$ 计算，$\sin\gamma$ 和 ξ 同号。

第三节　历史与现状

一、视差理论研究的意义

通常而言，日食计算要比月食计算复杂，这是因为计算月食不需要考虑月亮视差，而计算日食则需要考虑月亮视差。我们知道，由于存在月亮视差，视月亮总比真月亮低，因此，日食的食甚时刻、食分大小、食限以及日食的起讫时刻、持续时间都会受到视差影响。

在本章第二节中，我们简要介绍了日食的原理、种类、过程、判定，以及现代日食计算的大概思路和方法。现代天文学家主要利用贝塞尔根数表计算日食，而贝塞尔根数的计算基本都与太阳视差和月亮视差相关。具体地说，天文学家在计算任意时刻月影锥轴端点的位置时，必须考虑月亮视差和太阳视差，而月亮中心的坐标、观测地的坐标、月影锥的方程、方位角、月影锥的截面积的计算，基本都和月影锥轴端点的位置有关，因此，视差算法实际上贯穿着整个日食计算过程。

日月食理论在古代各文明的数理天文学中，一直占有非常重要的地位。因为交食是所有天象中比较容易观测到的一种天象，天文学家可以利用日月食的预报精度来检验历法优劣。例如，《授时历议》就明确指出："历法疏密，验在交食。"① 徐光启亦称："月食在夜，加时早晚，苦无定据。惟日食按晷定时，

① （明）宋濂等.《元史·历志二》（卷53）. 北京：中华书局. 1976. 1153.

无可迁就。故历法疏密，此为的证。”① 因此交食理论特别是日食理论，成为一部历法中的重要内容。为了能够准确地预报日食，古代的历法家一直在不断改进日食的计算方法。

和现代精密日食计算方法相比，古代天文学家计算日食的方法是比较粗疏的，而且他们计算日食的思路和方法也与现代天文学家不同。尽管如此，视差算法仍然在古代日食理论中占有重要地位，日食计算中几乎所有的项目都和月亮视差有关。

由于日食计算中的许多项目都直接受到视差影响，因此古代天文学家在计算日食时只有设法消除视差影响，才能不断提高日食计算水平。历法家为消除视差影响而设计的算法称为视差算法，这个算法是日食计算中一个非常重要的算法，历来受到天文学家的重视。

古代天文学家很早就认识到视差现象，为了消除视差对日食的影响，提高日食计算水平，古希腊、古代印度、阿拉伯和中国等文明的天文学家都设计了相应的视差算法用于日食计算。

古希腊的天文学家按照视差对日食的影响效果，将视差分解为两个分量，一个分量平行于黄道，另一个分量垂直于黄道。前者称为黄经视差，主要用于推求日食的视食甚时刻；后者称为纬度视差，主要用于推求日食视食甚时刻月亮的视黄纬，进而去计算日食的食分和食延时间。

古希腊天文学家处理视差的方法被古代印度和阿拉伯等文明的天文学家所继承。在明朝初年由中国的回汉学者根据阿拉伯典籍编译出的《回回历法》中，视差算法包括东西差、南北差和时差，其中东西差和南北差分别对应于古希腊视差理论中的黄经视差和纬度视差。

中国传统数理天文学中的视差算法和古希腊、古代印度以及阿拉伯等文明的视差算法有着明显的差异，根据视差对日食的影响，

---

① （清）张廷玉等．《明史·历志一》（卷31）．北京：中华书局．1974. 532.

中国古代历法家设计了气差、刻差和时差算法，合称日食三差。

鉴于视差算法在日食理论中的重要地位，深入研究古希腊、古代印度、阿拉伯和中国等文明数理天文学中的视差算法，对于全面客观评价这些文明的日食理论有重要的意义。本书所讨论的主题，就是古希腊、古代印度、阿拉伯和中国等文明的天文学家设计的视差算法以及视差算法在日食计算中的应用。

二、古希腊、古代印度、阿拉伯视差理论研究概况

公元前2世纪，古希腊天文学家依巴谷发现了视差现象，他曾经写过视差方面的著作，但没有流传下来。公元145年左右，依巴谷的继承者托勒密在其系统总结希腊古代天文学成就的巨著《至大论》中，首次给出了完备的视差理论，并讨论了黄经视差和纬度视差对日食计算的影响。

在古代印度数理天文学中，对视差的论述最早出现在阿耶波多（Aryabhata I，公元476～550）的《阿耶波多历数书》（*Aryabhatiya*，公元499年）中。公元6世纪，在伐罗柯密希罗（Varahamihira）编译的《五大历数全书汇编》（*Pancasiddhanta*）中收入的五种天文著作也都涉及了视差算法，此后古代印度所有的数理天文学著作中都设计了视差算法。和古希腊传统一样，古代印度天文学家也将视差分解为黄经视差和纬度视差，不过在具体算法上，古代印度算法和古希腊算法有较大区别。古代印度的视差算法倾向于较强的实用传统，而古希腊的视差算法主要建立在一个复杂的几何模型之上。

古希腊天文学和古代印度天文学在8、9世纪传入阿拉伯后，对阿拉伯天文学产生了很大的影响。就视差理论而言，除个别天文学家采用古代印度算法而外，绝大多数天文学家设计的视差算法基本完全继承了《至大论》中的视差理论和算法。在明初编译的《回回历法》和明末编译的《崇祯历书》中，视差算法基本上完全沿袭了《至大论》中的视差算法传统。

作为古希腊的经典天文学巨著，《至大论》近年来引起了国内外学者的广泛关注，相关的研究成果也有很多。培德森（Olaf Pedersen）的专著*A Survey of the Almagest*对《至大论》进行了详细的解读和研究①，其中也包括对《至大论》日食理论和视差理论的解读。诺伊格堡尔（O. Neugebauer）在其三卷本巨著*History of Ancient Mathematical Astronomy*中，对《至大论》也有很大篇幅的介绍，其中也涉及视差理论。② 近年来，国内学者对《至大论》也相继展开了研究，王辉的博士论文《托勒密体系之数学基础研究》着重探讨《至大论》中的数理基础，但没有涉及日食理论和视差算法。③ 邓可卉的博士论文《托勒密〈至大论〉研究》在很大程度上对《至大论》进行了较为全面和详细的解读，其中对视差理论进行过探讨，但不够详细。④ 邓可卉的新著《希腊数理天文学溯源——托勒玫至大论比较研究》则是对其博士论文的整理和完善。⑤ 此外，邓可卉对《至大论》的方法论以及《至大论》在中国的流传和影响进行了研究。⑥⑦ 笔者比较了《至大论》和其他文明的日食理论和视差算法。⑧⑨

---

① Pedersen O. A Survey of the Almagest. Odense：Odense University Press. 1974.

② Neugebauer O. A History of Ancient Mathematical Astronomy. Berlin，Heidelberg，New York：Springer-Verlag. 1975.

③ 王辉．托勒密体系之数学基础研究．西北大学博士学位论文．2001.

④ 邓可卉．托勒密《至大论》研究．西北大学博士学位论文．2005.

⑤ 邓可卉．希腊数理天文学溯源——托勒玫《至大论》比较研究．济南：山东教育出版社．2009.

⑥ 邓可卉．明代末期《至大论》在中国的流传和影响——以《崇祯历书》为例．内蒙古师范大学学报（自然科学版），2007，36（6）：666～671.

⑦ 邓可卉．托勒玫《至大论》的方法论基础．内蒙古师范大学学报（哲学社会科学版），2006，35（5）：5～9.

⑧ 唐泉．《至大论》和《苏利亚历》中的日食时差算法．西北大学学报（自然科学版），2008，38（3）：508～512.

⑨ 唐泉，曲安京．希腊、印度、阿拉伯与中国传统视差理论比较研究．自然科学史研究，2008，27（2）：131～150.

关于古代印度数理天文学史，美国学者 David Pingree 的著作 *History of Mathematical Astronomy in India* 给出了一个精当的论述和评价，对古代印度数理天文学中的视差算法，David Pingree 在其著作中有所涉及，但没有进行全面系统的论述。[①] 国内学者对古代印度数理天文学的研究成果还比较少，袁敏[②]的博士论文《古代中印数理天文学比较研究》对中印数理天文学中的一些专题进行了对比研究，胡铁珠[③]对《苏利亚历》和《大衍历》中行星运动理论进行了比较研究。在中印天文学的交流和传播方面，江晓原[④⑤]和钮卫星[⑥]等人的工作比较引人注目。但这些学者的研究均没有涉及古代印度数理天文学中的视差理论。笔者和曲安京等人对古代印度视差算法的历史沿革[⑦]以及《苏利亚历》的视差算法进行过较为详细的讨论。[⑧⑨⑩]

美国学者 E. S. Kennedy 曾对阿拉伯数理天文学中的视差算

---

① Pingree D. History of Mathematical Astronomy inIndia. *In*: Gillispie C C. Dictionary of Scientific Biography, Vol. 15, Supplement 1. New York: Charles Scribner's Sons, Printed in the United States of America Library of Congree. 1978. 533 ~ 633.

② 袁敏．古代中印数理天文学比较研究．西北大学博士学位论文．2001.

③ 胡铁珠．大衍历与苏利亚历的五星运动计算．自然科学史研究，1990，9(3)：219 ~ 231.

④ 江晓原，钮卫星．天文学西学东渐集．上海：上海书店．2001.

⑤ 江晓原．天学外史．上海：上海人民出版社．1999.

⑥ 钮卫星．西望梵天——汉译佛经中的天文学源流．上海：上海交通大学出版社．2004.

⑦ 唐泉，曲安京．古代印度的视差算法．广西民族学院学报（自然科学版），2005，11（1）：56 ~ 62.

⑧ 唐泉，曲安京．苏利亚历中的视差算法．自然科学史研究，2005，24（3）：197 ~ 213.

⑨ 唐泉，曲安京．苏利亚历中的时差算法．西北大学学报（自然科学版），2005，35（1）：117 ~ 121.

⑩ 唐泉，曲安京．希腊、印度、阿拉伯与中国传统视差理论比较研究．自然科学史研究，2008，27（2）：131 ~ 150.

法进行过深入的研究[①]，在对阿拉伯的天文文献的一份调查报告中，他对其中的视差算法以及视差表格有一个较为详细的说明和总结。[②]关于《回回历法》中的视差算法，以顾观光和陈久金的工作较为重要。清代学者顾观光的《回回历解》是较早对《回回历法》进行的系统研究，其中对视差算法有较为详细的解读。[③] 日本学者薮内清也对伊斯兰天文学和《回回历法》进行了深入的研究，但对视差算法的论述则比较简略。[④] 国内学者对回回天文学史的研究，以陈久金的工作最为集中和重要，他撰写的专著《回回天文学史研究》基本上涉及阿拉伯天文学传入中国的所有重要的事件和著作，而且对回历中的交食理论和视差算法也有较为详细的释读。[⑤] 此外，陈久金对《回回历法》中的太阳运动模型和月球运动模型[⑥]以及交食理论[⑦]的研究工作，杨怡[⑧]对《回回历法》中的行星运动理论的研究工作，陈美东[⑨]对《回回历法》中的天文常数的研究工作，石云里和魏弢对《回回

① Kennedy E S. Parallax Theory in Islamic Astronomy. *In*：Kennedy E S. Studies in the Islamic Exact Science. Beirut：American University of Beirut. 1983. 165 ~ 184.

② Kennedy E S. A Survey of Islamic Astronomical Tables. America Philosophical Society. 1956.

③ 顾观光．回回历解．武陵山人遗书天文部分．见：薄树人主编．中国科学技术典籍通汇天文卷（二）．郑州：河南教育出版社．1993. 852 ~ 864.

④ 薮内清．回回历解．京都大学人文科学研究所，东方学报，36 册，昭和三十九年十月．

⑤ 陈久金．回回天文学史研究．南宁：广西科学技术出版社．1996.

⑥ 陈久金．回历日月位置的计算及其运动的几何模型．自然科学史研究，1989，8（3）：219 ~ 229.

⑦ 陈久金．回历日月食原理．自然科学史研究，1990，9（2）：119 ~ 131.

⑧ 杨怡．回历行星位置的推算及其运动的几何模型．自然科学史研究，1991，10（3）：246 ~ 258.

⑨ 陈美东．回回历法中若干天文数据之研究．自然科学史研究，1986，5（1）：11 ~ 21.

历法》刻本的研究工作[①]，吕凌峰和石云里对《回回历法》日月食推算精度的研究工作[②]，陶培培[③]对《回回历法》的版本及其推步精度的研究工作都是比较重要的。但是，除了少数学者专门讨论过《回回历法》的视差理论[④]，大多数学者基本都没有涉及这方面的研究。

三、中国视差理论研究概况

在中国，视差现象最早为南北朝时期的天算学家张子信所发现（公元550年）。此后的历法家在计算日食时都设计了视差算法，中国古代的历法家设计的视差算法包括气差、刻差和时差三个子算法，合称日食三差，其中气差和刻差合称为食差。日食时差主要用于计算日食的食甚时刻和起讫时刻，日食食差主要用于计算日食食分和日食食限。

关于中国古代数理天文学中的视差算法，目前的研究文献较多。特别是从20世纪40年代以来，中国古代数理天文学中的视差理论受到国内外学者的关注和重视，相关研究文献层出不穷。1944年，日本学者薮内清[⑤]在其博士论文《隋唐历法史研究》中，较为详细地讨论了《大衍历》中的食差算法和《宣明历》中的日食三差算法。薮内清之后，中国的很多学者都曾对该课题进行过一定程度的研究。薄树人[⑥]对《纪元历》中日食三

① 石云里，魏弢．元统《纬度太阳通径》的发现——兼论贝琳《回回历法》的原刻本．中国科技史杂志，2009，30（1）：31～45.

② 吕凌峰，石云里．明末中西历法争论中回回历的推算精度——以六次日月食预报记录为例．回族研究，2003，4期：78～80.

③ 陶培培．《回回历法》版本及其精度研究．中国科学技术大学硕士学位论文．2002.

④ 唐泉．《授时历》和《回回历法》中的日食时差算法．中国科技史杂志，2007，28（3）：114～122.

⑤ 薮内清．隋唐历法史研究．东京三省堂1944年版，临川书店1989年增订．

⑥ 薄树人．薄树人文集．合肥：中国科学技术大学出版社．2003.

差算法进行了详细的释读，刘金沂[1]讨论了《麟德历》中的时差算法。陈美东较为详尽地讨论了《皇极历》[2] 和《大衍历》[3] 中的视差算法。陈久金[4]较为详尽地论述了《回回历法》中东西差、南北差和时差算法及其原理。傅健、李志超[5]对宋历中“三差”术文进行了详细的释读。曲安京[6]从现代天文学理论出发，对中国古代日食食差算法的原理进行了深入的研究。曲安京和笔者研究了视差算法对日食食分和食限的影响。[7] 曲安京和笔者[8]对中国古代的日食时差算法的沿革史以及理论模型进行过研究。笔者和曲安京研究了中国古代日食食差算法的沿革以及精度。[9] 除了上述这些研究文献之外，王应伟[10]、刘洪涛[11]、陈美东[12]、中山茂[13]、石云里[14]等学者在其各自的著作中对中国古代

---

① 刘金沂. 麟德历交食计算法. 自然科学史研究，1984，3 (3)：251 ~260.

② 陈美东. 古历新探. 沈阳：辽宁教育出版社. 1995.

③ 陈美东. 一行. 见：金秋鹏主编. 中国科学技术史·人物卷. 北京：科学出版社. 1998. 284 ~286.

④ 陈久金. 回历日月食原理. 自然科学史研究，1990，9 (2)：119 ~131.

⑤ 傅健，李志超. 宋历步交会术中“三差”的计算方法. 自然科学史研究，1992，11 (4)：307 ~315.

⑥ 曲安京. 中国古代日食食差算法的原理. 自然科学史研究，2002，21 (2)：97 ~114.

⑦ 曲安京，唐泉. 中国古代日食食限与食分算法. 中国科技史杂志，2008，29 (4)：347 ~357.

⑧ 曲安京，唐泉. 中国古代的日食时差算法. 石河子大学学报（自然科学版），2005，23 (4)：416 ~421.

⑨ 唐泉，曲安京. 中国古代的视差理论——以日食食差算法为中心的考察. 自然科学史研究，2007，27 (2)：125 ~154.

⑩ 王应伟. 中国古历通解. 沈阳：辽宁教育出版社. 1998.

⑪ 刘洪涛. 古代历法计算法. 天津：南开大学出版社. 2003.

⑫ 陈美东. 中国科学技术史·天文学卷. 北京：科学出版社. 2003.

⑬ Nakayama S. A History of Japanese Astronomy. Cambridge, Mass: Harvard University Press. 1969.

⑭ 石云里. 中国古代科学技术史纲·天文卷. 沈阳：辽宁教育出版社. 1996.

部分历法中的视差算法也有详略不等的论述。

在上述这些学者中，以薮内清和曲安京等人的工作最为重要。

1944 年，薮内清在《隋唐历法史研究》中讨论《宣明历》的日食三差算法时[①]，首先从现代天文学理论出发，建立了时差算法和食差算法的数值模型，然后选择了二分二至的日出、午正和日没等三个时刻，将理论结果与按照《宣明历》日食三差算法所得结果进行比较。薮内清从现代天文理论的视角出发，来研究《宣明历》中的日食三差算法的研究思路和方法，被国内外的学者推崇备至并被广泛引用。[②③④]不过，薮内清建立的日食时差算法的理论模型并不完备。因为《宣明历》中的时差算法以定朔日的昼长（与太阳黄经相关）和定朔时刻的时角作为自变量，而薮内清建立的时差算法的理论模型以日食视食甚时刻的太阳黄经和时角作为自变量。由于定朔时刻和日食视食甚时刻之间的时间差最大可达 2 小时左右，与其相应的时角差可达 30°，而时角是决定太阳天顶距进而影响月亮视差的一个最为重要的因素。因此，以定朔时刻太阳的相关数据计算出的《宣明历》中时差结果和以视食甚时刻太阳的相关数据计算出的理论结果之间实际上并不具备可比性。

关于中国古代视差算法中的食差算法，薮内清最早在《隋唐历法史研究》中建立了一个理论模型，曲安京在薮内清的基础上，证明了中国古代的日食食差算法和理论算法模型是等价的。

---

① 薮内清．隋唐历法史研究．东京三省堂版，1944，临川书店，1989.

② 曲安京．中国古代日食食差算法的原理．自然科学史研究，2002，21（2）：97～114.

③ 唐泉，曲安京．苏利亚历中的视差算法．自然科学史研究，2005，24（3）：197～213.

④ Nakayama S. A History of Japanese Astronomy. Cambridge，Mass：Harvard University Press. 1969.

以上这些学者的研究工作，虽然在很大程度上较为全面深入研究中国古代的视差理论，但仍然存在一些不足之处和需要补充的地方，例如：①鉴于前人建立的时差算法的理论模型存在缺陷，我们有必要在前人研究工作的基础上，重新建立时差算法的理论模型。②目前已有的研究文献基本上局限于某一部或几部历法中的视差算法，通过他们的工作，我们无法了解整个中国古代视差算法的历史。中国古代的时差算法从初创到完善，经历了将近700年的历程，而食差算法从初创到完善，经历了将近500年的历程，这个过程是漫长的，也是渐进的，我们需要知道在这个历程中，哪些历法取得了标志性成果或者作出了较大贡献。③已有的研究成果中除薮内清，曲安京、笔者等人讨论过时差算法和食差算法的精度之外，其他的学者基本上没有涉及精度问题。由于这些学者所建立的时差算法的理论模型存在缺陷，因此他们对时差算法精度的讨论结果缺乏足够的说服力。因此我们无法从整体上来评价中国古代日食视差算法的精度。④由于不能将食差算法纳入整个日食计算做通盘考虑，因此关于中国古代历法家设计食差算法的目的以及天文意义，目前的研究文献中尚缺乏充分的论述。关于食差的符号选择，也是一个比较复杂的问题，目前对此一问题的认识还存在着一些问题。⑤关于视差对日食计算的影响，目前的研究工作还略显不足，如视差对日食起讫算法的影响，视差对日食食限的影响，已有的研究基本都很少涉及。

四、本书的结构与写法

前人的研究工作，为我们进一步全面考察研究古希腊、古代印度、阿拉伯和中国等文明的视差理论及其算法奠定了坚实的基础。本书的主旨，就是在目前已有研究工作的基础上，详细解读和分析古希腊、古代印度和中国等文明的天文学家所设计的视差算法的所有细节问题和精度问题，特别是对前人未曾涉及或论述不够的地方加以补充和完善。本书的内容主要分为如下六章。

第一章：绪论。主要介绍现代天文学中周日视差和周年视差的概念，日食的原理、种类、过程和现代日食计算概要，以及学术界对希腊、古代印度、阿拉伯和中国日食理论与视差算法这个课题的研究现状。

第二章：古希腊视差理论与日食计算。关于《至大论》中的视差理论，目前的研究文本大多偏重于对《至大论》中视差算法的解读，而关于视差对日食的影响方面论述较少。天文学家设计视差算法的主要目的，是为了能更精确地推算日食，因此完整的视差理论应该同时包括视差算法和视差对日食的影响两个方面。该章试图在前人的研究基础上，通过对原始文献的分析，系统解读《至大论》中的视差理论及其算法的所有细节问题，同时详细探讨视差在托勒密日食理论中的具体应用。

第三章：古代印度视差理论与日食计算。《苏利亚历》中的视差算法代表了古代印度视差算法的主流，该章试图在前人的研究工作基础上，通过对原始文献的系统解读，阐明《苏利亚历》中视差算法的造术原理、精度以及视差理论在日食理论中的应用。此外，我们还将详细勾勒古代印度5～12世纪的视差算法沿革，并在此基础上，讨论其他历法设计的视差算法与《苏利亚历》视差算法的异同。

第四章：《回回历法》中的视差理论与日食计算。该章首先回顾阿拉伯视差算法的简单历史，然后详细研究《回回历法》中的视差理论。关于《回回历法》中的视差算法，虽然有不少学者曾经进行过较为详细的讨论，但是已有的研究文献对于《回回历法》中视差表的构造方法基本上均未提及，对《回回历法》中视差表的精度也缺乏必要的讨论。该章主要讨论《回回历法》中视差表的造法与精度。

第五章：中国古代视差理论与日食计算。中国古代视差算法分为气差、刻差和时差三个子算法，合称为日食三差，其中气差和刻差合称为食差。该章主要研究时差算法和食差算法的历史沿革、造术原理及精度。此外，还将详细研究视差算法在日食计算中的应用，如日食时差算法对日食起讫时刻的影响、日食食差对日食食限的影响。

第六章：结语。古希腊、古代印度、阿拉伯和中国的视差算法既有联系又有区别，该章主要研究这些文明视差算法的异同。

在历史学和科学史的研究中，讨论日食计算一般并不需要现代天文学家计算日食那样精密的方法。因此，我们在本书中讨论古人日食计算的方法时，总是按照他们的算法思路，利用现代天文学知识，建立相应的数值模型，并与古人的算法进行比较，在此基础上来评价古人的思想是否合理、精度如何等问题。

第二章　古希腊视差理论与日食计算

古希腊天文学家很早就发现了月亮视差现象，依巴谷曾经利用月亮视差计算月球的距离。公元2世纪中叶，古希腊天文学家托勒密在他系统总结古希腊天文学成就的著作《至大论》中，建立了系统的视差理论。托勒密根据视差对日食计算的影响，将其分解为黄经视差和纬度视差，黄经视差主要影响日食的食甚时刻与日食的起讫时刻，纬度视差主要影响日食的食分、食限与食延。《至大论》中的日食理论和视差算法对古代印度和阿拉伯等文明的数理天文学影响很大。本章的核心，是论述《至大论》中视差算法的造术原理与精度，以及黄经视差和纬度视差对日食计算的影响。

第一节　《至大论》简介

一、托勒密和《至大论》

古希腊是欧洲的文明古国，古希腊文化对后世欧洲各国文化发展产生了很大的影响。古希腊第一个自然哲学家泰勒斯（Thales，约公元前625～前547）据说曾在埃及获得了几何学知识，到美索不达米亚学习了天文[①]，他曾经因为成功地预报过一次日食而享有很高的声誉。

从泰勒斯到托勒密的近八百年间，希腊天文学得到了迅速的发展。这期间涌现出一大批著名的天文学家，一些影响深远

---

① 中国大百科全书·天文卷. 北京：中国大百科全书出版社. 1980. 438.

的学派也逐渐形成，如以泰勒斯为首的爱奥尼亚学派，以毕达哥拉斯（Pythagoras，约公元前580～前500）为首的毕达哥拉斯学派，以柏拉图（Plato，公元前427～前347）为首的柏拉图学派，等等。这些学派对希腊文化的繁荣和希腊天文学的发展起到了积极的推动作用。

在古希腊的天文学家中，依巴谷是一个非常重要的人物。我们从他的继承人托勒密的著作里，知道他做了很多研究，例如月亮周期的测定，黄白交角的精确测量，白道的偏心率和白道的拱点与交点的运动的发现等。[①] 此外，他还借助月球视差来求出月球的距离，编制过星表，他把自己对恒星黄经的观测结果同前人的结果进行比较，从而发现了岁差现象，为了研究天文学，他还创立了三角学和球面三角学。[②] 作为方位天文学的奠基人，依巴谷的成就远远超过了他同时代的人，他甚至被人们称为“天文学之父”。

依巴谷之后三百年间，古希腊天文学几乎没有任何重大的成就，这种状况一直持续到托勒密的出现。托勒密约生于公元90年，卒于168年，一生都生活、工作在亚历山大城，是古希腊著名的天文学家、数学家、地理学家和地图学家。

关于托勒密的生平，我们所知甚少，相传他出生于埃及一个希腊化城市，在埃及的亚历山大城进行过将近三十年的天文观测。托勒密系统总结了古代希腊天文学的成就，特别是依巴谷的工作。他把希腊天文学家自阿波罗尼奥斯以来用本轮均轮系统和偏心圆系统解释天体运动的地球中心说进行了系统的整理并给出了详细的数理证明。他一生写了许多书，流传至今的共有10种之多，这些著作涉及天文、星占、地理、光学等很多

---

① 伏古勒尔 G de. 天文学简史. 李晓舫译，罗玉君校. 上海：上海科学技术出版社. 1959. 12.

② 中国大百科全书·天文卷. 北京：中国大百科全书出版社. 1980. 441.

内容。

在托勒密的所有著作中，影响最大流传最广的是他的天文学名著《至大论》。《至大论》是一部关于天文学的百科全书，对后世的天文学家产生了深远的影响。《至大论》全书 13 卷，第 1 卷和第 2 卷阐述了地心体系的基本结构，并用一系列的观测事实论证这个模型。此外作为预备知识，托勒密还介绍了描述其体系所需要的数学工具，如弦表的构造、用于解球面三角形的梅内劳斯定理以及利用弦表和勾股定理求解直角三角形的一般方法；第 3 卷讨论太阳运动的本轮均轮模型和偏心圆模型；第 4 卷讨论月球运动的三个模型以及月球运动的各种周期；第 5 卷讨论天体（主要是太阳和月球）的大小和距离；第 6 卷讨论日食和月食的计算方法；第 7 卷和第 8 卷讨论恒星和岁差现象；第 9 卷至第 13 卷，讨论五大行星的运动。

近年来，《至大论》引起了国内外学者的广泛关注，各种语言的译本也不断问世。相关的研究成果也有很多，如培德森的专著 *A Survey of the Almagest* 就是一个专门研究《至大论》的文本，① 此外，诺伊格堡尔在其三卷本巨著 *History of Ancient Mathematical Astronomy* 中对《至大论》也有很大篇幅的论述。② 这两种文献对《至大论》中的视差算法均有较为详细的释读。近些年来，国内学者对《至大论》研究也开始逐步展开。如王辉的博士论文《托勒密体系之数学基础研究》③ 着重探讨了《至大论》中的数理基础，邓可卉的博士论文《托勒密〈至大论〉研究》④ 在很大程度上对《至大论》进行了全面和详细的解读，对其中的视差算法亦有较详细的论述。

---

① Pedersen O. A Survey of the Almagest. Odense：Odense University Press. 1974.

② Neugebauer O. A History of Ancient Mathematical Astronomy. Berlin，Heidelberg，New York：Springer-Verlag 1975.

③ 王辉．托勒密体系之数学基础研究．西北大学博士学位论文．2001.

④ 邓可卉．托勒密《至大论》研究．西北大学博士学位论文．2005.

二、《至大论》中的太阳和月球运动模型

太阳运动和五星运动的不均匀性，很早就被古希腊的天文学家所发现。为了解释太阳运动的不均匀性，依巴谷设计了一个偏心圆模型。① 而为了解释行星运动的不均匀性，以精通圆锥曲线而著称的阿波罗尼奥斯（Apollonius）设计了本轮均轮模型。②

在讨论太阳运动的不均匀性时，托勒密在前人提出的模型的基础上，重点阐述了太阳运动的偏心圆模型和本轮均轮模型。本轮均轮模型的要点是：太阳在一个较小的圆周或称为“本轮”（epicycle）上匀速转动，而本轮的中心则在另外一个大轮或称为“均轮”（deferent）上被携带着匀速转动，地球位于均轮的中心。偏心圆模型的要点是：太阳在一个大的圆周上匀速运动，地球并不位于这个大圆的中心，而是偏向一边，于是太阳运动在这样的偏心圆上，它与地球的距离以及从地球上看起来的视运动速度，就会发生改变。

托勒密不仅给出了这两个模型的数理基础，并且用相当的篇幅证明了二者之间互相等价。他认为，基于偏心圆和本轮两个假设的非匀速运动，可以通过一个附加的条件联系起来，这个条件就是：如果在偏心圆假设中观测者中心与偏心圆中心的距离和偏心圆半径之间的比值，等于在本轮假设中本轮半径和携带它的大圆（均轮）的比率。同时，天体对不同的偏心向后运动的时间必须等于相对于以观测者为心的均轮上的本轮向后运动所用的时间，如果这样，则两个假设将会产生相同的现象。

---

① 米歇尔·霍斯金．剑桥插图天文学史．江晓原，关增建，钮卫星译．济南：山东画报出版社．2003. 36.

② 米歇尔·霍斯金．剑桥插图天文学史．江晓原，关增建，钮卫星译．济南：山东画报出版社．2003. 33.

托勒密所设计的月球模型则要复杂一些，而且，为了更好地解释月球的运动，他先后设计了三个模型。托勒密的视差理论就是建立在第二个模型基础之上的，而第二个模型又是建立在第一个模型基础之上的。因此在全面讨论托勒密的视差算法之前，我们有必要先介绍他的第一和第二月球运动模型。

第一月球模型的特征可以描述为①：一个在黄道平面上与黄道同心的圆，另一个和它同心并且大小相等的圆，二者相交成5°的夹角，这两个圆的共同直径（交点线，the nodal line）相对于中心从东向西每天运动0°;3。倾斜圆正好是月球均轮，本轮中心C在它上面自西向东以平角速度 ω_t（月球在经度方向的平角速度）运动，本轮是倾斜平面上的一个小圆，月球 P 在它上面以平近点角速度 ω_a 向相反方向运动。在这个模型中，均轮半径为 60^p，本轮半径为 5^p;15。

为了解释出差现象，托勒密设计了一个较为复杂的月球运动模型来代替第一模型。由于出差意味着本轮的视大小在上下弦时比在朔望时大，因此在新模型中，朔望时本轮中心 C 到地球的距离大于 60^p，而在上下弦时小于 60^p，这一点可由第一模型的同心均轮被偏心均轮所代替而实现。另一方面，出差随月亮到太阳距角的变化而变化，因此新模型必须被本轮中心和太阳的距角运动来提供，这一点可以通过让偏心均轮的中心在围绕地球中心的小圆上运动得到实现。②托勒密将这个新模型称为月球第二运动模型。

由于出差在两弦处最大，朔望时最小，因此在月球第二运动模型中，本轮中心在上下弦时到达均轮近地点 B，而在朔望时到达远地点 A，这样在一个朔望月内，本轮中心 C 实际上要

① Pedersen O. A Survey of the Almagest. Odense：Odense University Press. 1974. 167～168.

② Pedersen O. A Survey of the Almagest. Odense：Odense University Press. 1974. 184.

在均轮周上运动两周。同时由于每次朔望本轮中心都在远地点 A，故 A 也必须以这样的方式运动，和太阳的位置一起，从一个朔到下一个朔，这就是均轮远地点运动的原因，同时它的中心也做相似运动。

基于如上假设，托勒密建立的月球第二运动模型可以借助图 2-1 进行描述：在图 2-1 中，D 为均轮中心，$e = TD$ 为偏心均轮的偏心率。A 为远地点，B 为近地点。偏心率向量 $\overrightarrow{TD} = 10^p;19$ 相对于 TM^* 以匀角速度 ω_S（月球在经度方向的速度和太阳速度之差）从东向西旋转（M^* 为平太阳），从而均轮中心 D 围绕 T 在小圆周上做匀速运动。均轮向量 $\overrightarrow{DC} = 49^p;41$ 围绕 D 做非匀速运动，这时因为向量 $\overrightarrow{TC}$ 围绕 T 相对于 TM^* 以匀角速度 ω_S 自西向东。由此导出，本轮中心 C 在均轮上运动，它的速度关于均轮中心 D 非匀速，但关于 T 点匀速。本轮向量 $\overrightarrow{CP} = 5^p;15$ 绕 C 以匀角速度 ω_a 相对于 TCA_V 运动，A_V 和地球中心 E 的连线经过本轮中心 C。

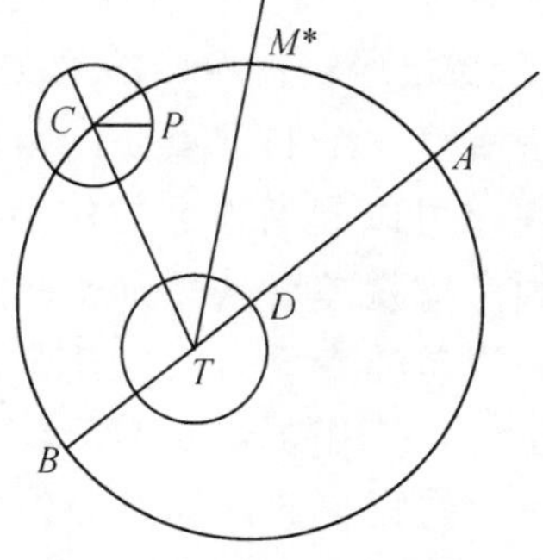

图 2-1　月球的第二运动模型

在图 2-1 中，TM^* 自西向东以不变角速度 ω（太阳运动速度）运动，因此 $M^* TC$ 即为月亮的平距角，亦即月亮和太阳在黄道上的平角距，由于 TA 和 TC 均相对 TM^* 以相同的角速度沿相反的方向运行，因此，在任何时候 $\angle ATC$ 均为距角的两倍。这个角实际上就是本轮中心 C 和远地点 A 的角距离。

第二节 《至大论》中的视差理论

《至大论》中的视差理论是在讨论完月球的运动模型后开始的，关于视差对日食的影响，在日食理论中有非常详细的讨论。目前的研究大多偏重于对《至大论》中视差算法的解读，而对托勒密是如何将视差用于日食计算的论述均较为简略。由于天文学家设计视差算法的主要目的是为了能更精确地推算日食，因此，讨论视差理论就不能不讨论视差对日食计算的影响。本节将对《至大论》中的视差算法进行详细解读，为我们后面两节讨论视差对日食计算的影响打下坚实的基础。

一、对视差的认识

视差概念究竟是何人引入古希腊天文学，这一点已经无从得知。但有一点非常清楚，那就是至迟在依巴谷的时代（约公元前 2 世纪），视差现象已经被古希腊的天文学家所发现。视差在依巴谷的工作中扮演着一个非常重要的角色，因为在求太阳和月亮的距离时，视差可以起到很大的作用。另外，要求月亮的视黄经也同样必须考虑视差。从托勒密的著作中，我们得知依巴谷曾经写过有关视差的专著，但是托勒密只引用了其中的一点点内容，而且托勒密引用的这点内容也不很清楚。

托勒密在叙述完他的完整的计算月亮位置的一整套程序之后，开始讨论视差理论。他说：

> 前面我们已经讨论了计算月球真位置的一般程序。然而，对于月球而言，还有一个附加的问题需要考虑，

> 那就是它的视位置和真位置并不重合，这甚至可以感觉到。这是由于相对于月球的距离而言，地球的半径不能被忽略，这一点我们已经说过。因此，讨论月球视差不仅是必须的，也是适宜的，特别是为了处理日食理论。①

从托勒密的叙述可以看出，他对月球视差的成因有非常清楚的认识。同时他也指出，月球视差在日食计算中，扮演着一个重要的角色。

关于月球的真位置，视位置与视差的关系以及月球视差与月球距离的关系，托勒密也有一个正确而精到的描述，他说：

> 借助月球视差，可以由给定的月球的真位置（亦即月球的地心黄经已知），求出月球的视位置，反之也可以由视位置求出真位置。现在的问题是，要想得到视差就必须知道天体距离和地球半径的比值，反之，不知道月球位于某些特殊位置时的视差也就无法求出它的距离和地球半径的比值。因此，对那些视差无法察觉的天体，即地球的大小相对该天体的距离可以忽略的天体，它们的距离和地球半径的比例就无法求出。但是对有明显视差的天体，例如月球，唯一恰当的程序是，首先给出一些特殊视差用于发现天体距离和地球半径的比例，因为对天体的特殊视差的观测是可能的，而直接决定它的距离则是不可能的。②

在上述这段术文中，托勒密已经明确指出，月球在某一特定位置时的视差与月球到地球的距离和地球半径的比值密切相

① Ptolemy C. Ptolemy's Almagest. Translated and Annotated by G J Toomer, First published in 1984 by Gerald Duckworth and Co. Ltd. 243.

② Ptolemy C. Ptolemy's Almagest. Translated and Annotated by G J Toomer, First published in 1984 by Gerald Duckworth and Co. Ltd. 243.

关，若知道二者之间的一个，则另一个即可求出。因此，对于那些没有明显视差的天体，不可能求出它到地球的距离，而对于那些有明显视差的天体（如月亮等），我们只能根据某些特定的视差值来求出它的距离，这是因为月球在某些特定位置处的视差值可以通过观测获得，但是直接观测天体的距离则是不可能的。

事实上，托勒密建立视差理论的总体思路正是基于这个思想。这个思想包含如下两个要点：其一，视差和距离密切相关，二者可以互求；其二，视差值可以通过观测获得，而距离则不易通过观测得到，因此托勒密在处理这个问题时，是先通过某些特定视差值求出月球的距离，然后建立距离和视差的普遍函数关系。托勒密的这个总体思路我们在下面还要详细论述。

根据托勒密的论述，他的前辈依巴谷在处理视差和距离这个问题时，是将太阳作为他讨论该问题的根据的，因为依巴谷认为，根据太阳和月亮的特性，它们二者之间的距离有一定的比例关系，即任给其中一个天体的距离，则可求出另一个天体的距离。依巴谷企图通过猜测太阳的距离来说明月球的距离，一方面，他假定太阳有最小的可供察觉的视差，然后利用他引证的日食来推求太阳的距离；另一方面，他又假定太阳没有明显的可供观测的视差。作为结果，月球的距离并非一个定值。托勒密批评了依巴谷的做法，他认为对于太阳而言，不仅是它的视差究竟有多大，而且它是否有视差，都仍然无法确定。

为了更好地观测月球视差，托勒密描述了视差仪的构造以及如何利用视差仪来通过观测以求出月球的视差。

二、视差和月地距离的关系

托勒密在其视差理论的开始，即已指出月球视差和月球到地球的距离密切相关，二者之间可以相互推求。但是在二者之间，月球位于某些特殊位置时的视差可以通过观测获得，而月球的距离则不易通过观测获得。这使得托勒密在建立视差算法时，首先要通过某些特定观测得到的视差值来求出月球的距离，然后利用月球的距离，建立计算月球视差的普遍方法。事实上，托勒密建立视差理论的思路正是如此。

托勒密以一次特殊的观测为例，来讨论如何由观测得到的月球视差值（月球视天顶距和真天顶距之差）求得该时刻月球距离的方法。托勒密选取的特殊时刻为公元 135 年 10 月 1 日午后 5 时 50 分，此时月球恰在子午圈上。托勒密虽以这一特例来演示他计算月球距离的全部过程，然而他的算法带有普遍性。下面我们就来看托勒密所给出的由视差值求得月球距离的一般算法。

如图 2-2 所示，AB 、GD 和 $EZHQ$ 所在的三个大圆均位于通过天顶和白极的平面内。其中圆 AB 表示地球，A 为观测者，G 为天顶，D 为月球，圆 $EZHQ$ 为天球。作 $AL \perp KB$ ，$AZ \parallel KH$ 。

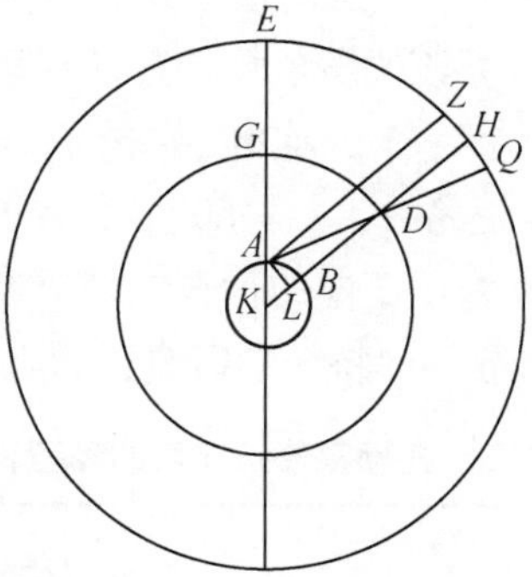

图 2-2　月球视差和距离的关系

根据托勒密的观测，$\overset{\frown}{GD} = 49°;48$ ，$\overset{\frown}{HQ} = 1°;7$ 。由于地球半径相对于天球而言非常小，因此 $\overset{\frown}{ZQ} \approx \overset{\frown}{HQ}$ ，故 $\overset{\frown}{ZHQ} \approx 1°;7$ ，又 A 点可近似看成 $\overset{\frown}{ZHQ}$ 的中心。托勒密由视差弧计算月球距离

的步骤可以概括如下①：

（1）$\angle ADL = \angle ZAQ \approx \overset{\frown}{HQ} = 1°;7$，在直角三角形 ADL，若设 $AD = 120^p$，则解得 $AL = 2^p;21$；又 $LD \approx AD = 120^p$；

（2）已知 $\overset{\frown}{GD} = 49°;48$，亦即 $\angle GKD = 49°;48$；

（3）在直角三角形 ALK 中，由于 $\angle AKL = 49°;48$，故在直角三角形 ALK 的外接圆中，$\overset{\frown}{AL} = 99°;36$，$\overset{\frown}{LK} = 80°;24$。若设 $AK = 120^p$，则解得 $AL = 91^p;39$，$LK = 77^p;27$；

（4）取 $AK = 1^p$，则 $AL = 0^p;46$，$LK = 0^p;39$。由前所述，当 $LD = 120^p$ 时，$AL = 2^p;21$，故当 $AL = 0^p;46$ 时，$LD = 39^p;6$；

（5）若令地球半径 $KA = 1^p$，则月球距离可由如下算式得出：$KLD = KL + LD = 0^p;39 + 39^p;6 = 39^p;45$。

通过上述步骤求出的月球距离 $39^p;45$ 即为在给定时刻月球的距离。该值是否符合托勒密所建立的月球运动模型呢？为此，托勒密利用他的月球和太阳运动模型重新计算了此时月球的距离为 $40^p;25$，托勒密计算该值所依赖的月球运动模型的相关参数如下：本轮半径 $r = 5^p;15$，均轮半径 $R = 49^p;41$，偏心率 $e = 10^p;19$，远地点距离 $R + e = 60^p$。但是托勒密前面计算出的月球距离为 $39^p;45$。为了使他的计算结果符合他的模型，他修正了他的模型的相关参数。现将托勒密修正前后的模型参数列表如下。

表 2-1　托勒密修正前后的模型参数

	Unit 1	Unit 1
r	5;15	5;10
R	49;41	48;52
e	10;19	10;8
$R + e$	60	59

① Ptolemy C. Ptolemy's Almagest. Translated and Annotated by G J Toomer, First published in 1984 by Gerald Duckworth and Co. Ltd. 249.

托勒密通过这个具体的例子，给出了如何利用视差和天体的天顶距来求天体距离的一般方法。这个方法实际上揭示了天体的视差和它到地球距离之间的关系。托勒密正是利用这个关系，给出了他建立视差理论的一般方法，下面我们将会看到托勒密是如何建立他的视差算法的。

三、总视差及其算法

按照现代天文学知识，视差的大小 p 和天体的地平视差以及它的天顶距 z 满足如下关系

$$p = p_0 \times \sin z \tag{2-1}$$

其中 p_0 表示天体的地平视差，它与天体的距离和地球半径的比值相关。

托勒密在前面的算例中所解决的问题其实就是一个如何根据天体的天顶距（通过观测获得）和天体的视差（通过观测获得）来求天体的距离和地球半径的比值的问题。

参考图 2-2，设月球地心天顶距为 $z = \angle AKD$，地球半径为 $r = AK$，地月距离为 $R = KD$，月球视差为 $p = \angle APK$。显然，在 三角形 AKL 中，有 $AL = AK \times \sin\angle AKD$，由于月球视差很小，故在 三角形 KLD 中，有 $AD \approx DL$，进而有

$$\sin p \approx \tan p = \frac{AL}{LD} = \frac{AK \times \sin\angle AKL}{KD - KL} \tag{2-2}$$

因此，托勒密计算月球视差的基本公式即就是

$$\sin p(z,R) \approx \tan p(z,R) = \frac{r\sin z}{R - r\cos z} \tag{2-3}$$

显然，托勒密作这种近似处理的目的，是为了方便地处理弧弦互化问题，这是因为他的弦表就是为了解决这一问题而设计的。

在建立了天体视差和天体距离之间的函数关系之后，托勒密开始着手说明如何根据太阳和月亮的距离来计算它们各自的

视差。[①]

托勒密认为，太阳和月亮到地球的距离并非恒定不变。由于太阳的距离和地球半径的比值非常大，因此太阳到地球距离的变化对它的视差影响很小。但是对于月球而言，其距离的变化将直接影响到月球视差大小的显著变化，根据托勒密所设计的月球运动模型[②]，月亮到地球的距离取决于本轮中心在偏心圆上的位置以及月球在本轮上的位置。这两个因素中的任何一个，都会在很大程度上影响月球的距离。

鉴于太阳和月球距离变化的程度，托勒密讨论太阳视差时只考虑一个距离，该距离和地球半径的比值为1210∶1；而讨论月球视差时，则需要考虑月球位于任意位置时的视差。由于月球视差是它的天顶距和它到地球距离的函数，而它的距离又和本轮中心在偏心圆上的位置以及月球在本轮上的位置有关，因此托勒密所设计的视差函数实际上是一个三变量函数，这三个变量分别是月球的天顶距 z ，本轮中心在均轮上的幅角 c（从远地点起算）和月球在本轮上的远地点离角 a_V 。为了处理这个三变量函数，托勒密采用变量分离的方法，先将天顶距固定，然后讨论视差和月球距离的关系。为了方便地计算月球视差，托勒密首先考虑月球位于四个特殊位置时的视差，其他位置的视差，则可以根据相应的算法，利用月球位于四个特殊位置时的视差值算出。

托勒密所考虑的四个特殊位置分别如下：

（1）第一极限位置：本轮中心位于偏心圆的远地点（c =

---

① 此处的视差特指高下差，或者总视差。之所以要指明这一点，是因为我们后面将会看到，托勒密将会像传统天文学家的通常做法那样，根据视差对天体位置的影响，将其分解成沿黄道方向的黄经视差和沿垂直于黄道方向的纬度视差。前者将会影响到天体的视黄经，而后者将会影响到天体的视黄纬。

② 托勒密的视差理论及算法主要基于他的第二月球运动模型，即偏心均轮模型。

0°)，月球位于本轮的远地点（$a_V = 0°$）；

（2）第二极限位置：本轮中心位于偏心圆的远地点（$c = 0°$），月球位于本轮的近地点（$a_V = 180°$）；

（3）第三极限位置：本轮中心位于偏心圆的近地点（$c = 180°$），月球位于本轮的远地点（$a_V = 0°$）；

（4）第四极限位置：本轮中心位于偏心圆的近地点（$c = 180°$），月球位于本轮的近地点（$a_V = 180°$）；

根据托勒密在月球运动模型中的相关参数，可得到月球位于上述四种极限位置时到地球的距离依次为：$64^p;10$、$53^p;50$、$43^p;53$、$33^p;33$。托勒密以天顶距 $z = 30°$ 为例，给出了如何由天顶距依次计算出月球位于四个极限位置时视差的一般算法。由于没有简洁的三角函数表达以及球面三角的普遍公式，托勒密计算天体视差的步骤显得有些繁琐，但是他的思路异常清晰，他使用的算法就是他所建立的视差算法的一般公式，即式（2-3）。

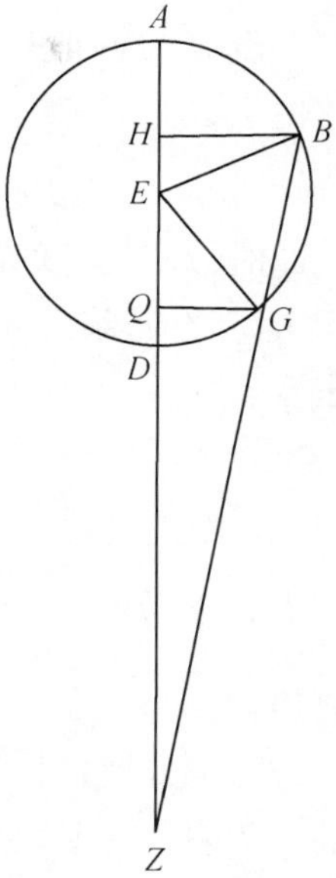

图 2-3　月球位于本轮上任意位置时的视差

利用同样的方法，托勒密可以计算出任意天顶距时，月亮位于四个极限位置处的视差。

由于在月球的运动模型中，本轮中心并不总位于偏心圆的远地点或者近地点，月球在本轮上的位置也并不总位于远地点或者近地点。因此，我们需要知道月球位于任意位置时的视差，而不仅仅是月球位于四个特殊位置时的视差。为此，托勒密提供了一个便利的算法来计算月球的视差，这个算法的总体思路是，先计算月球位于四个特殊位置时的视差值，然后利用简单的内插法得到月球位于任意位置时的视差。

(1) 月球位于本轮上任意位置时的视差。如图 2-3 所示，$ABGD$ 为月球本轮，它的中心 E 位于远地点，Z 为地球或者黄道中心。设 B 为本轮上任意点。托勒密取 $\overset{\frown}{AB} = 60°$ 来说明他的方法。由于 $ZE = 60^p$，$EB = 5^p;15$，根据勾股定理

$$ZB = \sqrt{(EB \times \sin 60°)^2 + (60 + EB \times \cos 60°)^2} \quad (2\text{-}4)$$

此时，若设月球位于 A 和 D 处的视差分别为 p_A 和 p_D，月球位于 B 处的视差为 p_B，则 p_B 可由 p_A 和 p_D 依据相应的内插法求出

$$p_B = p_A + (p_B - p_A) \times \frac{f(a_V)}{60} \quad (2\text{-}5)$$

上式中，$f(a_V) = \dfrac{ZA - ZB}{2r} \times 60$，$a_V = \angle BEA$ 为月球的远地点离角。

为计算方便，托勒密将式 (2-5) 中的 $f(a_V)$ 列入他的视差表的第 7 列。需要说明的是，$f(a_V)$ 在视差表中所对应的幅角 $a = a_V/2$。举例来说，当 $a_V = 60°$ 时，$f(a_V) = 14^p;0$，该值即为视差表中幅角 $a = 30°$ 时的对应值。这是由于在视差表的第 2 至第 6 栏数据均为天顶距的函数，而天顶距在 0° ~ 90° 之间变化。而插值函数第 7 列和第 8 列数据却是近点角 a (anomaly) 的函数，其值在 0° ~ 180° 之间变化。为了使它们具有相同的幅角，托勒密只好将第 7 列和第 8 列的插值函数的自变量取为 $a = a_V/2$。

和上述算法一样，可以计算出当本轮中心位于偏心圆的近地点时，以近点角为自变量的插值函数。前面我们已经看到，当本轮中心位于偏心圆的远地点时，本轮中心到地心的距离和本轮半径的比值是 60 : 5;15，而当本轮中心位于偏心圆的近地点时，该比值变为 60 : 8。托勒密以该比值作为基本参数，利用前面的计算方法，得出了应用于月球位于第 3 和第 4 极限位置

时的插值函数，列于视差表的第 8 栏。用公式表示出来即就是

$$p = p_3 + (p_4 - p_3) \times \frac{f(a_V)}{60} \qquad (2\text{-}6)$$

上式中，$f(a_V) = \frac{\Delta_3 - \Delta}{2r} \times 60$，$\Delta_3$ 表示月球位于第三极限位置时到地心的距离，Δ 表示月球位于任意位置时到地心的距离。

（2）本轮中心位于均轮上任意位置时的视差算法。在讨论这个问题时，托勒密也通过具体的数值计算的例子来说明他的算法。如图 2-4 所示，$ABGD$ 为偏心圆，E 为中心，AEG 为直径，Z 为黄道中心，作直线 BZD，使 $\angle AZB = \angle GZD = 60°$，当本轮中心在 B 时，距角为 30°，当本轮中心在 D 时，距角为 120°。

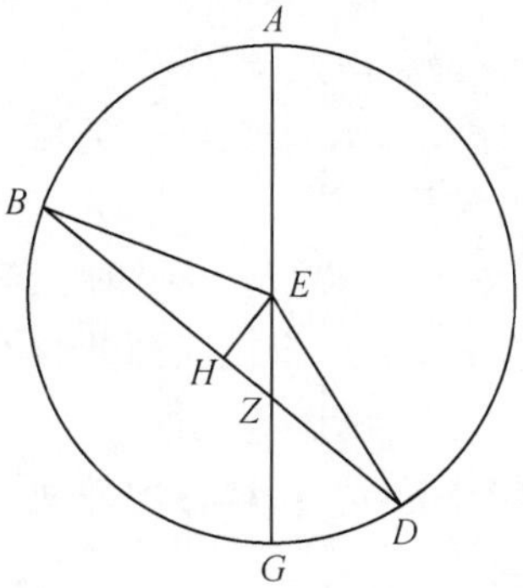

图 2-4　本轮中心位于均轮上任意位置时的视差

由已知，$EZ = 10^p;19$，$\angle EZH = 60°$，解直角三角形 EZH，得 $EH = 8^p;56$，$ZH = 5^p;10$，又 $BE = 49^p;41$，解直角三角形 BEH，得 $BH = DH = 48^p;53$，进而得 $ZB = 54^p;3$，$ZD = 43^p;43$，且由已知，$ZA = 60^p$，$ZG = 39^p;22$，二者之差 $ZA - ZG = 20^p;38$。

当本轮中心在 B 时，作如下比例式

$$\frac{ZA - ZB}{20^p;38} = \frac{x}{60}，解得\ x = 17^p;18$$

当本轮中心在 D 时，作如下比例式

$$\frac{ZA - ZD}{20^p;38} = \frac{y}{60}，解得\ y = 47^p;21$$

托勒密将 $17^p;18$ 放入第 9 栏距角为 30° 时的对应值，$47^p;21$ 放入第 9 栏距角为 120°（亦即 60°）的对应值。这是因为偏心圆的近地点的距角为 90°，而距角为 60° 和 120° 处的距离相等，用同样的方法，托勒密计算了本轮中心位于任意位置时的插值函数。

（3）月球位于任意位置时的视差。根据前面的论述可以看出，托勒密的视差算法的思路非常清晰，他所构造的视差算法也是非常精巧的。虽然他的视差函数涉及三个自变量，但是他通过变量分离的方法，分别应用简单的线性插值算法，从而解决了一个比较复杂的三变量函数的计算问题。

设视差函数 $p = p(z, c, a_V)$，其中 z 为天顶距，c 为本轮中心在偏心圆上的远地点离角，a_V 为月球在本轮上的远地点离角。根据托勒密的月球运动模型，当 $c = 0°$ 时，本轮中心到地球的距离为 $\Delta\ (c = 0°) = R + e$，当 $c = 180°$时，本轮中心到地球的距离为 $\Delta(c = 180°) = R - e$。根据前面的讨论，托勒密计算视差的总体思路可以概括为如下几个步骤：

第一步，求本轮中心位于偏心均轮远地点时的视差 $p(z, a_V, 0°)$。

根据前面的讨论，$p(z, a_V, 0°)$ 可由如下算法求出

$$p(z, a_V, 0°) = p(z, 0°, 0°) + (p(z, 180°, 0°) - p(z, 0°, 0°)) \times \frac{f(a_V)}{60} \tag{2-7}$$

其中 $f(a_V) = \dfrac{\Delta(c = 0°, 0°) - \Delta(c = 0°, a_V)}{2r} \times 60$

第二步，求本轮中心位于偏心均轮近地点时的视差 $p(z, a_V, 180°)$。

$$p(z, a_V, 180°) = p(z, 0°, 180) + (p(z, 0°, 180°)$$

$$- p(z, 180°, 180°)) \times \frac{g(a_V)}{60} \tag{2-8}$$

其中 $g(a_V) = \frac{\Delta(180°, 0°) - \Delta(180°, a_V)}{2r} \times 60$

第三步，求本轮中心位于偏心均轮上任一点时的视差 $p(z, a_V, c)$。

$$p(z, a_V, c) = p(z, a_V, 0°) + (p(z, a_V, 180°) - p(z, a_V, 0°)) \times \frac{h(c)}{60} \tag{2-9}$$

式中，$h(c) = \frac{\Delta(c = 0°) - \Delta(c)}{\Delta(c = 0°) - \Delta(c = 180°)} \times 60$。

$\Delta(c = 0°)$，$\Delta(c = 180°)$ 和 $\Delta(c)$ 分别表示当本轮中心在偏心均轮上的远地点离角分别为0°、180°和任意角度 c 时本轮中心到地球中心的距离。根据前面的论述，$\Delta(c = 0°) = R + e$，$\Delta(c = 180°) = R - e$，故上式亦可化简为

$$h(c) = \frac{R + e - \Delta(c)}{2e} \times 60 \tag{2-10}$$

四、视差表的构造及其应用

为了使用起来方便，托勒密造了一张 45 行 9 列的视差表（表 2-2）。视差表的第 1 列为天顶距，从 2°开始到 90°，间隔为 2°。第 2 列是与第 1 列的天顶距相对应的太阳视差；第 3 列为月亮位于第一极限位置时的视差；第 4 列为月亮位于第一极限位置和第二极限位置时的视差之差；第 5 列为月亮位于第三极限位置时的视差；第 6 列为月亮位于第三极限位置和第四极限位置时的视差之差；第 7 列为插值函数 $f(a_V)$ 对应于第一列幅角 $a_V/2$ 的函数值，第 8 列为插值函数 $g(a_V)$ 对应于第一列幅角 $a_V/2$ 的函数值；第 9 列为插值函数 $h(c)$ 对应于第一列幅角 $a_V/2$ 的函数值。

表 2-2　《至大论》中的视差表*

辐角/度	太阳视差	月球位于第一极限位置的视差	月球分别位于第二和第一极限位置的视差之差	月球位于第三极限位置的视差	月球分别位于第三和第四极限位置的视差之差	$f(a_V)$	$g(a_V)$	$h(c)$
2	0°0′7″	0°1′54″	0°0′23″	0°3′0″	0°0′50″	0 14	0 11	0 15
4	0°0′13″	0°3′49″	0°0′45″	0°6′0″	0°1′40″	0 28	0 22	0 30
6	0°0′19″	0°5′41″	0°1′7″	0°9′0″	0°2′30″	0 42	0 33	0 45
8	0°0′25″	0°7′34″	0°1′29″	0°11′40″	0°3′20″	1 22	1 7	1 33
10	0°0′31″	0′9′27″	0°1′51″	0°14′20″	0°4′10″	2 2	1 41	2 21
12	0°0′37″	0°11′19″	0°2′12″	0°17′0″	0°5′0″	2 42	2 15	3 9
14	0°0′42″	0°13′10″	0°2′33″	0°19′40″	0°5′50″	3 35	3 13	4 22
16	0°0′48″	0°15′0″	0°2′54″	0°22′20″	0°6′40″	4 28	4 11	5 35
18	0°0′53″	0°16′49″	0°3′15″	0°25′0″	0°7′30″	5 21	5 9	6 48
20	0°0′58″	0°18′36″	0°3′36″	0°27′40″	0°8′20″	6 39	6 25	8 25
22	0°1′4″	0°20′22″	0°3′57″	0°30′20″	0°9′10″	7 57	7 41	10 2
24	0°1′9″	0°22′6″	0°4′18″	0°33′0″	0°10′0″	9 15	8 57	11 39
26	0°1′14″	0°23′49″	0°4′39″	0°35′20″	0°10′50″	10 50	10 29	13 32
28	0°1′20″	0°25′30″	0°4′59″	0°37′40″	0°11′40″	12 25	12 1	15 25
30	0°1′25″	0°27′9″	0°5′18″	0°40′0″	0°12′30″	14 0	13 33	17 18
32	0°1′30″	0°28′46″	0°5′37″	0°42′20″	0°13′20″	15 52	15 22	19 23
34	0°1′35″	0°30′21″	0°5′55″	0°44′40″	0°14′10″	17 44	17 11	21 28
36	0°1′40″	0°31′54″	0°6′13″	0°47′0″	0°15′0″	19 36	19 0	23 33
38	0°1′44″	0°33′24″	0°6′30″	0°49′0″	0°15′40″	21 36	20 59	25 40
40	0°1′49″	0°34′51″	0°6′47″	0°51′0″	0°16′20″	23 36	22 58	27 47
42	0°1′54″	0°36′14″	0°7′4″	0°53′0″	0°17′0″	25 36	24 57	29 54
44	0°1′58″	0°37′37″	0°7′20″	0°55′0″	0°17′40″	27 40	27 1	32 0
46	0°2′3″	0°38′57″	0°7′35″	0°57′0″	0°18′20″	29 44	29 5	34 6
48	0°2′8″	0°40′14″	0°7′49″	0°59′0″	0°19′0″	31 48	31 9	36 12
50	0°2′12″	0°41′28″	0°8′3″	1°0 ′40″	0°19′40″	33 52	33 14	38 9
52	0°2′16″	0°42′39″	0°8′16″	1°2′20″	0°20′20″	35 56	35 19	40 6
54	0°2′20″	0°43′45″	0°8′29″	1°4′0″	0°21′0″	38 0	37 24	42 3

续表

辐角/度	太阳视差	月球位于第一极限位置的视差	月球分别位于第二和第一极限位置的视差之差	月球位于第三极限位置的视差	月球分别位于第三和第四极限位置的视差之差	$f(a_V)$	$g(a_V)$	$h(c)$
56	0°2′23″	0°44′48″	0°8′42″	1°5′20″	0°21′20″	40 0	39 24	43 49
58	0°2′26″	0°45′48″	0°8′53″	1°6′40″	0°21′40″	42 0	41 24	45 35
60	0°2′29″	0°46′46″	0°9′3″	1°8′0″	0°22′0″	44 0	43 24	47 21
62	0°2′32″	0°47′40″	0°9′13″	1°9′20″	0°22′20″	45 50	45 13	48 49
64	0°2′34″	0°48′30″	0°9′22″	1°10′40″	0°22′40″	47 40	47 2	50 17
66	0°2′36″	0°49′15″	0°9′31″	1°12′0″	0°23′0″	49 30	48 51	51 45
68	0°2′38″	0°49′57″	0°9′39″	1°13′0″	0°23′10″	50 56	50 24	52 57
70	0°2′40″	0°50′36″	0°9′46″	1°14′0″	0°23′20″	52 22	51 57	54 9
72	0°2′42″	0°51′11″	0°9′53″	1°15′0″	0°23′30″	53 48	53 30	55 21
74	0°2′44″	0°51′44″	0°9′59″	1°15′40″	0°23′40″	54 57	54 41	56 12
76	0°2′46″	0°52′12″	0°10′4″	1°16′20″	0°23′50″	56 6	55 52	57 3
78	0°2′47″	0°52′34″	0°10′8″	1°17′0″	0°24′0″	57 15	57 3	57 54
80	0°2′48″	0°52′53″	0°10′11″	1°17′20″	0°24′10″	57 57	57 47	58 26
82	0°2′49″	0°53′9″	0°10′14″	1°17′40″	0°24′20″	58 39	58 31	58 58
84	0°2′50″	0°53′21″	0°10′16″	1°18′0″	0°24′30″	59 21	59 15	59 30
86	0°2′50″	0°53′29″	0°10′16″	1°18′20″	0°24′40″	59 34	59 30	59 40
88	0°2′51″	0°53′33″	0°10′17″	1°18′40″	0°24′50″	59 47	59 45	59 50
90	0°2′51″	0°53′34″	0°10′17″	1°19′0″	0°25′0″	60 0	60 0	60 0

* 此表摘自 Ptolemy C. Ptolemy's Almagest（Translated and Annotated by G J Toomer, First published in 1984 by Gerald Duckworth and Co. Ltd），265 页。

通过前面的讨论，托勒密已经很好地解决了计算太阳视差和月球总视差的问题。为了计算方便，托勒密给出了一张视差表，这张视差表实际上是一个包含三个自变量的表格函数，这三个自变量分别为月球的天顶距 z ，本轮在偏心均轮上的位置 c 以及月球在本轮上的位置 a_V 。关于本轮在偏心均轮上的位置 c 以及月球在本轮上的位置 a_V ，托勒密已经在他的月球理论中给出了相应的算法。关于月球的天顶距 z，托勒密在预备知识第二卷中，以一个特殊例子给出了求天顶距的一般方法。这个例子是：设在地理纬度为 φ 的地方，求黄道上经度为 λ 的点在午前1小时的天顶距。

如图2-5，H 点为目标点，A 为天顶，圆 $BEQD$ 为地平，圆 ZHK 为黄道，圆 AHE 为地平经圈。$\overset{\frown}{AH}$ 即为所要求的天顶距。

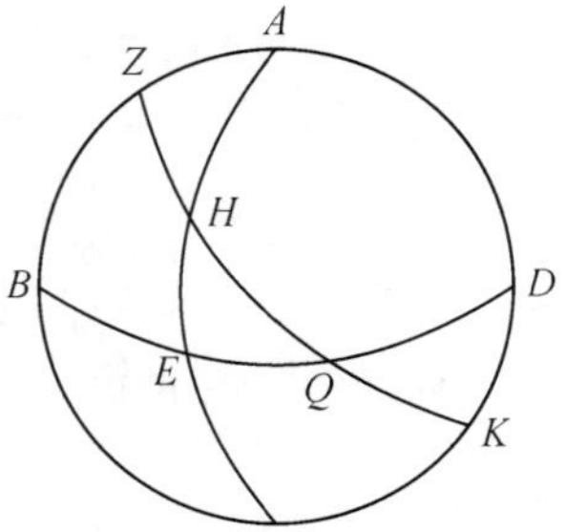

图2-5　太阳天顶距的求法

根据前面的预备知识，在午前1小时，若 H 点的黄经为 λ，则黄道和子午圈的交点 Z 的黄经 λ_z 和黄道与地平圈的交点 Q 的黄经 λ_Q 可求。此时，显然有 $\overset{\frown}{HQ} = |\lambda - \lambda_Q|$，$\overset{\frown}{ZQ} = |\lambda_Z - \lambda_Q|$，又根据球面天文知识，$\overset{\frown}{AB} = 90° - \overset{\frown}{ZA}$，$\overset{\frown}{AZ} = |\varphi - \delta_Z|$，其中 δ_Z 为 Z 点的赤纬。

根据梅内劳斯定理

$$\frac{\text{Crd2}\ \overset{\frown}{ZB}}{\text{Crd2}\ \overset{\frown}{BA}} = \frac{\text{Crd2}\ \overset{\frown}{ZQ}}{\text{Crd2}\ \overset{\frown}{HQ}} \times \frac{\text{Crd2}\ \overset{\frown}{HE}}{\text{Crd2}\ \overset{\frown}{EA}} \tag{2-11}$$

亦即

$$\frac{\sin \overset{\frown}{ZB}}{\sin \overset{\frown}{BA}} = \frac{\sin \overset{\frown}{ZQ}}{\sin \overset{\frown}{HQ}} \times \frac{\sin \overset{\frown}{HE}}{\sin \overset{\frown}{EA}} \tag{2-12}$$

在上述算式中，其中有五个是已知量，解出 $\overset{\frown}{HE}$，又 $\overset{\frown}{AH} =$

$90° - \widehat{HE}$，$\widehat{AH}$ 即为 H 点的天顶距。为了计算方便，托勒密给出了七个地理纬度处天顶距随时角和黄经变化的表格函数。

利用托勒密给出的视差表，可以计算任意给定时刻的月球视差和太阳视差。这个步骤可以概括如下：

（1）以天顶距 z 作为第一列的幅角值，查出对应于该幅角值的第 3 列至第 6 列的月球的视差值；

（2）考虑在给定时刻月球的近点角运动，即离开本轮远地点的离角 a_V，并对 a_V 作如下适当的处理

$$a_V = \begin{cases} a_V, & a_V < 180° \\ 360° - a_V, & 180° < a_V < 360° \end{cases} \tag{2-13}$$

（3）将所求幅角 a_V 折半得 $a = a_V/2$，以 a 作为第一列的幅角值，查视差表，写下对应于该幅角值的第 7、8 两列的数值，记为 C_7、C_8；

（4）记 $p_1 = p(z, a_V, 0°)$，$p_2 = p(z, a_V, 180°)$，则

$$p_1 = C_3 + C_4 \times C_7 \tag{2-14}$$

$$p_2 = C_5 + C_6 \times C_8 \tag{2-15}$$

（5）取太阳和月球的距角，或者月球和平太阳所对之点的距角，使其结果小于 90°。亦即设太阳和月球的平距角为 γ，则可将 γ 作如下变化变为所需要的幅角 γ'：

$$\gamma' = \begin{cases} \gamma, & 0° \leqslant \lambda \leqslant 90° \\ 180° - \gamma, & 90° \leqslant \gamma \leqslant 180° \\ \gamma - 180°, & 180° \leqslant \gamma \leqslant 270° \\ 360° - \gamma, & 270° \leqslant \gamma \leqslant 360° \end{cases} \tag{2-16}$$

以幅角 γ' 作为第 1 列的自变量，查出 C_9，则 $p = p_1 + (p_1 - p_2) \times C_9$ 即为月球在任意位置时的视差。

五、黄经视差和纬度视差

根据视差对日食的影响效果，托勒密将视差分解为黄经视

差和纬度视差。黄经视差使月亮的视黄经发生改变，从而影响到日食的视食甚时刻，而纬度视差使月亮的视纬度发生改变，从而影响到日食食分、食限和食延。

为了计算黄经视差和黄纬视差，首先需要计算在给定时刻高度圈（即经过天顶和月球的地平经圈）和黄道的夹角。关于这个夹角，《至大论》中有专门的表格给出所需要的值。为方便起见，我们设黄道和高度圈的夹角（总取较小的一个，亦即锐角）为 α 。设总视差为 p ，黄经视差为 p_λ ，纬度视差为 p_β ，则托勒密给出了三者之间的关系

$$\frac{p_\beta}{p_\lambda} = \frac{\text{chord}(2\alpha)}{\text{chord}(180° - 2\alpha)} \tag{2-17}$$

根据《至大论》中所构造并且使用的弦表，有如下关系成立

$$\frac{\text{chord}(2\alpha)}{R} = \sin\alpha \tag{2-18}$$

上式中 $R = 120$ ，根据式（2-18），式（2-17）可以化简为

$$\frac{p_\beta}{p_\lambda} = \frac{\sin\alpha}{\cos\alpha} \tag{2-19}$$

又

$$p_\lambda = p \times \frac{\text{chord}(180° - 2\alpha)}{R} = p \times \cos\alpha \tag{2-20}$$

$$p_\beta = p \times \frac{\text{chord}(2\alpha)}{R} = p \times \sin\alpha \tag{2-21}$$

托勒密为了清楚地表示视差、黄经视差和纬度视差三者之间的天文意义以及三者之间的关系，用图 2-6 进行说明。如图 2-6，设 ABG 为黄道，AD 为白道，A 为黄白交点，E 为天顶，D 为月球，H 为视月球，作 $HK \perp AB$ ，$DB \perp AB$ ，$HQ \perp DB$ 。

根据假设，$\overset{\frown}{DH}$ 即为总视差，$\overset{\frown}{AB}$ 为月球的视黄经，$\overset{\frown}{BD}$ 为月球的真黄纬，$\overset{\frown}{KH}$ 为月球的视黄纬，$\overset{\frown}{AK}$ 为月球的视黄经，$\overset{\frown}{QH}$ 和 $\overset{\frown}{DQ}$

分别为黄经视差和纬度视差。

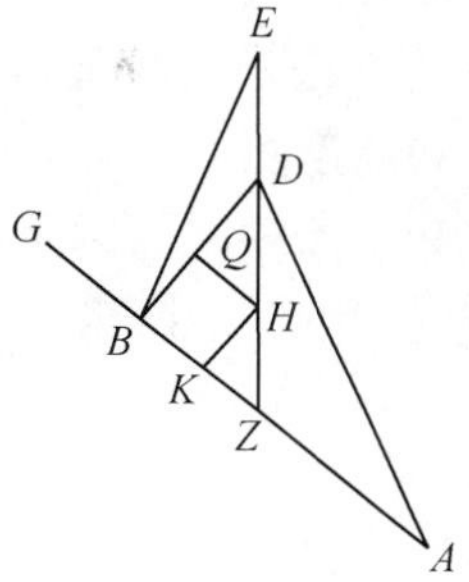

图 2-6　黄经视差和纬度视差

通过我们前面的讨论，若月球 D 的天顶距 $\overset{\frown}{ED}$ 已知，则视差 $\overset{\frown}{DH}$ 即可求出。若 $\angle GZE$ 已知，则 $\overset{\frown}{DQ}$ 和 $\overset{\frown}{QH}$ 即可求出。但是托勒密前面又介绍了黄道在任意给定点处和高度圈的夹角，因此在这里，托勒密用 $\overset{\frown}{EB}$ 代替 $\overset{\frown}{ED}$，用 $\angle GBE$ 代替 $\angle GZE$。很显然，托勒密作这种近似处理的原因，一方面是因为白道和黄道夹角较小，另一方面，托勒密前面已经讨论过求任意时刻过黄道上任意点的高度圈和黄道的夹角。当然，这种近似处理对结果的影响是比较小的，特别是当讨论日食发生时的月球视差，此时太阳和月球充分靠近黄白交点，在这种情形下，托勒密所作的这种近似处理误差会更小。

对于托勒密所作的这种近似，依巴谷曾经试图作过修正。但是依巴谷所用的方法存在着很大的弊端。托勒密对依巴谷的方法进行了批评，他认为依巴谷的失误主要在于：①他只取了一个特殊的 $\overset{\frown}{AD}$ 值进行讨论，而不是一部分或者全部的 $\overset{\frown}{AD}$ 值。②为了求得 $\overset{\frown}{ED}$，依巴谷假定 $\overset{\frown}{EZ}$ 和 $\overset{\frown}{EZG}$ 已知，但是他没有意识到，B 是黄道上的已知点而 Z 的位置未知，从而 $\overset{\frown}{EB}$ 是已知的而不是 $\overset{\frown}{EZ}$，进而 $\angle EBG$ 已知而 $\angle EZG$ 未知。托勒密认为，正是依巴谷使用了 $\overset{\frown}{ZE}$ 和 $\angle EZG$，才导致了较大的误差，事实上，在大多数情况下，$\overset{\frown}{ED}$ 和 $\overset{\frown}{EZ}$ 之间的差值是比较明显的，而 $\overset{\frown}{BE}$（已知）和 $\overset{\frown}{ED}$ 二者之间的最大差值则为 $\overset{\frown}{BD}$。为此，托勒密还给出了他认为合乎逻辑的修正。

在计算黄经视差和纬度视差的过程中，黄道和高度圈的夹角 α 的求法是比较关键的一步。托勒密用梅内劳斯定理给出了黄道和高度圈的夹角 α 的算法。

和求天顶距的图示一样，以 H 为极做大圆，KLM 为大圆的一段，如图 2-7 所示。

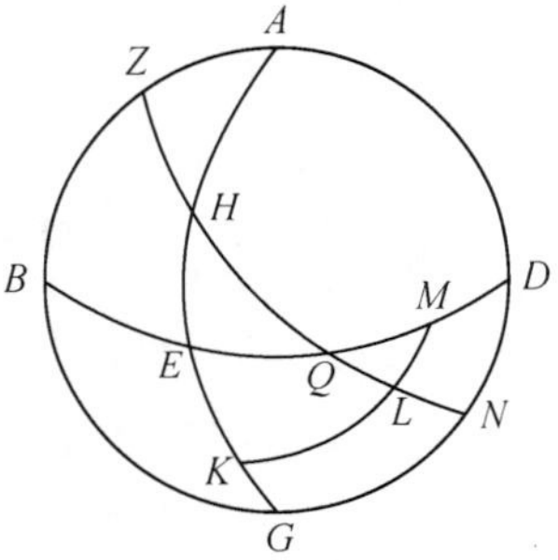

图 2-7　黄道和高度圈的夹角

由于圆 AHE 通过 EQM 的极点 A 和 KLM 的极点 H，故有

$$\widehat{EM} = \widehat{KM} = 90°$$

又根据梅内劳斯定理，有

$$\frac{\text{Crd2}\ \widehat{HE}}{\text{Crd2}\ \widehat{EK}} = \frac{\text{Crd2}\ \widehat{HQ}}{\text{Crd2}\ \widehat{QL}} \times \frac{\text{Crd2}\ \widehat{LM}}{\text{Crd2}\ \widehat{KM}} \tag{2-22}$$

由于 $\widehat{HE}$ 已知，故 $\widehat{EK} = 90° - \widehat{HE}$ 已知，又 $\widehat{HQ}$ 已知，故 $\widehat{QL} = 90° - \widehat{HQ}$ 已知；又 $\widehat{KM} = 90°$，从而 $\widehat{LM}$ 已知；因为 $\widehat{KL} + \widehat{LM} = 90°$，所以 $\widehat{KL} = 90° - \widehat{LM}$；又 $\widehat{KL} = \angle KHL$，根据 $\angle AHQ + \angle LHK = 180°$，从而解得 $\angle AHQ = 180° - \angle LHK$。

为了计算方便，托勒密计算出不同纬度处不同时角时黄道上不同点的天顶距以及此时高度圈和黄道的夹角，并将所得结果列成表格。关于地理纬度，托勒密选取了最长昼长为 13 小时到16小时（间隔为半小时）的几个特殊的地理纬度。关于时角，托勒密以午正为中心，午前午后每隔1小时，关于黄经则以30°为间隔。

第三节　黄经视差与日食计算

日食计算中的每个项目，基本都与视差有关。托勒密根据视差对日食的影响效果，将视差分解为黄经视差和纬度视差。黄经视差对日食计算的影响，主要表现在对日食食甚时刻的影响上。视食甚时刻是日食过程中一个重要的关节点，日食中许多项目的计算都和它相关。由定朔时刻求视食甚时刻（或近似为视合朔时刻）是一个比较复杂的问题，古代各个文明的天文学家在计算日食的视食甚时刻时，都要设计一套算法。为讨论问题方便，我们将定朔时刻和视食甚时刻之间的差值，称为日食时差，或简称为时差，天文学家为计算时差而设计的一系列算法称为日食时差算法。

一、时差的天文意义与理论模型

1. 时差的天文意义

我们知道，计算日食要考虑月亮视差，而计算月食则不需要考虑。因此对于月食而言，推算食甚时刻比较简单，因为定望时刻和月食的食甚时刻可以近似认为相等。而日食食甚时刻的推求，则要复杂得多，这是由于月亮视差的影响，定朔时刻并非日食的视食甚时刻，二者之间的时间差最大可以达到2小时左右。为了能更精确地推算日食的视食甚时刻，历法家必须设计一套算法来消除视差对日食食甚时刻的影响，这个算法可称为日食时差算法。

现代天文学中，合朔时刻指的是日月黄经相同的时刻，也

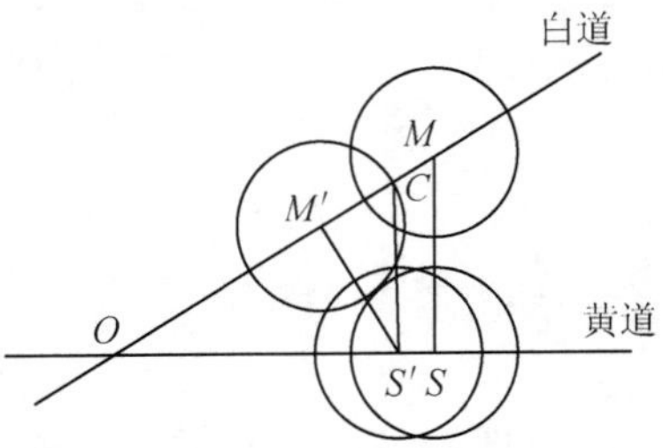

图 2-8　定朔和食甚的区别

就是古代历法中所谓的定朔时刻。而食甚时刻指的是日食时太阳和月亮的中心距离最近的时刻。关于合朔时刻和食甚时刻的细微差别，我们可以借助图 2-8 进行说明。

在图 2-8 中，我们假定 S 和 S' 代表太阳中心，M 和 M' 代表月亮中心。当太阳运行到 S，同时月亮运行到 M 的时候，此时太阳和月亮的黄经相同，这个时刻即称为定朔时刻。但是，此时还不是太阳中心和月亮中心距离最近的时候，也就是说，此时还不是食甚时刻。只有当月亮运行到 M' 时，同时太阳运行到 S' 的时候，二者的距离才最近，此时才是真正的食甚时刻。月亮从 M 运行到 M' 的时间或者太阳从 S 运行到 S' 的时间，就是合朔时刻和食甚时刻的时间差。若设太阳和月亮的平均速度为 v_S 和 v_M，则合朔时刻和食甚时刻的时间差 ΔT 可由如下算式求出

$$\Delta T = \frac{MM'}{v_M} = \frac{SS'}{v_S} = \frac{MM' - SS'}{v_M - v_S} \tag{2-23}$$

作 $S'C /\!/ SM$，由于黄白夹角 I 只有 5°左右，因此总有 $MC \approx SS'$ 成立。又由于太阳的运动速度非常小，且 ΔT 非常小，因此在实际的计算中，甚至可以忽略太阳的运动距离，于是上式可以化简为

$$\Delta T = \frac{MM' - SS'}{v_M - v_S} \approx \frac{M'C}{v_M - v_S} \approx \frac{MS \times \sin I}{v_M - v_S} \tag{2-24}$$

上式中 I 为黄白交角，MS 为合朔时刻月亮的黄纬。若取 $MS = r_M + r_S$，r_M 和 r_S 分别表示月亮和太阳视圆面半径，将太阳和月亮的平均速度代入，可求得 ΔT 的最大值为 10 分钟左右，而一般都在 4 分钟左右徘徊。因此在精度要求不是特别高的情形

下，在本书中我们一般不去刻意区分定朔时刻和食甚时刻的差别。

上面我们讨论的只是理想情况，即我们假设观测者正好位于地心，也就是说日食没有受到月亮视差的影响。在这种情形下，定朔时刻和食甚时刻可以近似认为相等。对于月食来说，由于不受视差影响，月食的食甚时刻总是近似等于定望时刻。当然，由于地影半径要比太阳半径大，因此，月食的食甚时刻和定望时刻的时间差，要比定朔时刻和日食的食甚时刻之间的时间差 ΔT 更大一些。

但是对于日食来说，情况要比我们前面讨论的复杂得多。由于月亮视差的影响，月亮的视位置总比其真位置要低一些，因此当真太阳和真月亮同黄经时，对于地面上的观测者来说，太阳和视月亮的视黄经并不相同，这使得对于合朔而言，便有真合朔和视合朔的区别。同理，对于食甚而言也有真食甚和视食甚的区别，真食甚指的是真月亮和真太阳距离最近，而视食甚指的是视太阳和视月亮距离最近，二者之间总有一个时间差。由于日食观测总以地面观测为准，因此我们通常所说的食甚其实指的是视食甚。日食的视食甚时刻，或者早于定朔时刻，或者迟于定朔时刻，二者之间总存在着一个时间差。在中国古代历法中，定朔和视食甚时刻之间的时间差被命名为日食时差，本书沿袭中国历法家的称呼，将这个时间差命名为日食时差，或简称为时差。

2. 时差的理论模型

现在我们来建立日食时差算法的理论模型。由于《至大论》中的日食时差算法以定朔时刻太阳的黄经和时角作为自变量，因此为了便于比较，我们建立的时差算法的数值模型也必须以定朔时刻太阳的黄经和时角作为自变量。

月亮视差对日食视食甚时刻的影响可以借助图2-9进行说明。[①] 图2-9中，D表示黄极，Z表示天顶，Q和Q'分别表示黄道与白道和视白道的交点。假定在定朔时刻T太阳运行至S，月亮运行至M。由于月亮视差的影响，此时月亮的视位置比其真位置要低一些，因此对地面上的观测者而言，此时并不是视食甚时刻。只有当经过一段时间之后，太阳运行至S'，月亮运行至M'，并且此时视月亮M''和真太阳S'同黄经，此时才是视食甚时刻T^*，而定朔时刻T与视食甚时刻T^*之间的时间差Δt，亦即月亮从M运行至M'或者太阳从S运行至S'的时间，就是所谓的日食时差。

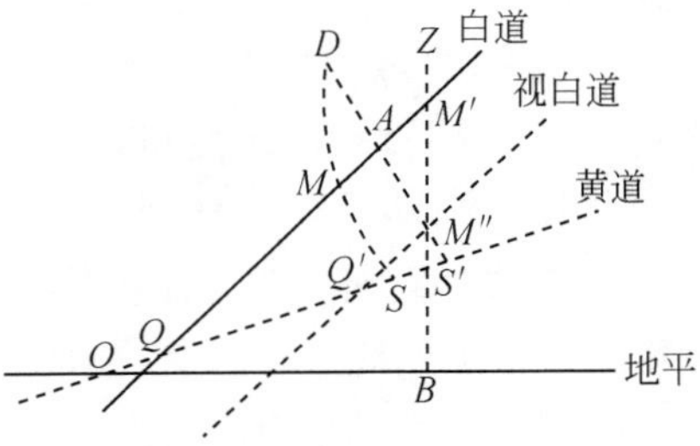

图2-9　时差的天文意义

分别作过M和M''的黄经圈DMS和$DM''S'$，其中$DM''S'$和白道相交于A，作过M'和M''的地平经圈$ZM'M''B$，和地平交于B。由于黄白道夹角大约只有5°左右，因此$MA = SS'$近似成立。若令v_S、v_M分别表示太阳与月亮的平均视运动速度，则Δt可由下式求出

$$\Delta t = \frac{MM'}{v_M} = \frac{SS'}{v_S} = \frac{MM' - SS'}{v_M - v_S} \approx \frac{M'A}{v_M - v_S} \qquad (2\text{-}25)$$

若令p_0表示月亮的地平视差，z表示视食甚时刻真月亮M'

---

① 我们以日食发生在下午为例，并且此时月亮刚刚经过升交点，在黄道上方运行。

的天顶距，则根据视差的定义，有 $M'M'' = p_0\sin z$ 。

由于球面三角形 $AM'M''$ 非常小，故可以近似地将其看做平面直角三角形，这样造成的误差非常小，不会影响我们所讨论的问题的精度。令 α 表示过 M' 的地平经圈与黄道的交角，则 $\alpha = \angle AM'M'' + I \approx \angle MM'M''$ ，此时式（2-25）可变为

$$\Delta t = \frac{p_0 \times \sin z \times \cos\alpha}{v_M - v_S} \tag{2-26}$$

由上式可见，Δt 是以视食甚时刻真月亮 M' 的天顶距 z 和过 M' 的地平经圈与黄道的交角 α 为自变量的函数。因此，为了推算 Δt，需要确定月亮的天顶距 z 和 α 。由于日食时，太阳与月亮同时运动在黄白交点附近，且月亮的黄纬通常不会超过 0.5 度，因此可以近似认为太阳和月亮的天顶距相等。由于天顶距 z 和 α 不是独立的自变量，为了讨论问题方便，我们试图将 Δt 表为含有太阳的黄经 λ 和时角 h 这两个独立自变量的函数。

设定朔时刻太阳的黄经为 λ ，时角为 h ，日食视食甚时刻的太阳的黄经是 λ^* ，时角为 h^* ，定朔时刻和日食视食甚时刻之间的时间差是 Δt，则显然有

$$\lambda^* = \lambda,\ h^* = h \pm h(\Delta t)$$

其中 $h(\Delta t)$ 表示时差 Δt 所对应的时角。[①] 从式（2-26）可以看出，如果天顶距 z 和 α 已知，则时差即可求出。

根据现代天文学知识，日食视食甚时刻月亮的天顶距 z 可以由下式求出

$$\begin{cases}\sin\delta = \sin\lambda\sin\varepsilon \\ \cos z = \sin\delta\sin\varphi + \cos\delta\cos\varphi\cos(h \pm h(\Delta t))\end{cases} \tag{2-27}$$

式（2-27）中，λ 、δ 分别表示太阳的黄经和赤纬，ε 表示黄赤大距，φ 表示观测地点的地理纬度。h 和 $h \pm h(\Delta t)$ 分别表示定朔时刻和视食甚时刻太阳或者月亮的时角。

① 时间和时角之间的换算关系为：1 小时合时角 15°。

下面我们以日食视食甚时刻发生在下午为例，来讨论日食视食甚时刻经过真月亮和视月亮的地平经圈和黄道的夹角 α 。如图 2-10 所示，P 为赤极，Z 为天顶，$\gamma ABDF$ 为黄道，$\gamma A'BD'F$ 为赤道，γ 为春分点。C' 为星位角，C 为赤经圈和黄道的夹角，α 为地平经圈和黄道的夹角。

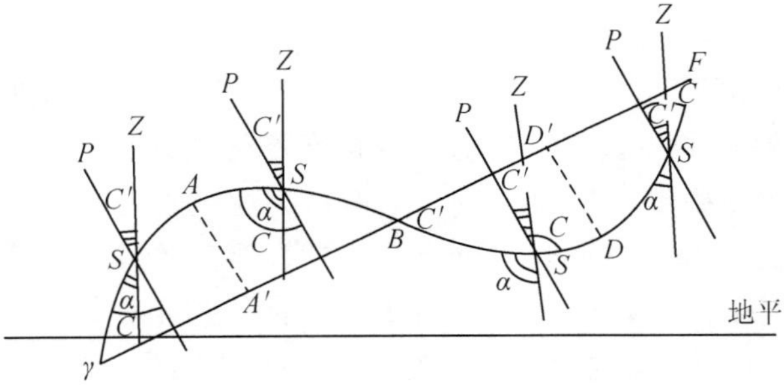

图 2-10　黄道和地平经圈的夹角

根据现代天文学知识，C 、C' 、α 可由下列方程组确定①

$$\begin{cases} \tan C = (\tan\varepsilon\cos\lambda)^{-1}, \ 0° \leqslant C \leqslant 180° \\ \sin C' = \dfrac{\sin(h \pm h(\Delta t))\cos\varphi}{\sin Z}, \ -90° \leqslant C' \leqslant 90° \\ \alpha = C - C' \end{cases} \tag{2-28}$$

通过前面的分析，Δt 是日食视食甚时刻月亮的天顶距 z 与角 α 的函数。因此，为了推算 Δt，需要确定月亮的天顶距 z 和 α。由于日食时刻，太阳与月亮同时运动在黄白交点附近，所以，太阳和月亮的天顶距可以认为近似相等，从而可以通过太阳的相关数据来推算 Δt。又由方程组（2-27）和（2-28）可以看出，变量 z 与 α 都是以太阳的黄经 λ ，时角 h 和时差 Δt 为自变量的函数，亦即，$z = z(\lambda, h, \Delta t)$ ，$\alpha = \alpha(\lambda, h, \Delta t)$ 。因此，时差 Δt

① 我们一般规定午前的时角为负，午后的时角为正。

的理论公式，也应该是以太阳（或月亮）的黄经 λ 和时角 h 以及时差 Δt 为自变量的三元函数。亦即，$\Delta t = \Delta t\ (\lambda,\ h,\ \Delta t)$，更进一步，时差算法可以表示成如下的形式

$$\Delta t = \frac{p_0 \times \sin z^* \times \cos\alpha}{v_M - v_S} \tag{2-29}$$

将以上各式联立成如下方程组

$$\begin{cases} \sin\delta = \sin\lambda\sin\varepsilon \\ \cos z^* = \sin\delta\sin\varphi + \cos\delta\cos\varphi\cos(h \pm h(\Delta t)) \\ \tan C = (\tan\varepsilon\cos\lambda)^{-1},\ 0° \leqslant C \leqslant 180° \\ \sin C' = \dfrac{\sin(h \pm h(\Delta t))\cos\varphi}{\sin z^*},\ -90° \leqslant C' \leqslant 90° \\ \alpha = C - C' \\ \Delta t = \dfrac{p_0 \times \sin z^* \times \cos\alpha}{v_M - v_S} \end{cases} \tag{2-30}$$

方程组（2-30）中 λ 和 h 分别表示定朔时刻太阳的黄经和时角，解这个方程组即可求出任意黄经和时角处的时差。

二、《至大论》中的时差算法

托勒密计算日食视食甚时刻的主要思路是：先求出定朔时刻，然后考虑黄经视差的影响，修正定朔时刻得到视食甚时刻。①托勒密计算日食时差的算法程序可以概括为如下几个步骤②：

（1）由定朔时刻 T 的相关数据求出月球视差 p_M 和太阳视差 p_S；

① 托勒密求某一地方的定朔时刻的基本做法，是先求出亚历山大地方真合朔发生的时间，并将其换算为距午正小时数。如果所求地方不在亚历山大，则需要考虑由经度差异所引起的时刻，用这个时刻修正亚历山大地方真合朔发生的时刻，从而得到该地方的定朔时刻。

② Ptolemy C. Ptolemy's Almagest. Translated and Annotated by G J Toomer, First published in 1984 by Gerald Duckworth and Co. Ltd, 310 ~ 311.

（2）求出月球视差 p_M 和太阳视差 p_S 的差，记为 $\Delta p = p_M - p_S$；

（3）由定朔时刻的月球天顶距 z 和黄道与高度圈的夹角 α 求出 Δp 对应的黄经视差 Δp_λ，并将 Δp_λ 化成相应的时间 Δt；

（4）由 Δt 求出视合朔时刻的第一次近似 T_1，并求出 T_1 时刻的相关数据，这些数据主要包括月球的天顶距和高度圈与黄道的夹角；

（5）求出 T_1 时刻月球视差 p_{M1} 和太阳的视差 p_{S1} 的差，记为 $\Delta p_1 = p_{M1} - p_{S1}$；

（6）求出此时 $\Delta p_1 = p_{M1} - p_{S1}$ 所对应的黄经视差 $\Delta p_{\lambda 1}$；

（7）求出 Δp_λ 和 $\Delta p_{\lambda 1}$ 的差，记为 $\Delta p'_\lambda = \Delta p_\lambda - \Delta p_{\lambda 1}$；

（8）求出最后的黄经视差 $\Delta p''_\lambda$

$$\Delta p''_\lambda = \Delta p_\lambda + (\Delta p_{\lambda 1} - \Delta p_\lambda) + \frac{(\Delta p_{\lambda 1} - \Delta p_\lambda)^2}{\Delta p_\lambda} \tag{2-31}$$

（9）求出黄经视差 $\Delta p''_\lambda$ 所对应的时差 Δt^*

$$\Delta t^* = \frac{\Delta p''_\lambda + \Delta p''_\lambda / 12}{v_M} \tag{2-32}$$ ①

（10）用时差 Δt^* 修正定朔时刻，得到视食甚时刻 T^*

$$T^* = T \pm \Delta t^* \tag{2-33}$$

上式中的符号由如下规则所决定：如果 $\Delta p''_\lambda$ 的方向朝向黄道的后部（按黄道十二宫顺序），符号为“－”，表明视合朔发生在合朔之前；若 $\Delta p''_\lambda$ 的方向朝向黄道的前方，符号为“＋”，表明视合朔发生在合朔之后。

托勒密给出的这个复杂算法已经完全解决了如何由定朔时刻求视合朔时刻的问题，亦即解决了黄经视差对日食视食甚时刻的影响问题。

---

① 按照托勒密的说法，式中 $\Delta p''_\lambda/12$ 是为了解释太阳运动。

三、《至大论》中时差算法精度

为了讨论《至大论》中时差算法精度，我们选取二分二至四个特殊节气，以午后的情形为例，时角以1小时为间隔，将时差的理论结果和按照《至大论》算法所得结果进行比较。

时差的理论结果，我们按照方程组（2-30）进行计算。由于《至大论》中的视差算法模型和理论模型完全等价，因此我们在计算《至大论》中的经度视差时按照理论算法 $p_\lambda = p_0 \times \sin z \times \cos\alpha$ 进行计算，在计算日食时差时则按照各自的算法。

为方便讨论，我们在计算时差的理论结果和历法结果时，均取地理纬度 $\varphi = 32°$，黄赤交角 $\varepsilon = 23°.6$。凡计算中涉及太阳和月亮视运动速度时，我们均取太阳和月亮的平均视运动速度，即 $v_S = 59'8''$，$v_M = 790'35''$。

关于地平视差，在计算理论结果时我们取 $p_0 = 57'$，而在计算历法结果时，则采用《至大论》中所使用的地平视差数值。在《至大论》中，合朔时月亮和太阳的地平视差分别是 $53'34''$ 和 $2'51''$。《至大论》中的时差结果按照其中所使用的修正法则。

我们将计算所得时差（单位为分钟）结果列于表2-3。根据表中数据可绘出相应的精度曲线（图2-11至图2-14）。

表2-3　《至大论》时差算法精度

黄经＼时差＼时角		0°	15°	30°	45°	60°
0°（春分）	历法值	31	59	81	94	99
	理论值	44	73	95	108	111
	历法值－理论值	－13	－14	－14	－14	－12
90°（夏至）	历法值	0	32	59	77	84
	理论值	0	40	70	88	95
	历法值－理论值	0	－8	－11	－11	－11

续表

黄经	时差 \ 时角	0°	15°	30°	45°	60°
180°（秋分）	历法值	-31	-2	24	43	53
	理论值	-45	-9	25	48	60
	历法值-理论值	14	7	-1	-5	-7
270°（冬至）	历法值	0	32	59	77	84
	理论值	0	40	70	88	95
	历法值-理论值	0	-8	-11	-11	-11

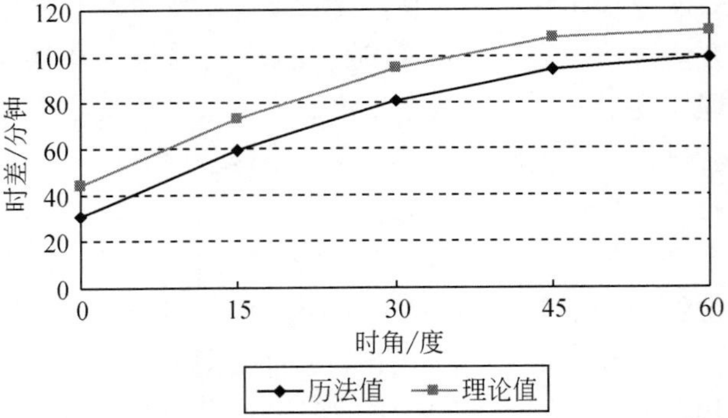

图 2-11　《至大论》春分午后日食时差精度曲线

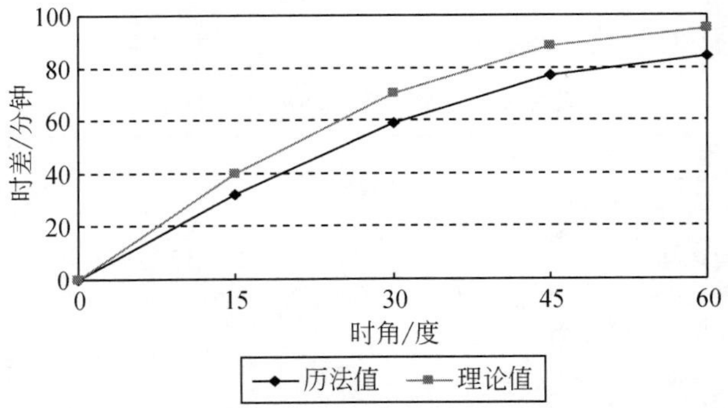

图 2-12　《至大论》夏至午后日食时差精度曲线

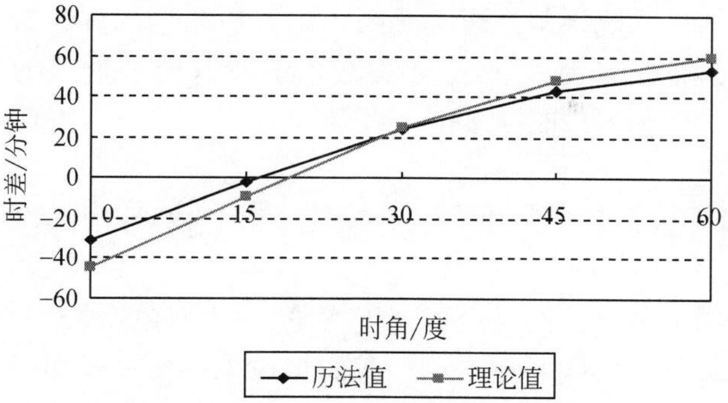

图 2-13　《至大论》秋分午后日食时差精度曲线

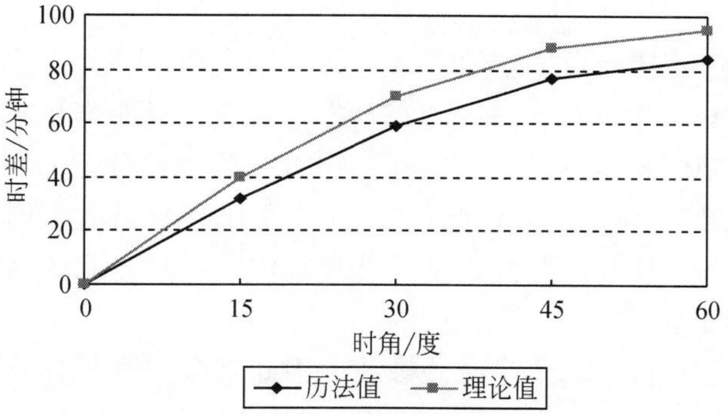

图 2-14　《至大论》冬至午后日食时差精度曲线

通过考察《至大论》中的时差算法以及精度，容易得出以下一些结论：

（1）从时差函数符号的选择来看，《至大论》中时差算法，其符号取决于地平经圈和黄道的夹角，这和实际情况基本完全吻合；

（2）从时差算法的合理性来看，《至大论》采用近似算法计算时差，其结果产生误差是不可避免的；

（3）由表 2-3 中数据，可以算出《至大论》中时差的平均绝对误差为 9 分钟，从时差的精度方面考虑，《至大论》中的时差算法有一系统误差，这与《至大论》所采用的地平视差的数值小于理论结果有关。《至大论》中所取地平视差的数值为 50′43″，比理论结果 57′要小一些。

第四节　纬度视差与食限、食分和食延

在前一节，我们讨论了《至大论》中黄经视差对日食视食甚时刻计算的影响。在本节，我们将讨论纬度视差对日食的食限、食分与食延计算的影响。

一、视差与食限

由于黄道和白道之间有一个约 5°的夹角，因此，并不是每次朔都会发生日食，每次望都会发生月食，只有当朔望时，月亮或太阳到黄白交点的距离在一定界限内，才会发生交食，这个界限称为食限。在现代天文学中，食限通常以太阳到黄白交点的距离来度量。但古希腊天文学家通常以月亮到黄白交点的距离来度量。

由于月食计算不受视差影响，因此月食的食限计算比较简单。在图 2-15 中，O 为黄白交点，M 为月轮中心，S 为地影中心，月轮和地影相切。由于黄白交角比较小，因此可近似地将球面三角形 OMS 当做平面三角形。

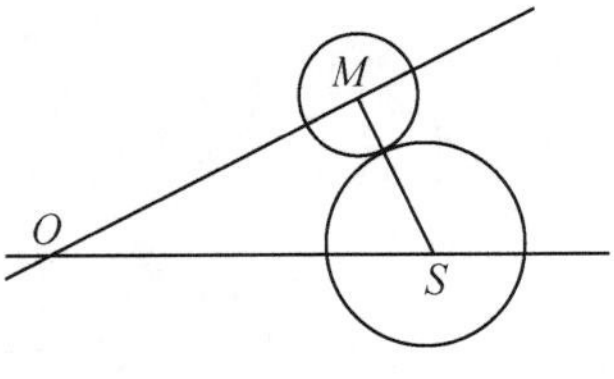

图 2-15　月食食限

设 r_M 和 r_S 分别表示月轮和地影半径，则在三角形 OMS 中，

$MS = r_M + r_S$，$I = \angle MOS$ 表示黄白夹角，则

$$OM = \frac{MS}{\tan I} \tag{2-34}$$

在《至大论》中，月亮视半径的最大值 $r_M = 0°;17,40$，地影半径 r_S 为月亮视半径的 $2\frac{3}{5}$ 倍，$r_S = 2\frac{3}{5} \times r_M = 0°;45,46$，代入上式，可求得 $OM \approx 12°;12$，这个数值就是月食的食限。若以月亮视半径的最大值 $r_M = 0°;17,40$ 和太阳视半径数值 $r_S = 0°;15,40$ 代入上式，可得 $OM \approx 6°$。若没有月亮视差影响，日食的食限即为 6°，但实际上，日食的食限要远远大于 6°。

《至大论》在计算日食食限时，就充分考虑了月亮视差影响。在图 2-16 中，O 表示黄白交点，OS 表示黄道，M 和 S 分别表示日食时的真月亮和真太阳，由于月亮视差的影响，此时的视月亮和视太阳分别位于 M' 和 S'。根据视差的定义，MM' 和 SS' 分别表示月亮和太阳的总视差，将月亮的视差 MM' 分解为平行于黄道的分量 MN 和垂直于黄道的分量 NM'。若用 p_λ 和 p_β 分别表示黄经视差和纬度视差，则 OM 即为日食的食限。由于黄白交角较小，因此，可近似认为 M 在白道上，也就是 $OM \approx ON + NM$。

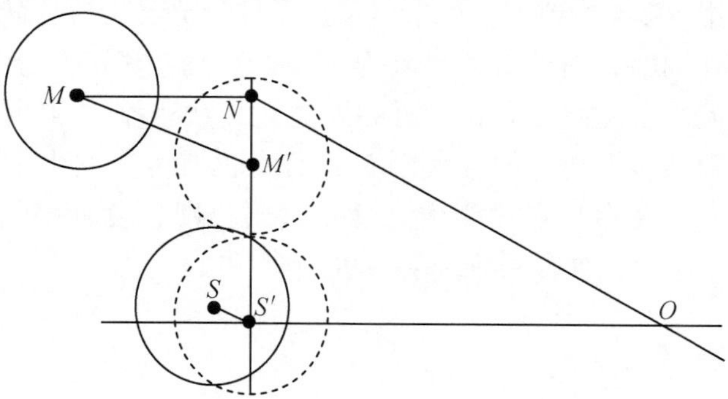

图 2-16　日食食限

在三角形 $OS'N$ 中

$$ON = \frac{S'M' + p_\beta}{\sin I} = \frac{r_M + r_S + p_\beta}{\sin I} \qquad (2\text{-}35)$$

从而有

$$OM \approx ON + NM = \frac{r_M + r_S + p_\beta}{\sin I} + p_\lambda \qquad (2\text{-}36)$$

由于日食的食限计算与视差有关，而视差又与观测地的地理纬度有关，因此，《至大论》中的日食食限也与地理纬度有关。托勒密选取了他认为是极限位置的两个地方，并计算了相关数据，如表2-4。[①]

表 2-4　极限位置处的日食食限

	Borysthenes（现俄罗斯第聂伯河）	Meroe（现苏丹麦罗埃）
最大日长	16h	13h
地理纬度	48°;32	16°;27
最大 p_λ	0°;15	0°;30
最大 p_β	0°;58	0°;8
日食食限	17°;41	8°;22

利用表2-4 中数据，可求出当月亮位于黄道北，且有最大纬度视差（向南）时的日食食限为 17°;41，而当月亮位于黄道南且有最大纬度视差（向北）时的日食食限为 8°;22。但由于真朔时真太阳超前平朔时的平太阳 3°，日食也有可能发生，因此若用平月亮到黄白交点的距离来度量食限，则日食食限需加 3°，即表2-4 中的日食食限分别变为 20°;41 和 11°;22。

① Ptolemy C. Ptolemy's Almagest. Translated and Annotated by G J Toomer, First published in 1984 by Gerald Duckworth and Co. Ltd, 285 ~ 286.

二、视差与日食的判断及食分

为了消除纬度视差对日食的影响，托勒密设计了一个比较复杂的算法，这个算法的程序可以概括如下①：

（1）求出视食甚时刻的相关数据，这些数据主要包括：天顶距、黄道与高度圈的夹角、月球在本轮上的位置以及本轮中心在偏心均轮上的位置；

（2）求出此时月球的视差 p_{M} 和太阳的视差 p_{S}；

（3）求出二者之差 $\Delta p = p_{\mathrm{M}} - p_{\mathrm{S}}$；

（4）求出此时相应的纬度视差 Δp_{β}；

（5）将纬度视差 Δp_{β} 转化为月球沿白道方向改变的度数 $\Delta\omega$②：

$$\Delta\omega = 12\Delta p_{\beta} \tag{2-37}$$

（6）用求得的 $\Delta\omega$ 修正月球在白道上的位置。③

$$l'_{\mathrm{M}} = l_{\mathrm{M}} \pm \Delta\omega \tag{2-38}$$

其中，l_{M} 表示定朔时刻月球离开黄白交点的度距，l'_{M}表示视食甚时刻月球离开黄白交点的度距。$\Delta\omega$ 的符号由如下规则决定：若纬度视差朝向黄道的南方，且月球位于升交点附近，则 $\Delta\omega$ 的符号为“－”，如果月球位于降交点附近，则 $\Delta\omega$ 的符号为“＋”；如果纬度视差朝向黄道的北方，则情形和上述情形刚好相反，即在升交点附近，$\Delta\omega$ 的符号为“＋”，在降交点附近，$\Delta\omega$ 的符号为“－”。

在《至大论》的日食理论中，l'_{M}是一个比较重要的数据。

---

① Ptolemy C. Ptolemy's Almagest. Translated and Annotated by G J Toomer, First Published in 1984 by Gerald Duckworth and Co. Ltd, 294～295.

② 该公式是《至大论》所给出的一个近似公式，关于其数据来源，实际上可由公式 $\sin 5° = p_{\beta}/\Delta\omega$ 经过近似化简而得到。

③ 《至大论》中处理该问题的思路和中国古代天文学家的做法几乎完全一致。这一点，可从中国古代的日食食差算法中看出。

托勒密不仅利用 l'_{M} 来判断日食是否发生，而且他设计的食分算法也是以 l'_{M} 为自变量的函数。

在前面我们已经介绍了《至大论》求日食食限的方法，但是托勒密在判断是否发生日食时，并不是利用他所求出的日食食限来判断。前面的讨论表明，如果不考虑月亮视差，则当月球视半径最大时，日食的食限为6°。因此，托勒密在计算日食时，总是用视差修正定朔时月亮到黄白交点的距离（l_{M}），得到视朔时视月亮到视黄白交点的距离（l'_{M}），在做了这种简化之后，日食的判断则变得非常简单，显然当 $l'_{\mathrm{M}} \leqslant 6°$ 时，会发生日食。

当月球视半径最小时，可算出日食的食限为6°;24，亦即当 $l'_{\mathrm{M}} \leqslant 6°;24$ 时，会发生日食。

《至大论》中的食分算法是以 l'_{M} 为自变量的函数，当月球视半径最大时，l'_{M} 的最大值为6°，设食分为 m，若将太阳视直径等分为12份，则有

$$l'_{\mathrm{M}} = 6° \times \left(1 - \frac{m}{12}\right) \tag{2-39}$$

按照上式，可由 l'_{M} 求出相应的食分，为计算方便，《至大论》给出了月亮分别位于最远距离和最近距离处的日食表（表2-5）。

表2-5　《至大论》中的日食表[*]

最远距离				最近距离			
辐角		食分	食甚到初亏的度距	辐角		食分	食甚到初亏的度距
				83°36′	276°24′	0	0′0″
84°0′	276°0′	0	0′0″	84°6′	275°54′	1	12′57″
84°30′	275°30′	1	12′32″	84°36′	275°24′	2	17′54″
85°0′	275°0′	2	17′19″	85°6′	274°54′	3	21′28″
85°30′	274°30′	3	20′43″	85°36′	274°24′	4	24′14″
86°0′	274°0′	4	23′27″	86°6′	273°54′	5	26′27″

续表

最远距离				最近距离			
辐　角		食　分	食甚到初亏的度距	辐　角		食　分	食甚到初亏的度距
86°30′	273°30′	5	25′38″	86°36′	273°24′	6	28′16″
87°0′	273°0′	6	27′8″	87°6′	272°54′	7	29′45″
87°30′	272°30′	7	28′29″	87°36′	272°24′	8	30′55″
88°0′	272°0′	8	29′32″	88°6′	271°54′	9	31′51″
88°30′	271°30′	9	30′20″	88°36′	271°24′	10	32′33″
89°0′	271°0′	10	30′54″	89°6′	270°54′	11	33′1″
89°30′	270°30′	11	31′13″	89°36′	270°24′	12	33′16″
90°0′	270°0′	12	31′20″	90°0′	270°0′	12 + 4/5	33′20″
90°30′	269°30′	11	31′13″	90°24′	269°36′	12	33′16″
91°0′	269°0′	10	30′54″	90°54′	269°6′	11	33′1″
91°30′	268°30′	9	30′20″	91°24′	268°36′	10	32′33″
92°0′	268°0′	8	29′32″	91°54′	268°6′	9	31′51″
92°30′	267°30′	7	28′29″	92°24′	267°36′	8	30′55″
93°0′	267°0′	6	27′8″	92°54′	267°6′	7	29′45″
93°30′	266°30′	5	25′38″	93°24′	266°36′	6	28′16″
94°0′	266°0′	4	23′27″	93°54′	266°6′	5	26′27″
94°30′	265°30′	3	20′43″	94°24′	265°36′	4	24′14″
95°0′	265°0′	2	17′19″	94°54′	265°6′	3	21′28″
95°30′	264°30′	1	12′32″	95°24′	264°36′	2	17′54″
96°0′	264°0′	0	0′0″	95°54′	264°6′	1	12′57″
				96°24′	264°36′	0	0′0″

* 此表采自 Ptolemy C. Ptolemy's Almagest. Translated and Annotated by G. J. Toomer, First published in 1984 by Gerald Duckworth and Co. Ltd，306 页。

表 2-5 中第 1 列和第 2 列分别给出了 $90° - l'_M$ 和 $270 + l'_M$ 的值，第 3 列为食分大小，第 4 列为月亮中心在初云到食甚期间走过的距离。当月亮位于最近距离时，对应的月亮视半径和太阳视半径分别为 $r_M = 0°;17,40$ ，$r_S = 0°;15,40$ ，可相应求得食

限为 6°;24 ，最大食分为 $12\frac{4}{5}$ digits。①

利用日食表，可以 l'_M 作为幅角，查出 l'_M 对应的日食食分。不过，《至大论》中的日食表列出的是当月球位于两个极限位置处的相关数据，当月亮位于其他位置时，托勒密采用如下内插法来计算日食食分

$$m(l'_M,\Delta) = m(l'_M,\Delta_1) + (m(l'_M,\Delta_2) - m(l'_M,\Delta_1)) \times \frac{f(a_v)}{60} \tag{2-40}$$

上式中，m 表示食分，Δ_1 和 Δ_2 分别表示月球的最远距离和最近距离，Δ 表示月球在本轮上任意位置时的距离。$f(a_v)$ 由《至大论》中给出的日食附加改正表查取（表 2-6）。

表 2-6　《至大论》中的日食附加表

月亮离开远地点的辐角/度		$f(a_V)$	月亮离开远地点的辐角/度		$f(a_V)$
6	354	0 21	96	264	31 48
12	348	0 42	102	258	34 54
18	342	1 42	108	252	38 0
24	336	2 42	114	246	41 0
30	330	4 1	120	240	44 0
36	324	5 21	126	234	46 45
42	318	7 18	132	228	49 30
48	312	9 15	138	222	51 39
54	306	11 37	144	216	53 48
60	300	14 0	150	210	55 32
66	294	16 48	156	204	57 15
72	288	19 36	162	198	58 18
78	282	22 36	168	192	59 21
84	276	25 36	174	186	59 41
90	270	28 42	180	180	60 0

* 《至大论》中的日食附加表中有日食面积表，由于与本书内容无涉，此处已删去。

① 在这种情形下，$m = \left(\frac{0°;33,20}{0°;31,20}\right) \times 12 = 12.77 \approx 12\frac{4}{5}$。培德森对这个数源的解释有误，邓可卉对这个数源的解释亦有误。

表 2-6 中第 1 列和第 2 列为月亮离开远地点的幅角，第 3 列即为修正值 $f(a_V)$ 。

三、视差与食延

食延指的是日食从初亏到复圆的时间。对于日食而言，由于视差的影响，情形比较复杂。《至大论》处理这个问题的基本思路分为如下两步：首先，在最简单的模型下计算从初亏到食甚或从食甚到复圆时月球走过的距离和时间，然后进行视差修正，得到食延时间。

如图 2-17 所示，S 表示太阳，M_0 ，M_1 和 M_2 分别表示初亏，食甚和复圆时的月亮。则在三角形 SM_1M_0 中，$SM_0 = r_M + r_S$ ，若设食分为 m ，则 $SM_1 = r_M + r_S - (r_M + r_S) \times \frac{m}{12}$ ，根据勾股定理，有 $M_1M_0 = \sqrt{SM_0^2 - SM_1^2}$ ，亦即

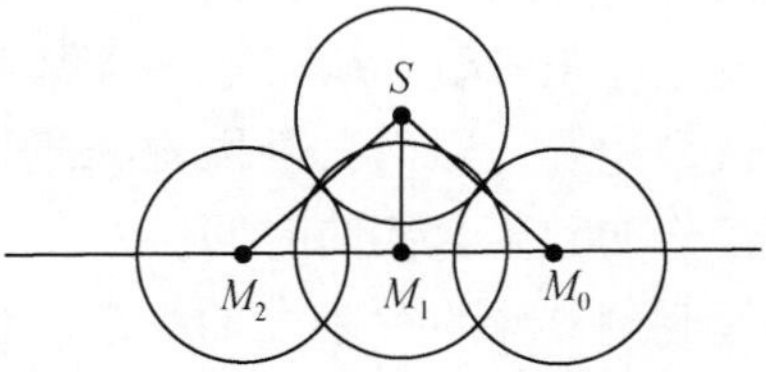

图 2-17　日食三限

$$M_1M_0 = \sqrt{(r_M + r_S)^2 - \left[(r_M + r_S) - (r_M + r_S) \times \frac{m}{12}\right]^2}$$

$$= \frac{1}{12}(r_M + r_S)\sqrt{m(24 - m)} \qquad (2\text{-}41)$$

利用这个公式，托勒密分别计算了月球距离最远和最近时 M_1M_0 的距离，将其列在日食表中第 4 列。而对于月球位于本轮上任意位置时的 M_1M_0 ，可查日食改正表，依内插法计算。

前面的讨论中，我们假定太阳静止，但实际上当月球运动时，太阳也在运动，因此在计算食延距离时，还需考虑太阳运动。若用 d_e 表示食延距离，t_e 表示从初亏到复圆的时间，则二者之间的关系如下

$$t_e = \frac{d_e + d_e/12}{v_M} \qquad (2\text{-}42)$$

式中 v_M 表示月球的速度，以每小时行度表示，$d_e/12$ 表示太阳运动的距离约为月球运行距离的 1/12，t_e 即为日食从初亏到复圆的时间，单位为分钟。

上述算法得出的 t_e，实际上没有考虑视差因素。或者说我们假定在整个日食过程中，视差没有发生任何改变。但在实际情形中，初亏、食甚和复圆时刻的视差各不相同。因此，从初亏到食甚和从食甚到复原的时间与式（2-42）求出的结果不同。而且初亏到食甚和食甚到复原的实际时间也并不相等。当食甚发生在正午时，从初亏到食甚和从食甚到复原的时间可以近似认为相等，但当食甚发生在午前时，从食甚到复原的时间要大于从初亏到食甚的时间，这是由于复圆时刻月球的视差会比初亏时刻月球的视差大的缘故；而当食甚发生在午后时，情形刚好相反。

为了得到从初亏到食甚和从食甚到复圆的实际时间，托勒密设计了一个复杂的算法，这个算法的程序可以概括如下①：

（1）求出未作改正的从初亏到食甚或从食甚到复圆的时间，记为 t；

（2）求出视食甚时刻的天顶距 z 和此时的视差 $p(z)$；

（3）将 t 按 1 小时合 15°的比率化为相应的度数，记为 Δz；

（4）求出天顶距为 $z-\Delta z$ 和 $z+\Delta z$ 时的视差，记为 $p(z-\Delta z)$ 和 $p(z+\Delta z)$；

（5）求出 $p(z)-p(z-\Delta z)$ 所对应的时间 Δt_1；

（6）求出 $p(z+\Delta z)-p(z)$ 所对应的时间 Δt_2；

（7）如果初亏、食甚和复圆均发生在午前或午后，则将 Δt_1

① Ptolemy C. Ptolemy's Almagest. Translated and Annotated by G J Toomer, First published in 1984 by Gerald Duckworth and Co. Ltd, 313.

和 Δt_2 中较大的一个加到靠近子午线的一段，而将较小的一个加到靠近地平的一段。①

托勒密给出的这个算法实际上非常粗疏，我们在后面讨论中国古代的日食起讫算法时，还将就食延时间的理论模型给出较为详细的讨论。

四、结语

古希腊天文学作为西方经典天文学的源头，对其他文明的数理天文学的影响是不言而喻的。作为古希腊天文学的集大成著作，《至大论》很好地总结了古希腊几乎所有重要的天文学成就。《至大论》中的视差理论对后世天文学家的影响非常深远，阿拉伯很多经典天文学著作中都列有《至大论》中的视差表，哥白尼的名著《天体运行论》中的视差算法基本上就直接来源于《至大论》，只做了一些细微的改动。

《至大论》对视差的成因有非常明确的认识，在建立包含三个自变量的视差函数时，托勒密表现出高度的技巧，他将三个自变量分别分离，然后采用简单的线性内插法进行计算。在计算日食时，托勒密所建立的视差理论得到了广泛的应用。托勒密将视差分解为黄经视差和纬度视差，前者用来推求食甚时刻，而后者则用来计算日食的食分以及食延时间。他建立的时差算法虽然只是一个近似算法，但是这个算法充分表明，托勒密已经认识到时差算法中用来做自变量的相关数据不是定朔时刻，而应该是视食甚时刻的相关数据，这是时差算法中最关键的地方。

根据《至大论》中时差算法，其符号取决于地平经圈和黄道的夹角，这和实际情况基本完全吻合；从时差的精度方面考

---

① 托勒密此处给出的算法实际上相当粗疏，Toomer 在 *Ptolemy's Almagest* 第 313 页的脚注中对此有精到的评述，有兴趣的读者可以参阅。

虑，《至大论》中时差的平均绝对误差为9分钟，且时差算法有一系统误差，这直接与《至大论》采用的地平视差的数值小于理论结果有关。

当然《至大论》中的视差算法还是存在着很大的缺陷，这个缺陷主要来源于托勒密所建立的月球运动模型上。托勒密的月球模型，虽然能够很好地预报月球在天空中的位置（指从地球上观测月亮的方向），但是携带月亮运动的本轮半径和均轮半径的比值非常大，这导致了月球和地球的距离可以在33～64个地球半径这样大的范围内变化，从而导致月球的地平视差在53′;34～1°;44这样大的范围内变化，而月球的地平视差的现代度值为57′。另外，托勒密将太阳的地平视差取为2′;51，这和现代理论推算出的值8″.8也相差很大。

第三章　古代印度视差理论与日食计算

古代印度天文学家对视差现象的认识不晚于公元 5 世纪。公元 499 年，古代印度著名天文学家阿耶波多，在其名著《阿耶波多历数书》中就已经开始关注视差现象。实际上，阿耶波多还不是古代印度最早讨论视差算法的天文学家。公元 6 世纪时，古代印度著名天文学家伐罗柯密希罗编译了《五大历数全书汇编》一书，该书收入的五种天文著作都涉及视差算法，而这五部著作的成书年代都要比《阿耶波多历数书》早。

阿耶波多和伐罗柯密希罗之后，婆罗摩笈多（Brahmagupta，公元 598 ~ 665）、戴瓦（Deva，6 ~ 7 世纪）、拉拉（Lalla，8 ~ 9 世纪）、马哈维拉（Mahavira，9 世纪）、斯瑞婆提（Sripati，10 世纪）、婆什迦罗（Bhaskara，12 世纪）等一大批天文学家，都在其天文著作中讨论了视差算法以及视差对日食的影响。

古代印度的视差算法，由于使用了比较合理的几何模型和比较先进的三角函数，特别是使用了正弦函数插值算法，从而收到了比较理想的效果。古代印度擅长交食计算，这与古代印度天文学家设计的视差算法较为合理是分不开的。

关于古代印度的视差算法，目前的研究文献还不多见。美国学者 David Pingree 在其著作中对古代印度的视差算法有所涉及，但没有进行全面系统的论述。① 笔者和曲安京研究了古代印度视差算法的沿革以及古代印度经典数理天文学著作《苏利亚

---

① Pingree D. History of mathematical astronomy in India. *In*：Gillispie C C. Dictionary of Scientific Biography，Vol. 15，Supplement 1. New York：Charles Scribner's Sons，Printed in the United States of America Library of Congree. 1978. 533 ~ 633.

历》（*Surya-Siddhanta*）中的视差算法。[①②③]但是，已有的这些研究文献还无法全面揭示古代印度日食计算和视差理论的一些细节问题，特别是关于视差对日食食分和日食起讫时刻等项目计算的影响，已有的文献论述较少。

本章试图在前人的研究工作基础上，通过对原始文献的系统解读，详细阐明古代印度视差算法的模型、精度和沿革，以及视差算法对日食计算的影响。

第一节 《苏利亚历》中的视差算法

和古希腊传统一样，古代印度的天文学家也将月亮视差分解为黄经视差和纬度视差。这种处理方式，与古代印度的日食计算密切相关。月亮的黄经和黄纬是古代印度日食计算中的两个重要的变量，由于月亮视差的影响，月亮的视黄经和真黄经，视黄纬和真黄纬是不同的。黄经视差和纬度视差就是为了修正月亮的真位置和视位置之间的差值而设计的。

《苏利亚历》是古代印度一部经典的数理天文学著作，该部著作在古代印度天文学史上的地位如同《九章算术》在中国数学史上的地位一样重要。[④]《苏利亚历》全书14章，内容依次为：第1章，星的平运动；第2章，星的真运动；第3章，方向、位置、时间；第4章，日食和月食；第5章，日食中的视差；第6章，食的投影；第7章，行星的会合；第8章，星群；

① 唐泉，曲安京．古代印度的视差算法．广西民族学院学报（自然科学版），2005，11（1）：56～62.

② 唐泉，曲安京．苏利亚历中的视差算法．自然科学史研究，2005，24（3）：197～213.

③ 唐泉，曲安京．苏利亚历中的时差算法．西北大学学报（自然科学版），2005，35（1）：117～121.

④ 袁敏．古代中印数理天文学比较研究．西北大学博士学位论文．2001.

第9章，偕日升和偕日落；第10章，月亮的升落；第11章，太阳和月亮的方位；第12章，宇宙论，地理和宇宙的大小；第13章，浑天仪和其他天文仪器；第14章，计时的不同模式。

关于《苏利亚历》的成书年代，学术界还有一些争论。但较为一致的看法是，该书并非成于一个作者和一个时代，而是在一个蓝本的基础上，经过数辈天文学家的不断修订和完善，最后才成为定本的，其成为定本的年代不会晚于12世纪。国内学者对《苏利亚历》的研究成果还比较少。[①②③]

一、黄经视差和纬度视差的天文意义与理论模型

由于视差理论涉及的天体主要是太阳和月亮，特别是发生日食时太阳和月亮的位置，此时月亮和太阳均运行在黄白交点附近，因此在古代印度的数理天文学中，通常近似地认为日食时月亮就位于黄道上，经过这样简单的近似，使得他们在处理问题时变得比较容易，而由于这种近似所产生的误差事实上也是可以忽略不计的。

在讨论古代印度的视差理论之前，我们首先建立黄经视差和纬度视差的理论模型。

在图3-1中，Z 表示天顶，P 为黄极，NHS 表示地平，KK' 表示黄道，M 和 M'分别表示真月亮和视月亮，$ZMM'H$ 为经过月亮的地平经圈，PM'垂直于黄道并和黄道交于 A。则根据视差的定义，$\overparen{MM'}$即为月亮的总视差（或称高下差），$\overparen{MA}$和$\overparen{M'A}$分别为月亮的黄经视差和纬度视差。

---

① 胡铁珠．大衍历与苏利亚历的五星运动计算．自然科学史研究，1990，9（3）：219～231．

② 唐泉，曲安京．苏利亚历中的视差算法．自然科学史研究，2005，24（3）：197～213．

③ 唐泉，曲安京．《苏利亚历》中的时差算法．西北大学学报（自然科学版），2005，35（1）：117～121．

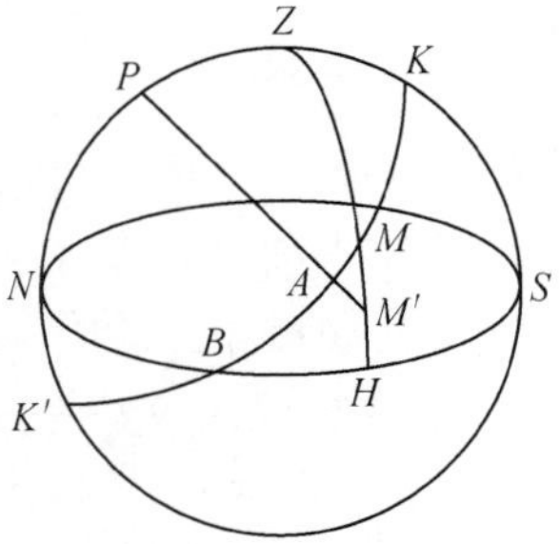

图 3-1　黄经视差和纬度视差的意义

根据视差的定义，月亮的总视差$\widehat{MM'}$可由下式求出

$$\widehat{MM'} = p_0 \sin z \tag{3-1}$$

如果设黄道和高度圈的夹角$\angle AMM'$为α，并将球面三角形AMM'近似看成平面三角形，则很显然有如下两式成立

$$p_\lambda = AM = p_0 \sin z \times \cos\alpha \tag{3-2}$$

$$p_\beta = AM' = p_0 \sin z \times \sin\alpha \tag{3-3}$$

易见，p_λ 和 p_β 均是以月亮天顶距 z 和 α 为自变量的函数。因此为了推算 p_λ 和 p_β，需要决定月亮的天顶距 z 和 α。由于日食时刻，太阳与月亮同时运动在黄白交点附近，所以，可以通过对太阳 S 的相关数据的计算来推算 p_λ 和 p_β 的值。由于天顶距 z 和 α 不是独立的自变量，所以我们必须试图将 p_λ 和 p_β 表为含有独立自变量的函数，比如太阳的黄经 λ 和时角 h。

根据现代天文学知识，如果太阳的黄经 λ 和时角 h 已知，则它的天顶距 z 可由如下算法求出

$$\sin\delta = \sin\lambda \sin\varepsilon \tag{3-4}$$

$$\cos z = \sin\delta \sin\varphi + \cos\delta \cos\varphi \cos h \tag{3-5}$$

式中 δ 为太阳的赤纬，ε 为黄赤交角，φ 为观测地点的地理纬度。

关于 α 的求法，我们在第二章第三节讨论日食时差的理论模型时已经给出。若设 C'为星位角，C 为赤经圈和黄道的夹角，

α 为地平经圈和黄道的夹角，则根据现代天文学知识，C、C'、α 可由下列方程组决定

$$\begin{cases} \tan C = (\tan\varepsilon\cos\lambda)^{-1}, & 0° \leqslant C \leqslant 180° \\ \sin C' = \dfrac{\sin h\cos\varphi}{\sin z}, & -90° \leqslant C' \leqslant 90° \\ \alpha = C - C' \end{cases} \tag{3-6}$$

前面的讨论表明，p_λ 和 p_β 是太阳的天顶距 z 与角 α 的函数。又由方程组（3-6）看出，变量 z 与 α 都是以太阳的黄经 λ 和时角 h 为自变量的函数，因此 p_λ 和 p_β 也是以太阳的黄经 λ 与时角 h 为自变量的二元函数。对任意黄经和时角，利用式（3-1）-（3-6），即可求出相应的黄经视差和纬度视差。

二、《苏利亚历》中的弦表

正弦函数是《苏利亚历》中大量天文计算的一个重要工具，《苏利亚历》在第二章中给出了一个构造弦表的方法以及一张正弦函数表和正矢函数表。古代印度的天文学家通常以倍角弧所对弦长的一半来表示某个角的正弦值，即在一个大圆中，弧 2α 所对弦长的一半即为角 α 所对应的正弦值。按照古代印度正弦函数的构造方法，一个角 α 的正弦值和大圆半径的比值，即为现代数学意义上角 α 的正弦。关于《苏利亚历》构造弦表的方法，本节不作详细论述，此处只给出《苏利亚历》中的正弦正矢表（表3-1）。

表3-1　《苏利亚历》中的正弦正矢表

弧长	古代印度正弦	古代印度正弦和半径的比值	现代正弦	古代印度正矢
3°45′	225′	0.065 445	0.065 403	7′
7°30′	449′	0.130 599	0.130 526	29′
11°15′	671′	0.195 172	0.195 090	66′

续表

弧长	古代印度正弦	古代印度正弦和半径的比值	现代正弦	古代印度正矢
15°	890′	0. 258 871	0. 258 819	117′
18°45′	1 105′	0. 321 408	0. 321 439	182′
22°30′	1 315′	0. 382 489	0. 382 683	261′
26°15′	1 520′	0. 442 117	0. 442 289	354′
30°	1 719′	0. 500 000	0. 500 000	460′
33°45′	1 910′	0. 555 555	0. 555 570	579′
37°30′	2 093′	0. 608 784	0. 608 761	710′
41°15′	2 267′	0. 659 396	0. 659 345	853′
45°	2 431′	0. 707 097	0. 707 106	1 007′
48°45′	2 585′	0. 751 894	0. 751 840	1 171′
52°30′	2 728′	0. 793 484	0. 793 353	1 345′
56°15′	2 859′	0. 831 588	0. 831 470	1 528′
60°	2 978′	0. 866 201	0. 866 025	1 719′
63°45′	3 084′	0. 897 033	0. 896 872	1 918′
67°30′	3 177′	0. 924 084	0. 923 880	2 123′
71°15′	3 256′	0. 947 062	0. 946 930	2 333′
75°	3 321′	0. 965 969	0. 965 926	2 548′
78°45′	3 372′	0. 980 803	0. 980 785	2 767′
82°30′	3 409′	0. 991 565	0. 991 445	2 989′
86°15′	3 431′	0. 997 964	0. 997 859	3 213′
90°	3 438′	1. 000 000	1. 000 000	3 438′

表中第 1、2、5 列数据采自《苏利亚历》，第 3 列数据系笔者据古代印度正弦和半径 3438 的比值计算而得，第 4 列为现代意义下正弦的理论值。通过比较，容易发现，《苏利亚历》中弦表的精度一般可以精确到 10^{-3}。

三、《苏利亚历》中的视差算法

《苏利亚历》全书14章，第5章"日食中的视差（Parallax in a Solar Eclipse）"专门讨论视差。和希腊天文学家的传统做法一样，《苏利亚历》也将视差分解为黄经视差和纬度视差。关于视差的成因，《苏利亚历》认为，纬度视差是由于观测地点和时间的差异而产生的，而黄经视差则是由于观测方向不同而造成的，其术文称：

> 纬度视差是由于（观测）地点和时间不同而产生的；黄经视差是由于（观测）方向或东或西产生的。①

这表明《苏利亚历》对视差产生的原因已经有比较明确的认识，但是《苏利亚历》没有对此展开详细论述。同时，《苏利亚历》将造成黄经视差和纬度视差的原因分开考虑，在表述方式上也是不明确的。

《苏利亚历》使用一种特殊的插值算法，来计算黄经视差 p_λ 和纬度视差 p_β。该算法的基本思路是：先分别计算出 p_λ 和 p_β 的最大值和最小值，然后假定 p_λ 和 p_β 在最大值和最小值之间以某一自变量按照正弦规律变化，从而计算出天体在任意位置时的 p_λ 和 p_β。因此按照《苏利亚历》视差算法的思路，计算视差的首要步骤是计算或者讨论视差的极值。显然，当黄道位于极限位置时或者太阳位于黄道上的极限位置时，视差才会取得最值。对此，《苏利亚历》也有一个说明：

> 当太阳位于黄道子午点时，没有黄经视差；当地理纬度和黄道子午点的赤纬相同时，没有纬度视差。②

---

① The Surya Siddhanta. A Text-Book of India Astronomy, Translated with Notes and Appendix by Rev. Ebenezer Burgess. 1860. 164.

② The Surya Siddhanta. A Text-Book of India Astronomy, Translated with Notes and Appendix by Rev. Ebenezer Burgess. 1860. 162.

这段术文中所称的黄道子午点，指的是黄道和子午圈的交点。这段术文的意思是说，当太阳运行至子午圈上时（即正午时分），$p_\lambda = 0$；当观测地点的地理纬度和黄道子午点的赤纬（北纬）相同时，$p_\beta = 0$。

很明显，该论断的前半部分并不完全正确。因为只有当太阳运行至黄平象限（即黄道位于地平之上的最高点）时，才会有 $p_\lambda = 0$。但在通常情况下，黄道子午点并非黄平象限，只有当春分点恰好位于地平时，黄道子午点和黄平象限才会重合，这时候才有 $p_\lambda = 0$。该论断的后半部分是正确的，因为当观测点的地理纬度和黄道子午点的赤纬相同时，黄道子午点刚好位于天顶 z，亦即黄道和地平垂直，黄极位于地平圈上，此时显然有：$p_\lambda = p$，$p_\beta = 0$。

为了方便讨论，我们将《苏利亚历》中有关视差算法的术文引录如下：

> 利用观测地的斜交升交点赤经，计算合朔时的东方黄道点（the orient ecliptic-point）：它的经度的正弦乘以黄赤大距的正弦，除以地理纬度的正弦，结果即为东方正弦（orient-sine）。
>
> 然后利用赤经，计算子午黄道点（ecliptic-point of the meridian）：如果该点的赤纬与观测地的地理纬度方向相同，求和；若二者方向相反，求差；结果即为子午圈的天顶距，其单位为度；子午圈天顶距的正弦称为子午正弦（meridian-sine）。
>
> 子午正弦乘以东方正弦，除以半径，将所得结果平方，用子午正弦的平方减去这个结果，求平方根，结果为黄道天顶距正弦；半径的正弦减去黄道天顶距正弦，开方，得到黄道高度正弦；子午圈天顶距的正弦和余弦可视为黄道天顶距和高度的正弦。
>
> 一宫正弦的平方，除以黄道高度正弦，商为除数；

用该除数去除黄道子午点和太阳度距的正弦，商即为太阳和月亮的黄经视差，其方向或东或西，单位为 nadis。

黄道天顶距的正弦乘以月亮和太阳平运动之差，除以半径的 15 倍，结果为纬度视差。或者，纬度视差也可以由黄道天顶距的正弦除以 70 得到；或者，纬度视差亦可由黄道天顶距的正弦乘以 49，除以半径得到。①

《苏利亚历》中的视差算法可以借助图 3-2 进行说明。在图 3-2中，*Z* 为天顶，*P* 为北天极，*S* 为南点，*E* 为东点，*N* 为北点，*T* 为太阳，*γ* 为春分点，*V* 为黄平象限②，*SFN* 为地平圈，*KTF* 为黄道，*SZN* 为子午圈，*K* 为黄道子午点③，*F* 为黄道地平点。④ *ZTL*、*ZVH* 分别为过 *T*、*V* 的地平经圈，*PTA* 和 *POF* 分别为过 *T* 和 *O* 的赤经圈。

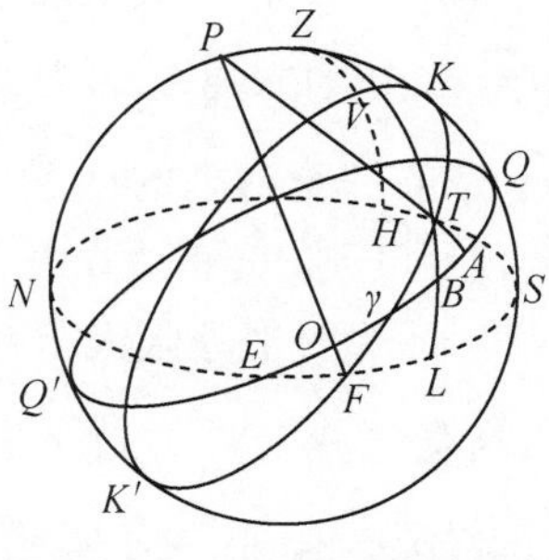

图 3-2　《苏利亚历》中的视差算法

① The Surya Siddhanta. A Text-Book of India Astronomy, Translated with Notes and Appendix by Rev. Ebenezer Burgess, 1860, 164 ~ 172.

② 即黄道位于地平之上的最高点。

③ 即黄道和子午圈的交点。

④ 即黄道和东方地平的交点。

根据术文,《苏利亚历》中黄经视差和纬度视差算法可以分为如下几个步骤:

(1) 求“东方正弦”。根据术文，东方正弦即为黄道地平点 F 和东点 E 之间距弧之正弦，亦即图 3-2 中距弧 $\overset{\frown}{EF}$ 的正弦 $\sin\overset{\frown}{EF}$，根据术文有

$$\sin\overset{\frown}{EF} = \frac{\sin\lambda_F \times \sin\varepsilon}{\cos\varphi} \tag{3-7}$$

其中 λ_F 表示 F 点的黄经，ε 表示黄赤交角，$\sin\varepsilon = 1397'$ 为《苏利亚历》中所取常数。

(2) 求“子午正弦”。根据术文意，“子午正弦”应为黄道子午点天顶距的正弦，亦即图 3-2 中的 $\sin\overset{\frown}{ZK}$，根据术文有

$$\sin\overset{\frown}{ZK} = \sin(\varphi \pm \delta_K) \tag{3-8}$$

其中，当 δ_K 和观测点的地理纬度方向相同时，上式取“+”加号；若二者方向相反，取“-”。该式表明,《苏利亚历》对黄道子午点 K 之天顶距 $\overset{\frown}{ZK}$ 和 K 的赤纬 δ_K 及其观测地点的地理纬度 φ 之间的关系 $\overset{\frown}{ZK} = \varphi \pm \delta_K$ 有完全清晰的认识。

(3) 求“黄道天顶距正弦”和“黄道高度正弦”。根据术文,“黄道天顶距正弦”即为黄平象限天顶距之正弦，亦即图 3-1 中的 $\sin\overset{\frown}{ZV}$。“黄道高度正弦”即为黄平象限高度之正弦，亦即图 3-2 中的 $\sin\overset{\frown}{VH}$。若记 $Z_e = \overset{\frown}{ZV}$ 表示黄道天顶距，$H_e = \overset{\frown}{VH} = 90° - \overset{\frown}{ZV}$ 表示黄道高度，则依术文有

$$\sin Z_e = \sqrt{(\sin\overset{\frown}{ZK})^2 - \left(\frac{\sin\overset{\frown}{ZK} \times \sin\overset{\frown}{EF}}{R}\right)^2} \tag{3-9}$$

$$\sin H_e = \sqrt{R^2 - (\sin Z_e)^2} \tag{3-10}$$

(4) 求黄经视差和纬度视差。设黄经视差为 p_λ，纬度视差为 p_β。根据术文，可分别列出如下算式

$$p_\lambda = \frac{4 \times \sin H_e \times \sin \widehat{TV}①}{R^2} \tag{3-11}$$

$$p_{M\beta} = \frac{\sin Z_e \times \overline{V}_M}{15R} \tag{3-12}$$

$$p_{r\beta} = p_{M\beta} - p_{S\beta} = \frac{\sin Z_e \times (\overline{V}_M - \overline{V}_S)}{15R} = \frac{\sin Z_e \times 49}{R} = \frac{\sin Z_e}{70} \tag{3-13}$$

式中，$p_{M\beta}$和$p_{S\beta}$分别表示月亮和太阳的纬度视差，$p_{r\beta}$表示二者之差，$\overline{V}_S$ 和 $\overline{V}_M$ 分别表示太阳和月亮的平均速度（单位为分/日）。当需要同时讨论太阳和月亮的黄经视差和纬度视差时，我们用$p_{S\beta}$和$p_{S\lambda}$分别表示太阳的纬度视差和黄经视差，用$p_{M\beta}$和$p_{M\lambda}$分别表示月亮的纬度视差和黄经视差，用$p_{r\lambda}$和$p_{r\beta}$分别表示太阳和月亮的相对黄经视差和相对纬度视差（以下皆同此）。

四、《苏利亚历》视差算法分析

考察式（3-11）和式（3-12），容易看出，p_λ 和黄道高度及天体在黄道上的位置有关，p_β 仅和黄道天顶距相关。那么，《苏利亚历》中的黄经视差和纬度视差究竟是如何构造出来的，其算法模型是否合理？该算法所涉及的一系列公式是否精确？下面我们就来回答这些问题。

事实上，若黄道和地平垂直，则有 $p_\beta=0$，$p_\lambda=p$，且当太阳位于地平时，$p_\lambda=p_0$；若黄道和地平重合，则有 $p_\lambda=0$，$p_\beta=p_0$。可见，p_β 和 p_λ 均跟黄道的位置密切相关。现在的问题是：当黄道和地平圈有一倾角时，如何求 p_β 和 p_λ 呢？

在古代印度，天文学家几乎无一例外地将天体的地平视差

---

① 在《苏利亚历》中，这个公式通常用$p_\lambda = \frac{4 \times \sin H_e \times \sin \widehat{TK}}{R^2}$代替，但同时也明确指出，这只是一种近似的代替。在下文的讨论中，我们仍然使用公式(3-11)。

p_0 取为 4nadia（1 nadia = 24 分钟）。有时候古代印度的天文学家也近似地用天体在 4nadis（亦即一日的 1/15）内所行的角距离来表示其地平视差 p_0。而且在一般情形下，他们表示 p_λ 时，通常以 nadia 为单位，而表示 p_β 时，则通常以分为单位。这主要与黄经视差与纬度视差对日食的影响效果有关，由于 p_λ 会直接影响到日食发生的时刻故用时间来表示，而 p_β 则影响到月亮的视黄纬，视黄纬又直接影响了日食的食分，故纬度视差的单位通常为分。

参考图 3-2，当黄道和地平垂直时，$H_e = \widehat{VH} = 90°$，则按照古代印度正弦构造方法，有 $\sin H_e = \sin \widehat{VH} = R$，此时月亮的黄经视差 p_λ 取到最大值

$$p_\lambda = p = 4 \times \frac{\sin \widehat{TV}}{R} \tag{3-14}$$

而当黄道和地平重合时，亦即当 $\sin \widehat{VH} = 0$ 时，有 $p_\lambda = 0$。可见 p_λ 随黄道高度正弦的增大而增大，利用古代印度历法计算中最常使用的正弦线性插值方法，则可得出下式

$$\frac{R}{\dfrac{p_0 \times \sin \widehat{TV}}{R}} = \frac{\sin \widehat{VH}}{p_\lambda} \tag{3-15}$$

化简上式即得

$$p_\lambda = \frac{4 \times \sin \widehat{VH} \times \sin \widehat{TV}}{R^2} = \frac{4 \times \sin H_e \times \sin \widehat{TV}}{R^2} \tag{3-16}$$

式（3-16）即就是《苏利亚历》中计算 p_λ 的公式，即前文所给出的式（3-11）。通过前述讨论，不难看出，《苏利亚历》在计算太阳在任意位置时黄经视差 p_λ 时，连续两次利用正弦线性插值方法：首先分别计算出黄道和地平垂直时的 p_λ，然后利用正弦线性插值算法，求出黄道在任意位置时的 p_λ；其中在求黄道和地平垂直时的 p_λ 时，又先分别计算出月亮位于地平时的 p_λ，然后利用正弦线性插值思想，求出月亮在任意位置时的 p_λ。这里需要说明，《苏利亚历》中 p_λ 的算法不仅适于计算月亮的

黄经视差，同样也适于计算太阳的黄经视差。①

和计算 p_λ 所使用的算法一样，《苏利亚历》在计算 p_β 时也利用了正弦线性插值算法。先考虑黄道位于极限位置时的 p_β。当黄道和地平垂直，即 $\sin Z_e=0$ 时，$p_\beta=0$；当黄道和地平重合，即 $\sin Z_e=R$ 时，$p_j=0$，p_β 最大，且此时，任意天体的 p_β 均为其每日行度的 1/15，即为 $V/15$。由于 p_β 随黄道天顶距的正弦增加而增加，利用正弦线性插值算法，可得

$$\frac{R}{\dfrac{\overline{V}_M-\overline{V}_S}{15}}=\frac{\sin Z_e}{p_{t\beta}} \tag{3-17}$$

化简上式即得

$$p_{t\beta}=\frac{\sin Z_e\times\dfrac{\overline{V}_M-\overline{V}_S}{15}}{R}=\frac{\sin Z_e\times(\overline{V}_M-\overline{V}_S)}{15R} \tag{3-18}$$

按《苏利亚历》中所取 $R=3438'$，$\overline{V}_M-\overline{V}_S=790'35''-59'8''=731'27''$，代入式（3-18），即可得式（3-13）。

通过前述讨论，我们已经彻底理清了《苏利亚历》中黄经视差和纬度视差算法的造术方法。《苏利亚历》中视差算法的核心，其实就是要求出黄道高度和黄道天顶距的正弦。如果春分点恰好位于地平，则黄道高度即为赤道高度和黄赤交角的代数和。但是一般情形下，春分点并不位于地平，也就是说，黄平象限并不位于子午圈上，这使得黄道高度的求法变得较为复杂。

下面我们将从现代天文学的角度来分析《苏利亚历》中黄道高度正弦 $\sin H_e$ 和黄道天顶距正弦 $\sin Z_e$ 的求法。利用球面直角三角形的正弦定理容易证明，《苏利亚历》中东方正弦 $\sin\widehat{EF}$ 的求法是完全正确的。

---

① 这是由于视差算法主要讨论日月合朔时的视差，甚至是发生日食时的视差，而此时日月的黄经相同，亦即日月处于同一位置。

参考图 3-2，在球面直角三角形 KSF 中，利用边的余弦定理有

$$\cos \widehat{KF} = \cos \widehat{FS} \times \cos \widehat{KS} \tag{3-19}$$

由于$\widehat{ES} = \widehat{FQ} = \widehat{ZS} = 90°$，故上式又可变形为

$$\sin \widehat{KV} = \sin \widehat{EF} \times \sin \widehat{ZK} \tag{3-20}$$

表示成古代印度正弦，式（3-20）即可变为

$$\sin \widehat{KV} = \frac{\sin \widehat{EF} \times \sin \widehat{ZK}}{R} \tag{3-21}$$

将式（3-21）代入式（3-9），可得下列二式

$$\sin Z_e = \sqrt{(\sin \widehat{ZK})^2 - \left(\frac{\sin \widehat{ZK} \times \sin \widehat{EF}}{R}\right)^2}$$

$$= \sqrt{(\sin \widehat{ZK})^2 - (\sin \widehat{KV})^2} \tag{3-22}$$

$$\sin H_e = \sqrt{R^2 - (\sin Z_e)^2} \tag{3-23}$$

在直角球面三角形 ZVK 中，$\widehat{KV}$已知，$\widehat{ZK}$为黄道子午弧，$\angle ZQK = 90°$，解此球面三角形，可得黄道天顶距 Z_e。但是《苏利亚历》在计算黄道天顶距正弦和黄道高度正弦时，却使用了式（3-22）和式（3-23）。

很显然，在一个直角球面三角形中，式（3-22）只是一个近似公式，而式（3-23）则是精确的。①

至此，我们已经彻底搞清了《苏利亚历》中视差算法的造术方法，那么，《苏利亚历》中所设计的视差算法的数理模型是否合理呢？也就是说，它和理论模型之间到底有没有相互关联或者相通之处？下面我们对此作一个简单的分析。

考察《苏利亚历》中黄经视差算法，若将其表示为现代正弦，即就是

① 式（3-22）和求东方正弦的公式（3-7）最早出现在阿耶波多的著作中，此后被历代的天文学家广泛使用。

$$p_\lambda = p_0 \times \sin H_e \times \sin \overset{\frown}{TV}$$
$$= p_0 \times \sin \overset{\frown}{VH} \times \sin \overset{\frown}{TV}$$
$$= p_0 \times \sin \angle TFL \times \cos \overset{\frown}{FT} \quad (3\text{-}24)$$

在直角球面三角形 FTL 中，由于有 $\cos \overset{\frown}{FT} = \cos \overset{\frown}{FL} \times \cos \overset{\frown}{TL}$，$\cos \angle FTL = \sin \angle TFL \times \cos \overset{\frown}{FL}$，因此上式即可变为

$$p_\lambda = p_0 \times \sin \angle TFL \times \cos \overset{\frown}{FT}$$
$$= p_0 \times \sin \angle TFL \times \cos \overset{\frown}{FL} \times \cos \overset{\frown}{FT}$$
$$= p_0 \times \cos \angle FTL \times \cos \overset{\frown}{TL}$$
$$= p_0 \times \sin \overset{\frown}{ZT} \times \cos \angle FTL \quad (3\text{-}25)$$

由于$\angle FTL$ 就是黄道和地平经圈的夹角，至此我们发现：《苏利亚历》中黄经视差算法的模型和理论算法的模型完全一样！

下面我们再来分析一下《苏利亚历》中的纬度视差算法模型。同样地，我们将其表示为现在正弦，即就是

$$p_\beta = p_0 \times \sin Z_e = p_0 \times \sin \overset{\frown}{ZV}$$
$$= p_0 \times \cos \overset{\frown}{VH} = p_0 \times \cos \angle TFL \quad (3\text{-}26)$$

在直角球面三角形 FTL 中，由于有 $\cos \angle TFL = \sin \angle FTL \times \cos \overset{\frown}{TL}$，故上式可变为

$$p_\beta = p_0 \times \sin Z_e = p_0 \times \sin \overset{\frown}{ZV} = p_0 \times \cos \overset{\frown}{VH}$$
$$= p_0 \times \cos \angle TFL = p_0 \times \sin \angle FTL \times \cos \overset{\frown}{TL}$$
$$= p_0 \times \sin \overset{\frown}{ZT} \times \sin \angle FTL \quad (3\text{-}27)$$

至此我们同样发现：《苏利亚历》中纬度视差算法的模型也和理论模型完全一样！

由前面对视差算法的理论分析表明，p_λ 和 p_β 均为以太阳的黄经 λ 和时角 h 为自变量的二元函数，但是从《苏利亚历》所给的视差算法，我们几乎看不出它们与太阳的时角和黄经存有何联系。

实际上，对某一观测地点而言（即 φ 已知），在任意给定时刻（即黄经 λ 和时角 h 已知），则黄道的位置总能被确定下来，从而黄道和地平及子午线的交点的黄经可求。因此 λ_F 和 λ_K 应该是太阳的黄经 λ 和时角 h 的二元函数。又由于《苏利亚历》给出了太阳的黄经和赤纬之间的正确关系：$\sin\delta = 1397' \times \sin\lambda / R$，因此，$\delta_K$ 也应该是太阳的黄经 λ 和时角 h 的二元函数。考察以上诸式，只要 λ_F 和 δ_K 可求，则整个问题即可解决。下面我们设法把《苏利亚历》所给的视差算法表示为以太阳的黄经 λ 和时角 h 为自变量的函数，以便于和理论算法加以比较。

五、黄赤道坐标变换和上升差

在天文计算中，有时候需要由太阳的黄经推求赤经，利用球面三角学知识，这是一个比较容易解决的问题。《苏利亚历》处理这一问题的基本思路是：从春分点开始，每隔 30°给出黄经对应的赤经，然后利用分段线性插值算法求出任意黄经所对应的赤经值。《苏利亚历》给出的变换如表 3-2 所示①（表中数值单位为分）。

表 3-2　《苏利亚历》中的黄赤变换表

黄道十二宫序号	1，7	2，8	3，9	4，10	5，11	6，12
黄经	1800	1800	1800	1800	1800	1800
赤经	1670	1795	1935	1935	1795	1670

若设太阳的黄经为 λ，时角为 h，则由黄赤变换可求得太阳的赤经 α。用图 3-2 中的弧段表示，即就是 $\lambda = \widehat{\gamma T}$，$\alpha = \widehat{\gamma A}$，$h = \widehat{QA}$。因为$\widehat{\gamma F}$是和 λ_F 相当的量，我们现在的目标就是要求出$\widehat{\gamma F}$或者 λ_F。注意到$\widehat{\gamma E} = 90° - (\widehat{\gamma A} + \widehat{AQ}) = 90° - (\alpha + h)$ 是一个容易求

① 表中第一栏中的数字表示黄道十二宫的序号，例如 1 表示白羊宫，以此类推。此表系根据《苏利亚历》术文列出。

得的量，则现在需要解决的问题即就是：如何由$\widehat{\gamma E}$推求$\widehat{\gamma F}$？

在古希腊和古代印度的天文著作中，某一黄道弧段的上升时间（即穿过地平圈所需要的时间），通常用同一时间内相应上升的赤道弧段的长度来定义。作为一个较为特殊的情形，从春分点到黄道上另外任意一点之间的弧段的上升时间，就等于在赤道上从春分点到与黄道上该点同时升起的赤道上相应点之间的那段弧的长度。黄道上给定弧段的上升时间与其赤经之间的差就称为该弧段的上升差。依之，则在图 3-2 中，黄道弧段$\widehat{\gamma F}$的上升时间就是$\widehat{\gamma E}$，而$\widehat{OE}=\widehat{\gamma E}-\widehat{\gamma O}$即为$\widehat{\gamma F}$的上升差。事实上，从托勒密的名著《至大论》一直到近代为止，在许多天文论著中常给出不同地理纬度处黄道的上升时间和上升差的数字表，这是当时天文论著的特色。①

《苏利亚历》中并未给出某一已知地理纬度处黄道弧段的上升时间和上升差的数表，但是却给出了造表的方法。前面的论述表明，由$\widehat{\gamma E}$推求$\widehat{\gamma F}$的问题，其实质就是已知黄道弧段的长度，如何推求其上升时间的问题，或者已知上升时间如何推求相应的黄道弧段的问题。

事实上，只要能够建立黄道弧段和其上升时间之间的数值关系，则上述问题即可解决。为此，《苏利亚历》设计了一个漂亮的算法，其主要思路是：先求出当太阳的黄经 $\lambda=k\times30°$（$k=1，2，\cdots12$）时对应的上升时间，然后利用简单的线性插值算法，求出任意黄道弧段所对应的上升时间。在计算节点处的上升时间时，《苏利亚历》所设计的算法是：先求出当太阳的黄经 $\lambda=k\times30°$（$k=1，2，\cdots，12$）时所对应的赤经和上升时间之差（即上升差），然后由赤经和上升差即可求出黄经所对的

① 伍拉德 E W，克莱门斯 G M. 球面天文学. 全和钧等译. 北京：测绘出版社. 1984. 496～497.

上升时间。为了求出黄道上任一弧段的上升时间，《苏利亚历》先利用黄道十二宫的上升差，求出各宫的上升时间，然后利用线性插值算法求出所求值。

《苏利亚历》计算上升时间和上升差的思路可以借助图 3-3 进行说明。

在图 3-3 中，γ 表示春分点，$\gamma ABCDE$ 表示黄道，$\gamma A'B'C'D'E'F$ 表示赤道，$\overset{\frown}{\gamma A}=\overset{\frown}{AB}=\overset{\frown}{BC}=\overset{\frown}{CD}=\overset{\frown}{DE}=\overset{\frown}{EF}=30°$，$A'$、$B'$、$C'$、$D'$、$E'$和 F 分别为过黄道上点 A、B、C、D、E 和 F 的赤经圈和赤道的交点，A''、B''、C''、D''、E''和 F 分别是和黄道上点 A、B、C、D、E 和 F 同时升起的点。根据上升时间和上升差的定义，$\gamma A''$、$\gamma B''$、$\gamma C''$、$\gamma D''$、$\gamma E''$和 γF 即为$\overset{\frown}{\gamma A}$、$\overset{\frown}{\gamma B}$、$\overset{\frown}{\gamma C}$、$\overset{\frown}{\gamma D}$、$\overset{\frown}{\gamma E}$和$\overset{\frown}{\gamma F}$所对应的上升时间，而$\overset{\frown}{A'A''}$、$\overset{\frown}{B'B''}$、$\overset{\frown}{C'C''}$、$\overset{\frown}{D'D''}$和$\overset{\frown}{E'E''}$即为黄道弧段$\overset{\frown}{\gamma A}$、$\overset{\frown}{\gamma B}$、$\overset{\frown}{\gamma C}$、$\overset{\frown}{\gamma D}$、$\overset{\frown}{\gamma E}$和$\overset{\frown}{\gamma F}$所对应的上升差。

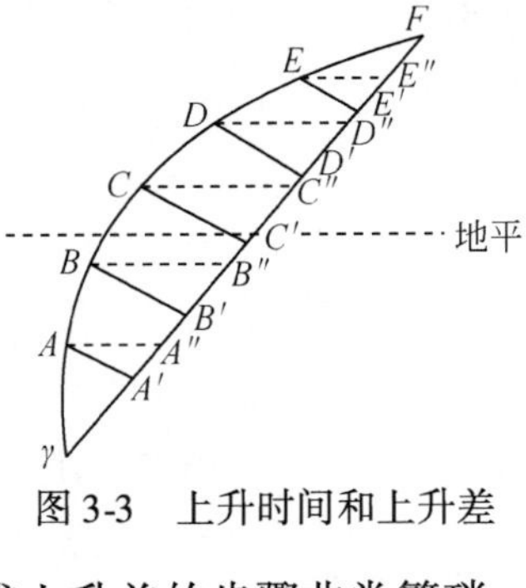

图 3-3　上升时间和上升差

《苏利亚历》求上升差的步骤非常繁琐，若将其化简，则可得如下一个简明算法

$$\sin(\text{上升差}) = \tan\varphi \times \tan\delta_F \tag{3-28}$$

其中 $\tan\delta_F$ 的求法可以利用《苏利亚历》给出的如下公式计算

$$\tan\delta_F = \frac{\sin\delta_F}{R - vers\delta_K} \tag{3-29}$$

$$\sin\delta_F = \frac{\sin\lambda_F \times \sin\varepsilon}{R} \tag{3-30}$$

式（3-30）中，$\sin\varepsilon = 1397'$ 为《苏利亚历》中给定常数，另外，F 表示黄道地平点，δ_F 表示 F 点的赤纬，λ_F 是和 F 点黄经相当的量。

《苏利亚历》所给计算上升差的公式是否正确？我们只需做一个简单分析即可。参考图 3-2，在直角球面三角形 OEF 中，利用球面三角公式有

$$\tan \widehat{OF} = \sin \widehat{OE} \times \tan\angle OEF \qquad (3\text{-}31)$$

由于 $\angle OEF = 90° - \varphi$，$\widehat{OF} = \delta_F$，故式（3-31）又可变为

$$\sin \widehat{OE} = \tan\varphi \times \tan\delta_F \qquad (3\text{-}32)$$

至此可见，《苏利亚历》所给上升差的计算公式是一个精确公式。

根据上升时间和上升差的概念，图 3-2 中弧段 $\widehat{OE}$ 就是弧段 $\widehat{\gamma F}$ 的上升差，弧段 $\widehat{\gamma E}$ 就是弧段 $\widehat{\gamma F}$ 的上升时间。

参考图 3-3，由于上升差是上升时间和赤经之差，按照上述公式以及黄赤坐标变换公式，可以计算出黄道各宫的上升差和上升时间如下表。

表 3-3　黄道十二宫的上升差和上升时间 *

序号	黄道宫名	所对赤经	上升差	上升时间 /分钟	黄道宫名	序号
1	白羊宫	1670′	447′	2117	双鱼宫	12
2	金牛宫	1795′	815′	2163	宝瓶宫	11
3	双子宫	1935′	968′	2088	摩羯宫	10
4	巨蟹宫	1935′	815′	1782	人马宫	9
5	狮子宫	1795′	447′	1427	天蝎宫	8
6	室女宫	1670′	0	1223	天秤宫	7

注：表中第 3 列和第 4 列数据系笔者根据《苏利亚历》所给公式以及黄赤变换公式而得到的。其中 $\sin\varepsilon = 1397'$，$R = 3438$ 为《苏利亚历》所取常数，$\varphi = 32°$。其他涉及三角函数的地方，笔者均采用了理论值，这是因为《苏利亚历》中的弦表相当精确，一般可精确到 10^{-3}，这使得我们用三角函数的理论值代替《苏利亚历》中的三角函数值之后，并不会影响所讨论问题的精度。

根据表 3-3，利用分段线性内插法，则很容易解决由$\widehat{\gamma E}$推求$\widehat{\gamma F}$的问题。而$\widehat{\gamma E}$又是以太阳的黄经 λ 和时角 h 为自变量的二元函数，故东方正弦 $\sin \widehat{EF}$也以太阳的黄经 λ 和时角 h 为自变量。

另外，若 λ 和 h 已知，则$\widehat{\gamma Q} = \lambda + h$ 已知，利用黄赤坐标变换公式，可以求出$\widehat{\gamma K}$，亦即 λ_K，进而可求出 δ_K，从而子午正弦 $\sin \widehat{ZK} = \sin（\varphi \pm \delta_K）$ 可求。由于在图 3-2 中，有 $\widehat{TV} = 90° -（\widehat{\gamma F} + \widehat{\gamma T}）$，而$\widehat{\gamma F}$又和黄经及时角相关，因此，$\widehat{TV}$亦和太阳的黄经及时角相关。

至此我们清楚地看到：《苏利亚历》中的黄经视差和纬度视差均是以太阳的黄经及时角为自变量的二元函数。尽管我们无法用简明的公式来表达他们之间的函数关系，但是有一点事实非常明确，那就是：如果太阳的黄经 λ 及时角 h 已知，则我们总可以经过若干步骤来求出黄经视差和纬度视差。

六、《苏利亚历》视差算法精度

我们知道，黄经视差 p_λ 和纬度视差 p_β 都是以太阳的黄经 λ 和时角 h 为自变量的二元函数。在前面的论述中我们也已经看到，《苏利亚历》中的视差算法虽然较为繁琐，但是同样可以化为以太阳的黄经 λ 和时角 h 为自变量的二元函数。和视差的理论算法相比，《苏利亚历》中黄经视差和纬度视差的精度究竟如何，其误差到底有多大？为了回答这个问题，我们需要将《苏利亚历》中的视差算法和理论算法做一个简单的比较。

我们以午后的情形为例，来考虑不同黄经不同时角处的黄经视差和纬度视差的理论值与历法值之间的误差。我们选择 0°、90°、180°和 270°四个特殊的黄经值，时角以 15°作为间隔。

视差的理论结果，我们按照式（3-1）至式(3-6）所给的理论算法来计算，其中地平视差 $p_0=57'$，观测地点的地理纬度为 $\varphi=32°$，黄赤交角 $\varepsilon=23°.60$。① 对于视差的历法结果，我们按照《苏利亚历》中的视差算法进行计算，其中地平视差 $p_0=53'20''$，$\sin\varepsilon=1397/3438$，这两个数据都是《苏利亚历》中所取常数；关于地理纬度，我们亦取 $\varphi=32°$。我们将所得结果列为如下二表（表3-4和表3-5）。

表3-4　《苏利亚历》中黄经视差精度（午后）*

黄经 \ 视差 \ 时角		0°	15°	30°	45°	60°	75°	90°	105°
春分	历法值	11′.32	22′.18	32′.20	40′.73	47′.29	51′.41	52′.81	
	理论值	12′.09	23′.56	34′.24	43′.41	50′.45	54′.88	56′.39	
	历法值 - 理论值	-0′.77	-1′.38	-2′.04	-2′.68	-3′.16	-3′.47	-3′.58	
夏至	历法值	0	11′.63	22′.57	31′.93	39′.16	43′.84	45′.72	44′.66
	理论值	0	12′.51	24′.17	34′.18	41′.86	46′.69	48′.34	46′.69
	历法值 - 理论值	0	-0′.88	-1′.60	-2′.25	-2′.70	-2′.85	-2′.62	-2′.03
秋分	历法值	-11′.32	-0′.76	10′.12	18′.83	25′.86	29′.48	29′.84	
	理论值	-12′.09	-0′.63	10′.06	19′.23	26′.27	30′.69	32′.20	
	历法值 - 理论值	0′.77	-0′.13	0′.06	-0′.40	-0′.41	-1′.21	-2′.36	
冬至	历法值	0	11′.81	23′.39	33′.75	40′.57			
	理论值	0	12′.51	24′.17	34′.18	41′.86			
	历法值 - 理论值	0	-0′.70	-0′.78	-0′.43	-1′.29			

*表3-4和表3-5中的理论数据系笔者联立式（3-1）至式（3-6）计算得出的，其中常数 $\varepsilon=23°.60$，$\varphi=32°$。

① 该值为公元8~9世纪时黄赤交角的理论值。

表 3-5　《苏利亚历》中纬度视差精度（午后）

黄经	纬度视差 \ 时角	0°	15°	30°	45°	60°	75°	90°	105°
春分	历法值	25′.02	20′.76	16′.54	12′.89	9′.92	8′.09	7′.44	
	理论值	27′.68	22′.67	18′.00	13′.99	10′.92	8′.99	8′.33	
	历法值－理论值	－2′.66	－1′.91	－1′.46	－1′.10	－1′.00	－0′.90	－0′.89	
夏至	历法值	7′.44	8′.09	9′.92	12′.89	16′.54	20′.76	25′.02	29′.14
	理论值	8′.33	8′.99	10′.92	13′.99	18′.00	22′.67	27′.68	32′.69
	历法值－理论值	－0′.89	－0′.90	－1′.00	－1′.10	－1′.46	－1′.91	－2′.66	－3′.55
秋分	历法值	25′.02	29′.14	33′.10	36′.75	40′.36	43′.28	44′.20	
	理论值	27′.68	32′.69	37′.36	41′.36	44′.44	46′.37	47′.03	
	历法值－理论值	－2′.66	－3′.55	－4′.26	－4′.61	－4′.08	－3′.09	－2′.83	
冬至	历法值	44′.20	43′.09	40′.36	36′.75	33′.10			
	理论值	47′.03	46′.37	44′.44	41′.36	37′.36			
	历法值－理论值	－2′.83	－3′.28	－4′.08	－4′.61	－4′.26			

在表 3-4 和表 3-5 中，当时角为 75°、90°、105°时，一些相应黄经处的黄经视差 p_λ 和纬度视差 p_β 没有列出，这是由于在这些情况下，太阳的天顶距均大于 90°，即此时太阳位于地平以下。由于我们所讨论的是发生日食时月亮的视差，因此太阳位于地平以下的情形我们在此处不予考虑。

作为表 3-4 和表 3-5 的补充，我们特意考虑日落时月亮的黄经视差和纬度视差，此时月亮和太阳均位于地平，二者的天顶距为 90°。为方便起见，我们将黄经的间隔取为 30°，来讨论日落时（天顶距 $z=90°$，午后）的黄经视差和纬度视差的理论值和历法值。由于日落时黄经视差和纬度视差的理论值和历法值均关于 $\lambda=180°$对称，因此仅列出黄经从 0°到 180°每隔 30°的相关数据，如表 3-6（表中视差单位为分）。

表 3-6　日落时（午后，$z=90°$）黄经视差和纬度视差精度

	黄经	0°	30°	60°	90°	120°	150°	180°
	天顶距	90°	90°	90°	90°	90°	90°	90°
	时角	90°	97.34°	103.36	105.84°	103.36	97.34	90°
p_λ	历法值	52.81	52.22	49.56	44.86	38.46	32.60	29.84
	理论值	56.39	55.75	52.82	46.50	39.08	33.94	32.20
	历法值-理论值	-3.58	-3.53	-3.26	-1.64	-0.62	-1.34	-2.36
p_β	历法值	7.44	10.84	19.71	28.85	36.95	42.21	44.20
	理论值	8.33	11.87	21.43	32.96	41.50	45.80	47.03
	历法值-理论值	-0.89	-1.03	-1.72	-4.11	-4.55	-3.59	-2.83

比较上述表 3-4、表 3-5 和表 3-6，容易发现，按照《苏利亚历》中的视差算法求出的黄经视差和纬度视差比理论结果略小，其误差最大可达 5′余，但一般都在 2′～3′左右徘徊。笔者曾经做过验算，如果将《苏利亚历》中的地平视差换为理论值 57′，则按照《苏利亚历》中的视差算法算出的结果和理论结果非常接近，绝对误差一般保持在 0′.5 左右，最大可达到 2′，精度算是相当高了。根据表 3-4、表 3-5 和表 3-6 中的数据，可以绘出相应的精度曲线如图 3-4 至图 3-8 所示。

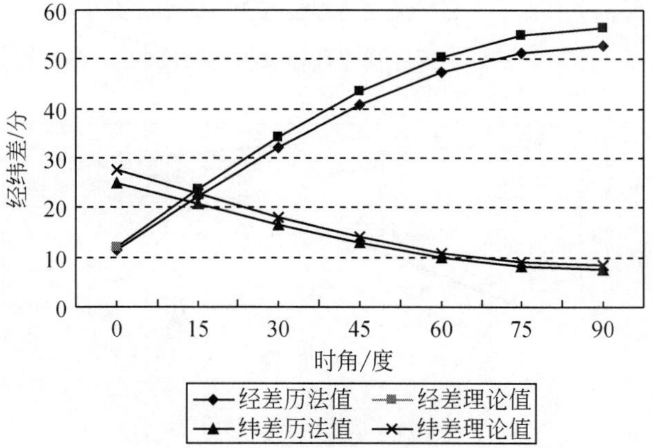

图 3-4　《苏利亚历》中黄经视差和纬度视差精度曲线（春分，午后）

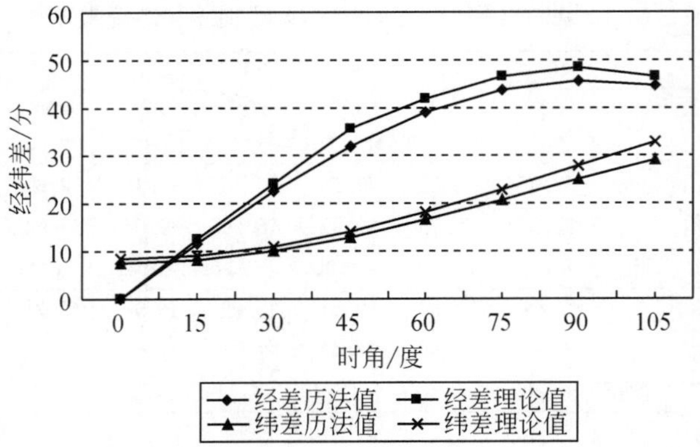

图 3-5　《苏利亚历》中黄经视差和纬度视差精度曲线（夏至，午后）

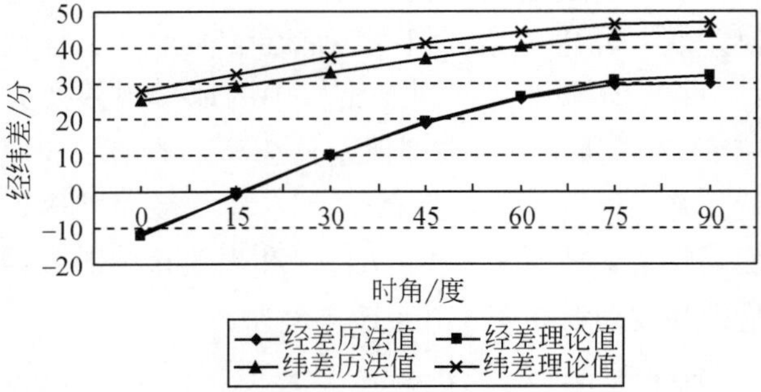

图 3-6　《苏利亚历》中黄经视差和纬度视差精度曲线（秋分，午后）

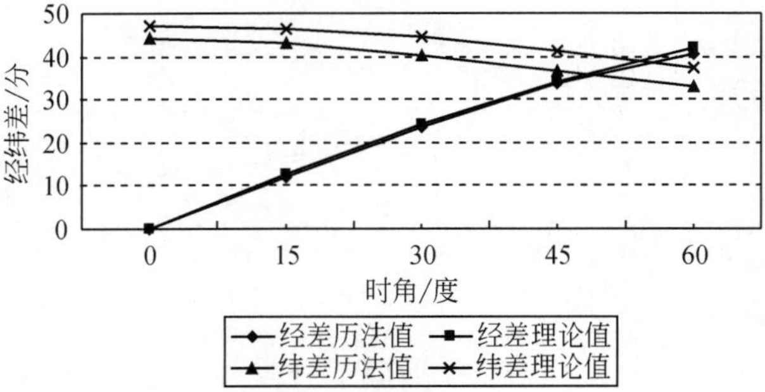

图 3-7　《苏利亚历》中黄经视差和纬度视差精度曲线（冬至，午后）

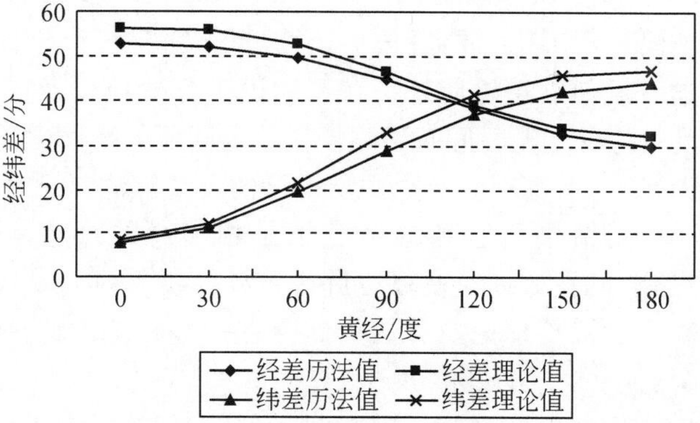

图 3-8　《苏利亚历》中日落时不同黄经经纬差精度曲线

七、分析及结论

《苏利亚历》是古代印度的经典天文历法著作，它的视差算法代表了古代印度视差算法的主流。通过与理论算法及其结果进行比较，可以发现，《苏利亚历》的算法模型和理论模型就其本质而言，是完全等价的，显然这是和古代印度合理的几何模型和球面三角学以及弦表的使用密不可分的。但是，按照《苏利亚历》的视差算法模型计算所得的结果和理论结果之间仍然有一定的误差，经过分析，笔者认为造成这种误差的原因主要有以下两点：

（1）一些常数的取值不同。这其中主要包括两个常数，其一是黄赤大距，在理论算法中，我们取 $\varepsilon=23^\circ.60$，而《苏利亚历》中所给黄赤大距值为 $\varepsilon=\arcsin\dfrac{1397}{3438}\approx23^\circ.97$。其二是地平视差，在理论算法中，我们取 $p_0=57'$，而《苏利亚历》中的结果是 $p_0=53'20''$。在所有的影响因素中，地平视差的取值是造成误差的最主要的原因。

（2）《苏利亚历》在计算视差时，数次使用了近似公式。

如《苏利亚历》在求黄道天顶距正弦 $\sin Z_e$ 时即使用了“在一个直角球面三角形中，两直角边正弦的平方和等于斜边正弦的平方”这一近似结论，此外，在黄赤道坐标变换以及已知黄道弧段求其对应的上升时间时，均使用了等间距的线性内插算法。

毫无疑问，《苏利亚历》中所设计的视差算法是一个非常漂亮的算法，其结果所达到的精度也是相当高的，但是通过对《苏利亚历》的视差理论及算法进行系统分析，我们发现，《苏利亚历》中的视差理论及算法仍然存在一些缺陷，这主要表现在如下两点：

（1）在用黄经视差修正定朔时刻的符号选择上，《苏利亚历》采取了“午前以减，午后以加”的法则，这和实际情况并不完全相符，在前面的讨论中，我们已经指明了这一点。同时，我们需要在这里指明的是，中国古代传统历法中，在修正视差对日食食甚时刻的影响时，也一律采用的是“午前以减，午后以加”的法则。

（2）由于《苏利亚历》对日地距离的错误认识①，从而得出了太阳的地平视差为 3′59″，这远远大于太阳地平视差的理论值 8″.8，这不能不说是《苏利亚历》视差理论中的一大失误所在。关于这一点，我们也许并不应该苛求古代印度的天文学家，因为古希腊和古代印度几乎所有的天文学家所取太阳的地平视差值都远远大于理论值②，哥白尼名著《天体运行论》中，仍然取太阳的地平视差为 3′，甚至于我国清代的一些著名的历算学家的著作中，仍然取太阳的地平视差为 3′。可见，能够正确认

① 在《苏利亚历》所认识到的宇宙图景中，日地距离和地球半径的比值约为 862，而理论值约为 24 000，月地距离和地球半径的比值约为 64，而理论值约为 60，这正是《苏利亚历》中月亮的地平视差的大小和理论值较为接近，而太阳的地平视差值远远大于理论值的原因。

② 例如，依巴谷取月亮的地平视差为 57′，太阳的地平视差为 3′，托勒密取月亮的地平视差为 58′14″，太阳的地平视差为 2′51″。

识日地距离和地球半径的比值从而得出较为准确的太阳的地平视差是一件非常困难的事。

第二节　《苏利亚历》中视差与日食计算

《苏利亚历》在叙述完黄经视差和纬度视差算法之后，分别给出了它们对日食计算的影响。黄经视差对日食计算的影响，主要表现在对食甚时刻计算的影响。而纬度视差对日食计算的影响，主要表现在对日食食分大小计算的影响以及对日食起讫时刻的影响。这三个项目的计算都是日食计算中非常重要的内容。

一、视差与食甚

《苏利亚历》中的黄经视差是为了求食甚时刻而设计的，天文学家设计这个算法的目的是用它修正定朔时刻，来求出视食甚时刻。在第二章的讨论中，我们将定朔时刻和日食视食甚时刻之间的时间差称为日食时差，并且给出了日食时差的理论模型。

1. 时差算法

在这个修正过程中，黄经视差 p_λ 的符号是比较重要的，《苏利亚历》给出的法则为：

> 当太阳的黄经大于子午黄道点的黄经时，从合朔时刻中减去黄经视差；当太阳的黄经小于子午黄道点的黄经时，在合朔时刻中加上黄经视差；重复这个过程，直到所有都固定。

术文中的所称的“黄道子午点”，也就是黄道和子午圈的交点。黄道子午点的黄经大于太阳的黄经，即太阳尚未到达上中天，对应的时间为午前；太阳的黄经大于黄道子午点的黄经，即太阳已经经过上中天，对应的时间为午后。这个法则可简单概括为：若日食发生在午后，p_λ 的符号为“+”；若日食发生在午前，p_λ 的符号为“-”。

《苏利亚历》以 p_λ 修正定朔时刻而得视食甚时刻的思路大体上来说是正确的，但是《苏利亚历》将黄道子午点作为黄经视差对视食甚时刻影响的分界点是不够准确的。按照现代天文理论，黄平象限才是决定黄经视差对视合朔时刻影响的分界点，而并非黄道子午点。因此，当日食发生在午前但在黄平象限以西时，p_λ 的符号应该为“+”，同样，当日食发生在午后但在黄平象限以东时，p_λ 的符号应该为“-”，显然在此特殊情况下，《苏利亚历》中黄经视差的符号和理论结果刚好相反。

在这段术文中，最难理解的就是最后一句“……重复这个过程，直到所有都固定。”这句话究竟是什么意思呢？通常而言，按照定朔时刻的相关数据求出的黄经视差 p_λ 还不是定朔时刻和视食甚时刻之间的时间差 Δt，如何在 p_λ 的基础上加以修正得到 Δt，是各个民族的天文学家在日食计算中必然遇到同时也必须要很好地得到解决的问题之一。

一般来说，当太阳和月亮在黄平象限以东时，由于黄经视差的影响，视月亮在白道上的位置总是在真月亮之前，也就是说，月亮在黄道上的视位置总是在真月亮的位置之前，因此视食甚总是发生在定朔时刻之前；而当太阳和月亮在黄平象限以西时，则情形刚好相反，亦即视食甚时刻总在定朔时刻之后。

《苏利亚历》中黄经视差的应用，其实就是由定朔时刻推算视食甚时刻的过程。在视食甚时刻，月亮的黄经视差刚好可以抵消太阳和月亮从定朔时刻开始所运行的黄经差。也就是说，按照视食甚时刻的相关数据推算出的黄经视差就是从定朔到视食甚的时间。但是由于我们事先无法知道视食甚时刻的相关数据，因此我们必须从已知定朔时刻的相关数据入手，来推求视食甚时刻。

这个方法，就是《苏利亚历》中所给出的方法，也就是术文中最后一句“……重复这个过程，直到所有都固定”。所蕴含的意义。我们以日食发生在下午为例，试图揭示这段术文所蕴含的意义。我们将这个过程概括为如下几个步骤：

（1）设定朔时刻 T_0 所对应的时角为 h_0，根据定朔时刻的相关数据求出相应的黄经视差 $p_{\lambda 0}$。《苏利亚历》中黄经视差的单位为 nadia，合时角变化 6°。

（2）将 $p_{\lambda 0}$ 换算为相应的时角修正 h_0，以时角 $h_1 = h_0 \pm h(p_{\lambda 0})$ 所对应的时刻 T_1 作为视食甚时刻的第一次近似，其中正负号的选取以午正为界，定朔在午前取加号，定朔在午后取减号；以 T_1 时的相关数据入算，求出该时刻的黄经视差 $p_{\lambda 1}$。

（3）将 $p_{\lambda 1}$ 换算为相应的时角修正 h_0，以时角 $h_2 = h_0 \pm h(p_{\lambda 1})$ 所对应的时刻 T_2 作为视食甚时刻的第二次近似，其中正负号的选取规则同（2）中一样；以 T_2 时的相关数据入算，求出该时刻的黄经视差 $p_{\lambda 2}$。

（4）重复上述过程，直到发现某个时刻 T^*，使得按照 T^* 时刻的相关数据算得的黄经视差 p_λ^* 刚好等于定朔时刻和视食甚时刻的时间差。这个时刻 T^* 就是所求的视食甚时刻。

现在我们来分析《苏利亚历》中所给出的这个算法的依据。由于视食甚时刻的时角 h^*，通常大于定朔时刻的时角 h_0，故 $p_{\lambda 0}$ 通常要小于按照视食甚时刻的相关数据计算出的 p_λ^*，因此用 $p_{\lambda 0}$ 修正定朔时刻还得不到视食甚时刻。这就是为什么《苏利亚历》在求日食视食甚时刻时，要求一系列 $p_{\lambda 0}$，$p_{\lambda 1}$，$p_{\lambda 2}$…去逼近 p_λ^* 并用 p_λ^* 修正定朔时刻的原因。

在现代数值计算中，简单迭代法仍然是一种常用的数值计算方法。通常，用简单迭代法求 $f(x)=0$ 的近似根可由如下步骤实现：

（1）将方程 $f(x)=0$ 化为等价的隐式方程 $x=\varphi(x)$；

(2) 给出根的某个猜测值 x_0，将其代入 $x=\varphi(x)$ 的右端，即转化为显式的计算公式 $x_1=\varphi(x_0)$；

(3) 取 x_1 作为新的猜测值，则有 $x_2=\varphi(x_1)$；

(4) 利用迭代公式为 $x_{n+1}=\varphi(x_n)$ 反复计算，若 $\varphi(x)$ 是连续函数，则 $x^*=\lim\limits_{x\to\infty}x_n$ 显然是方程的根。

上述解方程的方法即称为简单迭代法，$\varphi(x)$ 称为迭代函数，因 $x^*=\varphi(x^*)$，故 x^* 称为迭代函数的不动点。

很明显，《苏利亚历》所给的日食时差算法的本质，就是现代数值计算中的简单迭代法，该算法用一种收敛于所给问题精确值的极限过程，通过反复校正根的近似值，去逐步逼近日食时差的精确解，直到满足精度要求为至。考察《苏利亚历》中的日食时差算法，容易看出，《苏利亚历》中所求日食时差其实就是迭代算法程序中迭代函数的不动点，而定朔时刻的黄经视差 $p_{\lambda0}$ 就是第一次所取的猜测值 x_0。

2. 时差算法精度

为了讨论《苏利亚历》中时差算法精度，我们选取二分二至四个特殊节气，以午后的情形为例，时角以 1 小时为间隔，将时差的理论结果和历法结果进行比较。

时差的理论结果，我们按照第二章推导出的方程组（2-30）进行计算。由于《苏利亚历》中的视差算法模型和理论模型完全等价，因此我们在计算《苏利亚历》中的黄经视差时按照理论算法 $p_\lambda=p_0\times\sin z\times\cos\alpha$ 进行计算，在计算日食时差时则按照各自的算法。

为方便讨论，我们在计算时差的理论结果和历法结果时，均取地理纬度 $\varphi=32°$，黄赤交角 $\varepsilon=23°.6$。凡计算中涉及太阳和月亮视运动速度时，我们均取太阳和月亮的平均视运动速度，即 $v_S=59'8''$，$v_M=790'35''$。

关于地平视差，在计算理论结果时我们取 $p_0 = 57'$，而在计算历法结果时，则采用《苏利亚历》中所使用的地平视差数值。在《苏利亚历》中，月亮和太阳的地平视差分别为 53′20″和 3′59″，但是《苏利亚历》在计算黄经视差时，并未用到这两个数值，而采用的是时差的最大值 96 分钟，其单位和时差的单位相同。《苏利亚历》中的时差结果计算到第二次近似。我们将计算所得时差（单位为分钟）结果列于表 3-7 中，根据表中数据，可以绘出相应的精度曲线（图 3-7 至图 3-12）。

表 3-7　《苏利亚历》时差算法精度

黄经 \ 时差 \ 时角		0°	15°	30°	45°	60°
0°	历法值	0	55	76	89	95
	理论值	44	73	95	108	111
	历法值－理论值	－44	－18	－19	－19	－16
90°	历法值	0	31	56	72	80
	理论值	0	40	70	88	95
	历法值－理论值	0	－9	－14	－16	－15
180°	历法值	0	1	23	41	51
	理论值	－45	－9	25	48	60
	历法值－理论值	45	10	－2	－7	－9
270°	历法值	0	31	56	72	80
	理论值	0	40	70	88	95
	历法值－理论值	0	－9	－14	－16	－15

通过考查《苏利亚历》中的时差算法以及精度，可以得出以下一些结论：

（1）从时差函数符号的选择来看，《苏利亚历》中时差算法，其符号为“午前为减，午后为加”，这和实际情况并不完全相符。

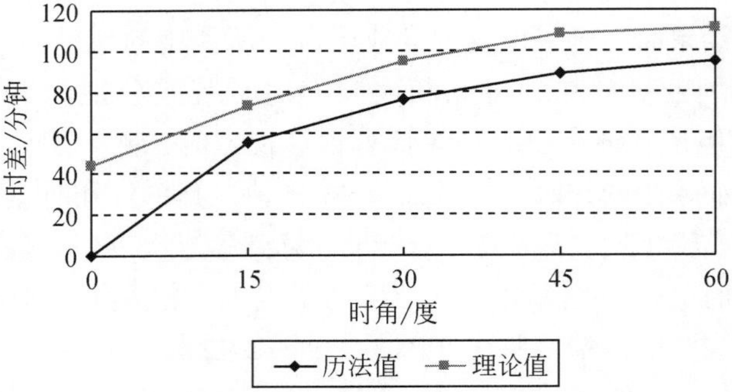

图 3-9 《苏利亚历》春分午后日食时差精度曲线

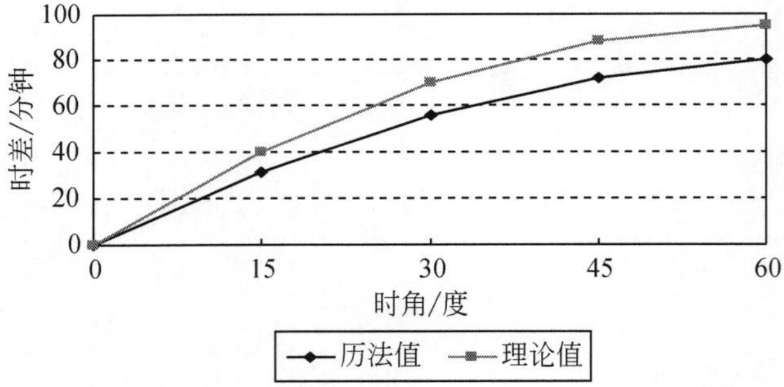

图 3-10 《苏利亚历》夏至午后日食时差精度曲线

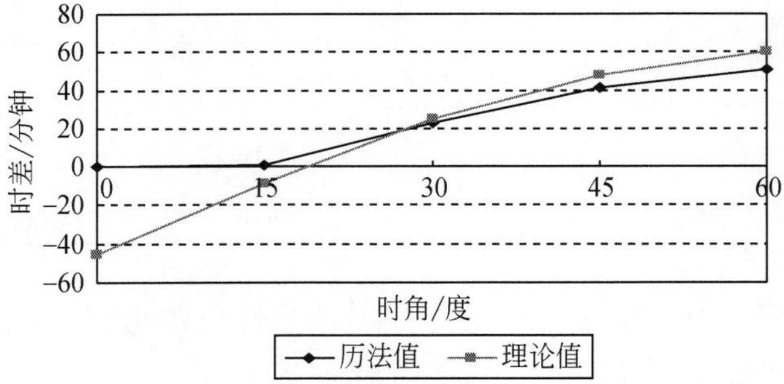

图 3-11 《苏利亚历》秋分午后日食时差精度曲线

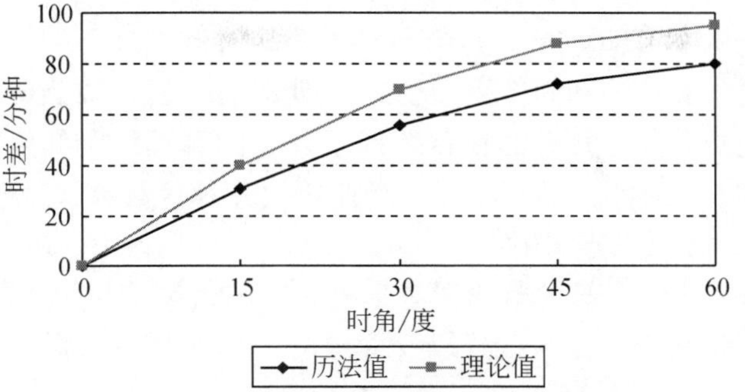

图 3-12　《苏利亚历》冬至午后日食时差精度曲线

（2）从时差算法的合理性来看，《苏利亚历》采用的时差算法和现代数值计算中的单点迭代法完全等价，这是一种有效的数值计算方法，从理论上讲，可以求出任意精确的数值解。

（3）由表 3-7 中数据，可以算出《苏利亚历》中时差的平均绝对误差为 15 分钟，从时差的精度方面考虑，《苏利亚历》中的时差算法有一系统误差，这是由于《苏利亚历》所采用的地平视差的数值小于理论结果。

二、视差与食分

纬度视差 p_β 对日食的影响则主要体现在对月亮黄纬的影响，由于日食的食分和食延时间均和月亮的视黄纬密切相关，因此纬度视差 p_β 通过影响月亮的视黄纬而影响到食分和食延时间。

《苏利亚历》在叙述完纬度视差的算法之后，给出了视黄纬 β' 的求法以及它对日食计算的影响，其术文称：

> 纬度视差的方向由子午正弦的方向决定。当它和月亮纬度的方向相同，求和；否则，求差：用它计算持续时间之半、全食时间之半、食分大小等，按照已经给出的方式。同样地，可计算投影的程度、偏离和

要求的变暗的数量等，如同在月食的情形一样。①

从术文可知，当月亮位于黄道北的时候，月亮的视黄纬等于月亮的真黄纬和纬度视差的差，即 $\beta'=\beta-p_\beta$，而当月亮位于黄道南的时候，月亮的视黄纬等于月亮的真黄纬和纬度视差的和，即 $\beta'=\beta+p_\beta$。显然，《苏利亚历》用纬度视差 p_β 修正月亮黄纬的思路是完全正确的。

事实上，月亮的黄纬视差 p_β 会对日食计算产生很大的影响，这主要是由于日食的食分以及食延时刻均和月亮的视黄纬 β' 密切相关。

《苏利亚历》中日食食分算法可以表示为如下算式

$$m = (r_S + r_M) - \beta' \tag{3-33}$$

式中 m 表示日食的食分，r_S 和 r_M 分别表示太阳和月亮的视半径，β' 为月亮的视黄纬。其中 $\beta'=\beta\pm p_\beta$ 为月亮的视黄纬，p_β 的符号由下列规则决定：当月亮位于黄道北时，取“－”，当月亮位于黄道南时，取“＋”；计算月食食分时，只需将上式中的太阳半径换为地影半径，同时将月亮的视黄纬换为真黄纬即可，这是因为视差只影响日食而不影响月食的缘故。

三、视差与日食起讫时刻

对于日食而言，从初亏到食甚的时间 t_1 和从食既到食甚的时间 t_2 都是关于月亮视黄纬的函数。据术文称，其算法和月食算法完全一致。《苏利亚历》在月食理论中，给出了计算 t_1 和 t_2 的算法，这个算法可以分别表示如下②

---

① The Surya Siddhanta. A Text-Book of India Astronomy, Translated with Notes and Appendix by Rev. Ebenezer Burgess, 1860, 172.

② The Surya Siddhanta. A Text-Book of India Astronomy, Translated with Notes and Appendix by Rev. Ebenezer Burgess, 1860, 152.

$$t_1 = \frac{60 \times \sqrt{\left(\frac{r_M + r_S}{2}\right)^2 - \beta'^2}}{v_M - v_S} \tag{3-34}$$

$$t_2 = \frac{60 \times \sqrt{\left(\frac{r_M - r_S}{2}\right)^2 - \beta'^2}}{v_M - v_S} \tag{3-35}$$

式中 r_S 和 r_M 分别表示太阳和月亮的视半径，β'为月亮的视黄纬。事实上，这两个算法既适用于月食也适用于日食。对于月食而言，由于地影半径较大，因此对于月食而言，有初亏、食既、食甚、生光、复原，称为月食五限，而日食仅有初亏、食甚、复原，称为日食三限。显然，对于月食而言，若食甚时刻已知，则利用以上二式，即可求出其他各限。但是对于日食而言，情形比较复杂。前面的讨论表明，黄经视差 p_λ 会影响日食的视食甚时刻，同样，它也会影响初亏和复原时刻的计算。《苏利亚历》在视差算法一章内容的最后，就是关于黄经视差对初亏和复原时刻影响的讨论。我们将相关术文引述如下：

> 定朔时刻加上或减去半食持续时间（为初亏和复圆时刻），计算初亏时刻和复圆时刻的黄经视差，求出它们与视合朔时刻的黄经视差之差。
>
> 如果在东半球，初亏时的黄经视差大于食甚时的黄经视差，复圆时的黄经视差小于视食甚时刻的黄经视差；如果在西半球，则情形刚好相反。黄经视差之差被加到复圆一边的半食持续时间，同样，黄经视差之差被加到初亏一边的半食持续时间；
>
> 这些规则适用于两个视差在同一半球，若在不同的半球，则需将黄经视差之和分别加到相应的半食持续时间。这里表述的这个法则也同样适用于食既和生

光时刻的计算。①

通常而言，如果没有月亮视差的影响，则对于日食来说，初亏到食甚和食甚到复原的时间应该基本上相等，因此只需从食甚时刻减去这个时间段即得到初亏时刻，而食甚时刻加上这个时间段即得到复原时刻。但是由于月亮视差的影响，从初亏到食甚和从食甚到复原的时间并不相等。而且从初亏到食甚和从食甚到复原的时间均比不考虑视差时的时间要长。

《苏利亚历》中的这段术文表明，如果日食的三个食相均发生在午前，则初亏时的黄经视差大于食甚时刻的黄经视差，而食甚时刻的黄经视差又大于复原时刻的黄经视差；若日食的三个食相均发生在午后，则情形正好相反。

根据术文，《苏利亚历》中的日食起讫算法可概括如下：

（1）由定朔时刻求出真初亏时刻和真食甚时刻。设定朔时刻为 T_1，真初亏时刻和真食甚时刻分别为 T_0 和 T_2，则显然有

$$T_0 = T_1 - t_1 \quad (3\text{-}36)$$

$$T_2 = T_1 + t_1 \quad (3\text{-}37)$$

（2）若日食的三个食相均发生在东半球或西半球，分别求出初亏和复圆时的黄经视差与食甚时刻黄经视差之差。设初亏和复圆时的黄经视差分别为 $p_{\lambda 0}$ 和 $p_{\lambda 2}$，食甚时的黄经视差为 $p_{\lambda 1}$，则有

$$\Delta t_1 = p_{\lambda 1} - p_{\lambda 0} \quad (3\text{-}38)$$

$$\Delta t_2 = p_{\lambda 2} - p_{\lambda 1} \quad (3\text{-}39)$$

设视初亏、视食甚和视复圆的时刻分别为 T_0^*，T_1^* 和 T_2^*，真初亏，真食甚和真复圆时刻分别为 T_0，T_1 和 T_2。则有

$$T_0^* = T_0 + \Delta t_1 \quad (3\text{-}40)$$

$$T_2^* = T_2 + \Delta t_2 \quad (3\text{-}41)$$

（3）若日食的初亏与食甚或食甚与复圆发生在不同的半球，

① The Surya Siddhanta. A Text-Book of India Astronomy, Translated with Notes and Appendix by Rev. Ebenezer Burgess, 1860, 174.

则计算法则与上述给出的不同。若设初亏和食甚发生在不同半球，记 $\Delta t_1 = p_{\lambda 1} + p_{\lambda 0}$，则视初亏可由下式求出

$$T_0^* = T_0 + \Delta t_1 \tag{3-42}$$

若食甚和复圆发生在不同半球，记 $\Delta t_2 = p_{\lambda 1} + p_{\lambda 2}$，则视初亏可由下式求出

$$T_2^* = T_2 + \Delta t_2 \tag{3-43}$$

上述规则也适用于食既和生光这两个食相的计算。

第三节　其他历法中的视差算法

在本章第一节中，我们用很大的篇幅讨论了《苏利亚历》中的视差算法。我们已经看到，《苏利亚历》中的视差算法和理论算法就其算法模型来说，是完全等价的，但由于采取的常数有一些差异，从而导致结果会有一些误差。

事实上，《苏利亚历》中的视差算法代表了古代印度视差算法的主流，古代印度其他大部分数理天文学著作中的视差算法基本上和《苏利亚历》一脉相承。不过，也有一些著作中的视差算法与《苏利亚历》为代表的主流算法不同，因此本节我们对其他历法著作中的视差算法做一些概括性的介绍，而不做详细讨论。

一、《阿耶波多历数书》中的视差算法

古代印度的视差算法最早可以追溯到公元 5 世纪的《阿耶波多历数书》中。《阿耶波多历数书》是古代印度著名的数学家和天文学家阿耶波多的名著，成书于公元 499 年。该书在论述球面天文学的内容时，给出了求“子午正弦”和“东方正弦”以及求黄平象限和白平象限天顶距正弦的算法。前面在论述《苏利亚历》中的视差算法时所涉及的相应公式，均和《阿耶波多历数书》中所给出的算法一致。但是在《阿耶波多历数书》

中，对视差算法的论述则显得比较简略，与视差算法直接相关的术文只有如下一句：

> 由于地球（是个圆球），视差在天顶时为零，在地平时最大，其值为地球的半径。①

这段术文表明，《阿耶波多历数书》已经认识到视差的成因，并且正确地指出当太阳或月亮位于天顶时，视差为0，而当太阳或月亮位于地平时，视差最大。但是该段术文并未给出黄经视差和纬度视差的概念以及计算黄经视差和纬度视差的一般方法。②

二、《五大历数全书汇编》中的视差算法

伐罗柯密希罗（Varahamihira，或译彘日）于公元6世纪编译的《五大历数全书汇编》收入了他之前的五种天文著作，这五种著作是：*Romaka Siddhanta*，*Paulisa Siddhanta*，*Saura Siddhanta*，*Paitamaha Siddhanta*，*Vasisthasamhita*。该著作和《阿耶波多历书》作为古代印度经典数理天文学著作，对古代印度天文学的发展起了非常重要的作用。由于资料所限，本节仅讨论前三种著作中的视差算法。

1. *Saura Siddhanta* 中的视差算法

在《五大历数全书汇编》中，*Saura Siddhanta* 中的视差算法对古代印度视差算法的主流影响很大。*Saura Siddhanta* 中的视差算法可概括为如下步骤（参考图3-2）：

（1）求子午正弦（即黄道子午点天顶距正弦）：

---

① Aryabhatiya of Aryabhata, critically edited with Introduction, English Translation, Notes, Comments and Indexes By Kripa Shankar Shukla in collaboration K V. Sarma. Indian National Science Academy, New Delhi, 1976, 147.

② 有学者根据这段术文给出了《阿耶波多历数书》计算黄经视差和纬度视差的一般方法，其方法有点类似《苏利亚历》中的算法，但又不完全一样。参见 Aryabhatiya, 147。

$$R\sin\widehat{ZK} = R\sin(\varphi \pm \delta_K) \tag{3-44}$$

式中，φ 表示观测地的地理纬度，Z_K 和 δ_K 分别表示黄道子午点 K 的天顶距和赤纬。

（2）求东方正弦：

$$R\sin\widehat{EF} = \frac{R\sin L \times R\sin\varepsilon}{R\cos\varphi} \tag{3-45}$$

式中 L 表示黄道升起点 F 的黄经，E 为东点，ε 为黄赤大距。

（3）求黄平象限天顶距正弦：

$$R\sin\widehat{ZV} = \sqrt{(R\sin\widehat{ZK})^2 - (\frac{R\sin\widehat{ZK} \times R\sin\widehat{EF}}{120'})} \tag{3-46}$$

（4）求太阳高度正弦：

$$R\sin\widehat{HT} = \frac{\sqrt{14400 - (R\sin\widehat{ZV})^2} \times R\sin\widehat{FT}}{120'} \tag{3-47}$$

（5）求太阳到黄平象限度距的正弦：

$$R\sin\widehat{VT} = \sqrt{R^2 - (R\sin\widehat{HT})^2 - (\sin\widehat{ZV})^2} \tag{3-48}$$

（6）求月亮和太阳的黄经视差：

$$P_\lambda = \frac{R\sin\widehat{VT} \times 18}{d} \tag{3-49}$$

式中 d 表示太阳或月亮的距离，根据 *Saura Siddhanta* 术文，太阳或月亮的距离分别为

$$d_s = \frac{5347 \times 120}{40}$$

$$d_m = \frac{10 \times 120}{40}$$

（7）求月亮和太阳的纬度视差：

$$P_\beta = \frac{R\sin\widehat{ZV} \times 18}{d} \tag{3-50}$$

考察 *Saura Siddhanta* 中的视差算法，可以看出“子午正弦”、“东方正弦”和“黄平象限天顶距的正弦”三个步骤与

《苏利亚历》完全相同。① 后面的几个步骤则与《苏利亚历》不同。*Saura Siddhanta* 中设计的黄经视差和纬度视差既适用于太阳，也适用于月亮。*Saura Siddhanta* 在计算黄经视差时，完全没有考虑到黄道相对于地平的夹角，这不能不说是一个很大的失误。

2. *Romaka Siddhanta* 中的视差算法

Romaka Siddhanta 中的视差算法和《苏利亚历》中的视差有很大的不同。其黄经视差算法称：

> 求出合朔到中午的时间，乘以 6，得到度数。求出它的正弦，除以 30，得到视差，其单位为 nadis。如果合朔在中午前，从合朔时刻中减去视差；若合朔在午后，在合朔时刻加上视差，得到视差修正后的合朔（视合朔）。

根据术文，若设合朔时刻距离中午的时距为 x（单位为 nadia，古代印度天文学家将一昼夜等分为 60 份，一份称为 1nadia，合 24 分钟），则 *Romaka Siddhanta* 中的黄经视差可由下式求出②

$$p_{\lambda} = \frac{\sin 6x}{30} \tag{3-51}$$

我们知道，任何天体在其周日视运动中的速度均为 15°/小时，因此天体在其周日视运动中，在 1nadia 的时间内运行的度距均为 6°。由于 x 的单位为 nadis，因此 $6x$ 即表示合朔时刻日月（合朔时刻太阳和月亮的位置可近似认为相等）距离中午的度距，其含义和现代天文学上的时角相当。这相当于给出了合朔

① Subbarayappa B V, Sarma K V. Bombay, Indian Astronomy (A Source Book Based Primarily on Sanskrit Texts), Nehru Centre, 1985, 226.

② Subbarayappa B V, Sarma K V. Bombay, Indian Astronomy (A Source Book Based Primarily on Sanskrit Texts), Nehru Centre, 1985, 224 ~ 225.

时刻日月的位置，当然这个位置只是一个近似位置，因为严格说来，日月的位置除了和时角有关，还跟太阳的黄经有关。

由于该历取 $R=120$，则式（3-51）又可变形为

$$p_\lambda = \frac{\sin 6x}{30} = \frac{\sin 6x}{120} \times 4 = \frac{\sin 6x}{R} \times 4 \tag{3-52}$$

式（3-52）中 4 即为天体的地平视差。考察上式，当 $6x=0°$时，$p_\lambda=0$，当 $6x=90°$时，$p_\lambda=4$；而当 $6x$ 介于最大值和最小值之间时，p_λ 以距午角距 $6x$ 作为自变量按正弦规律变化。可见该算法的构造也用到了古代印度天文学家经常使用的正弦函数插值算法。同时我们也看到，*Romaka Siddhanta* 中的黄经视差算法只和太阳的时角有关，而和太阳的黄经无关，因此，从总体上来说，*Romaka Siddhanta* 中的黄经视差算法也是一个不完全的算法。

Romaka Siddhanta 中计算月亮纬度视差的步骤较为复杂。其算法步骤如下：

（1）求出黄平象限的赤纬 δ_V（以下皆同此）。

（2）求出白道上和黄平象限 V 的黄经相同的 M 点的黄纬 β_M（以下皆同此）。

$$\beta_M = \frac{1}{30}\sin\omega \text{ ①} \tag{3-53}$$

其中，ω 为黄平象限 V 到黄白交点的度距。

（3）求出此时月亮的赤纬 δ_{M}。

$$\delta_{\mathrm{M}} = \delta_V \pm \beta_M \tag{3-54}$$

（4）求出此时月亮的天顶距 Z_{M}。

$$Z_{\mathrm{M}} = \varphi \pm \delta_{\mathrm{M}} \tag{3-55}$$

---

① 该式的推导过程如下：事实上下式总是成立的：$\sin\beta_M \frac{\sin i \times \sin\omega}{R}$，由于 β_M 较小，且当 $R=120$ 时，下式近似成立：$\sin\beta_M \approx 2\beta_M$，化简整理即得：$\beta_M \approx \frac{\sin i \times \sin\omega}{2R} \approx \frac{\sin\omega}{30}$。更详细的推导过程，可参考 David Pingree 的著作，第 544 页。

φ 表示观测地的地理纬度。

（5）求月亮的纬度视差 P_β。

$$P_\beta = \frac{\sin Z_M \times V_M}{1800} = \frac{\sin Z_M \times \frac{V_M}{15}}{R} = \frac{\sin[\varphi \pm (\delta_V \pm \beta_M)] \times \frac{V_M}{15}}{R} \tag{3-56}$$

其中，V_M 表示月亮的运动速度。

Paulisa Siddhanta 中的黄经视差算法①和 *Romaka Siddhanta* 中的算法完全一样。其纬度视差由下式求出：

$$p_\beta = \frac{20 \times \sin Z_M}{46} \tag{3-57}$$

上式中 Z_M 之含义和 *Romaka Siddhanta* 中完全一样。若注意到$\frac{20}{46} \approx \frac{V_M}{1800}$，则可将式（3-57）化为：

$$p_\beta \approx \frac{V_M \times \sin Z_M}{1800} = \frac{\sin Z_M \times \frac{V_M}{15}}{R} \tag{3-58}$$

易见，*Paulisa Siddhanta* 中纬度视差算法基本和 *Romaka Siddhanta* 的算法相同。《五大历数全书汇编》中这几种著作设计的视差算法，总体而言比较粗疏。

三、婆罗摩笈多的视差算法

婆罗摩笈多（Brahmagupta，公元 598～665）的黄经视差算法如下：②

① Subbarayappa B V，Sarma K V. Bombay，Indian Astronomy（A Source Book Based Primarily on Sanskrit Texts），Nehru Centre，1985，224.

② Pingree D. History of mathematical astronomy in India. *In*：Gillispie C C. Dictionary of Scientific Biography，Vol. 15，Supplement 1. New York：Charles Scribner's Sons，Printed in the United States of America Library of Congree. 1978，575.

$$p_{\lambda} = \frac{\sin H_{e}}{R} \times \frac{\sin \widehat{VT} \times 4}{R} \tag{3-59}$$

可以看出，婆罗摩笈多的黄经视差算法基本和《苏利亚历》一样。唯一的差别是，《苏利亚历》以太阳到黄道子午点的距离作为自变量，而婆罗摩笈多则以太阳到黄平象限的距离作为自变量。

其纬度视差可由以下诸式求出：

$$P_{S\beta} = V_{S} \times \frac{\sin \widehat{ZV}}{15R} = V_{S} \times \frac{\sin(\varphi \pm \delta_{K})}{15R} \tag{3-60}$$

$$P_{M\beta} = V_{M} \times \frac{\sin \widehat{ZM}}{15R} = V_{M} \times \frac{\sin(\varphi \pm \delta_{K} \pm \beta_{M})}{15R} \tag{3-61}$$

其中 δ_K 表示黄道子午点的赤纬，φ 为当地的地理纬度，ZM 之含义和 *Romaka Siddhanta* 中相同。

四、戴瓦的视差算法

戴瓦（Deva，7～8世纪）的黄经视差算法①和传统算法有很大区别。他设计的黄经视差的基本思路是：首先求出合朔和中午的时距，记为 x，则黄经视差是一个以 x 为自变量的离散函数，当 $x>15$ 时，令 $y=30-x$ 入算。戴瓦认为，合朔发生在不同的时段上，对应的黄经视差不同，其对应关系如表3-8所示。

表3-8　戴瓦的黄经视差函数

时距	1	2	3	4	5	6	7	8
黄经视差	42	84	120	150	177	198	213	225
时距	9	10	11	12	13	14	15	
黄经视差	234	237	240	240	240	240	240	

① Subbarayappa B V, Sarma K V. Bombay, Indian Astronomy (A Source Book Based Primarily on Sanskrit Texts), Nehru Centre, 1985, 236.

戴瓦设计的黄经视差函数是一个分段函数，该分段函数以合朔时刻距离午正的时距作为自变量。

戴瓦计算纬度视差时所使用的算法和传统算法完全一样

$$P_{\pi\beta} = \frac{\sin\widehat{ZK} \times (V_M - V_S)}{4518} \tag{3-62}$$

式中 ZK 表示黄道子午点之天顶距。由于该历取 $R=300$，故上式可变形为

$$P_{\pi\beta} = \frac{\sin\widehat{ZK} \times (V_M - V_S)}{4518} \approx \frac{\sin\widehat{ZV} \times (V_M - V_S)}{15R} \tag{3-63}$$

五、斯瑞婆提的视差算法

斯瑞婆提（Sripati，10 世纪）计算黄经视差的思路和戴瓦相似，但又有所区别。他将白昼从日出到日落等分为八个时段，合朔发生在不同的时段上对应着不同的黄经视差。① 从日出到日落的八个时段内，黄经视差的值如表 3-9 所示。表中黄经视差的单位为 nadis。

表 3-9　斯瑞婆提的黄经视差

时段	1	2	3	4	5	6	7	8
黄经视差	-3.5	-3	-2	-1	1	2	3	3.5

斯瑞婆提的纬度视差依黄道地平点位于黄道各宫而取不同的数值，其对应关系如表 3-10 所示。

---

① Subbarayappa B V, Sarma K V. Bombay, Indian Astronomy (A Source Book Based Primarily on Sanskrit Texts), Nehru Centre, 1985, 234.

表 3-10　斯瑞婆提的纬度视差

黄道地平点所在宫名	双鱼宫 白羊宫	金牛宫 宝瓶宫	双子宫 摩羯宫	巨蟹宫 人马宫	狮子宫 天蝎宫	天秤宫 室女宫
纬度视差	39	34	27	18	10	4

表 3-10 中纬度视差的单位为分。

六、拉拉的视差算法

拉拉（Lalla，8～9 世纪）求“子午正弦”，“东方正弦”和“黄平象限的天顶距的正弦”的方法和《苏利亚历》及 *Saura Siddhanta* 中的完全一样。但是，拉拉设计的视差算法和 *Saura Siddhanta* 中的算法还有一些区别。拉拉给出了如下几种计算黄经视差的算法①：

$$p_\lambda = \frac{\sin \widehat{VT}}{860} \tag{3-64}$$

$$p_\lambda = \frac{\sin \widehat{VT} \times 525}{d_{\mathrm{M}}(d_{\mathrm{S}})} \tag{3-65}$$

$$p_\lambda = \frac{R\sin h \times R\sin H_{\mathrm{e}}}{2\ 954\ 961} \tag{3-66}$$

式中，h 表示合朔时的时角，H_{e} 表示黄道高度。

拉拉给出了如下计算纬度视差的算法：

$$P_\beta = \frac{\sin \widehat{ZV} \times 525}{d} \tag{3-67}$$

$$P_\beta = \frac{\sin Z_{\mathrm{e}} \times V}{51570} \tag{3-68}$$

由于该历取 $R = 3438$，且 $51570 = 3438 \times 15$，故式（3-68）

---

① Subbarayappa B V，Sarma K V. Bombay，Indian Astronomy（A Source Book Based Primarily on Sanskrit Texts），Nehru Centre，1985，229.

又可变形为

$$P_{r\beta} = \frac{\sin Z_e \times (V_M - V_S)}{15R} \tag{3-69}$$

和 *Saura Siddhanta* 一样，拉拉在计算视差时的失误，在于他完全没有考虑到黄道相对于地平的夹角。

七、婆什迦罗的视差算法

婆什迦罗（Bhaskara Ⅱ，1114～1178）认为当太阳位于黄平象限时，无黄经视差。而当太阳位于黄平象限左侧或右侧时，有视差。其黄经视差和传统算法完全一样，此处不再赘述。太阳的纬度视差算法亦和传统算法一样，其月亮纬度视差如下①

$$P_{m\beta} = \frac{\sin \widehat{ZM} \times \frac{V_M}{15}}{R} = \frac{\sin(\widehat{ZV} \pm \beta_V) \times \frac{V_M}{15}}{R} \tag{3-70}$$

八、《九执历》中的视差算法

《九执历》是唐代印度裔天文学家瞿昙悉达编译的一部具有印度传统的历法，该历法保存在《大唐开元占经》中。其编译的依据是印度六世纪天文学家伐罗柯密希罗的《五大历数全书汇编》和婆罗摩笈多的《历法甘露》（*Khandakhadyaka*）。② 这里我们不妨顺便提及一下该历的视差算法。《九执历》中只有月亮黄纬视差的求法，而无黄经视差算法。其月亮黄纬视差算法如下③

---

① Subbarayappa B V，Sarma K V. Bombay，Indian Astronomy（A Source Book Based Primarily on Sanskrit Texts），Nehru Centre，1985，232.

② 薮内清．《九执历》研究．《科学史译丛》1984 年 4 期和 1985 年 1 期（张大卫译自 Acta Asiatica，No. 36，March 1979 年，7～48 页），第 3 页。

③ 式（3-71）参阅了薮内清所著《九执历》研究中的相关论述。

$$月亮的黄纬视差 = \frac{后命 \times 月域}{51566} \tag{3-71}$$

式（3-71）中月域实为月亮之周日运动，其数值可以月亮的速度 V_M 表示。后命 = sin（$\varphi \pm \delta_V$），其中 φ 为当地的地理纬度，δ_V 为黄平象限之赤纬。若以 ε 表示黄赤交角，λ_V 表示黄平象限之黄经，则 δ_V 可由下式求出

$$\sin\delta_V = \sin\varepsilon \times \sin\lambda_V \tag{3-72}$$

由于该历取半径 $R = 3438$，故下式成立：$51566 \approx 3438 \times 15 = 51570$；又若以 $\sin \widehat{ZV}$ 表示黄平象限天顶距之正弦，则有：$\sin \widehat{ZV} \approx \sin（\varphi \pm \delta_V）$。依此可对月亮黄纬算法做如下变形

$$P_{M\beta} = \frac{后命 \times 月域}{51566} = \frac{\sin(\varphi \pm \delta_V) \times V_M}{51566} \approx \frac{\sin \widehat{ZV} \times V_M}{15R} \tag{3-73}$$

不难看出，《九执历》的视差算法和古代印度传统视差算法是完全一样的。

九、分析及结论

视差算法是古代印度日食计算中一个非常重要的算法，从公元5世纪的阿耶波多，到12世纪的婆什迦罗，几乎每位天文学家都在其天文著作中对这一课题进行了研究和探讨。古代印度的视差算法，由于使用了比较合理的几何模型和比较先进的三角函数作为其主要的计算手段，特别是利用了正弦函数插值算法，从而收到了比较理想的效果。古代印度擅长交食计算，这和其视差算法模型的合理性是分不开的。

通过我们对古代印度数理天文学中的视差算法沿革的论述，我们认为《苏利亚历》中的视差算法代表了古代印度时差算法的主流算法，其他数理天文学著作中的视差算法基本上和《苏利亚历》中的算法一致。通过对原始文献的系统解读，我们彻底搞清了《苏利亚历》中视差算法的造术原理，并证明了《苏

利亚历》中视差算法与理论算法完全等价。《苏利亚历》中视差算法模型与理论算法虽然完全等价，但由于所取常数和理论值不同，并数次使用了近似公式，使得其结果与理论结果之间有一定的误差，本文讨论了这种误差的大小。

考察古代印度的视差算法，经过适当的合理近似以后，其黄经视差和纬度视差算法均可概括为下式

$$p_\lambda = \frac{p_0 \times \sin \widehat{VT} \times \sin H_e}{R^2} \tag{3-74}$$

$$p_\beta = \frac{p_0 \times \sin Z_e}{R} \tag{3-75}$$

其中，p_λ 的单位为 nadis，p_β 的单位为分。

由于太阳到地球的距离远比月亮到地球的距离大得多，因此月亮的地平视差比太阳的地平视差要大得多。依现代天文理论推算，太阳地平视差的平均值为 8″.80，月亮的地平视差的平均值为 57′。因此在日食计算中，一般只考虑月亮视差，而不考虑太阳视差，这样处理所导致的误差通常可以忽略不计。但是古代印度的天文学家在计算视差时，同时考虑了太阳视差和月亮视差。且其太阳的地平视差可达 4′左右，和理论值相比误差太大。对月亮来说，其地平视差为 53′左右，和理论值相比，误差达 4′左右，也算是比较理想了。造成太阳地平视差偏大的主要原因，是因为古代印度的天文学家对天体距离的认识尚有一定的局限性。

在利用黄经视差来计算日食视食甚时刻的影响时，《苏利亚历》采取了“午前以减，午后为加”的符号规则，这个符号规则大体上是正确的。但是严格说来，《苏利亚历》将正午作为时差符号的分界点还是不够准确的，因为按照现代天文理论，黄平象限才是决定时差符号的分界点，而并非黄道子午点。《苏利亚历》所给的符号法则得到了其他历法家的沿用。依此不难发现，古代印度历法中所谓的黄经视差实际上和中国古代日食计

算中的时差一样，都是为了消除视差对日食食甚时刻的影响，以便能更加准确的预报日食食甚时刻而设立的。纬度视差对日食的影响主要表现在，它使月亮的黄纬发生变化，从而直接影响日食的食分，这一点，古代印度所有历法著作的认识都是一样的。

第四章 《回回历法》中的视差理论与日食计算

第一节 阿拉伯视差算法传统

托勒密在《至大论》中建立的视差算法具有一套完整的体系和模型，他的视差理论虽然建立在坚实的理论基础之上，但是由于涉及较为复杂的月球运动理论和大量的天文数表，实际使用起来很不方便。为了实际计算方便，托勒密在《至大论》之外，专门将相关的天文数表集中起来，并将它们改编成便于查阅和使用的形式，西方传统天文学中的“便捷表”（handy tables）就来源于此。

公元4世纪末的天文学家塞翁（Theon），写了两部关于托勒密“便捷表”的评注，他在托勒密的基础上，附加了更加详细的说明文字，来代替托勒密所做的言简意赅的说明。塞翁以后，“便捷表”由于使用便捷而被天文学家采纳，并在拜占庭和伊斯兰等希腊天文学产生过影响的地方，得到了广泛流传并产生了深远影响。[①]

作为使用便捷的天文数表手册，“便捷表”几乎囊括了当时天文学中所能用到的所有天文数表。这些数表通常包括以下五

---

① Neugebauer O. A History of Ancient Mathematical Astronomy (Part Two). Berlin, Heidelberg, New York: Springer-Verlag. 1975. 969.

个方面的内容①：

（1）一些辅助表格，例如，一些主要城市的经度和纬度表、一些星体的坐标等；

（2）和球面天文学相关的表格，如黄赤经变换表、太阳的赤纬表、月亮的黄纬表、黄道弧段的升起时间表、昼长和地理纬度表以及均时差表等；

（3）太阳、月亮和行星的行度表以及中心差表；

（4）和行星现象相关的一些表格，如行星的留表及距角；

（5）和交食相关的表格，如 7 个地理纬度处的视差表、食分表等表格。

"便捷表"中的视差表是计算日食所必需的表格，除了细微的修改外，它们在整个中世纪的天文文献中被大量地复制和照搬使用。"便捷表"中的视差表基于月球视差和太阳视差的差值，为了同月球视差和太阳视差有所区别，天文学家将某一个合朔时刻月亮视差和太阳视差之差称为"修正月球视差"（adjusted lunar parallax）或"修正视差"（adjusted parallax）。如果想要计算月球视差，只需在"修正视差"的基础上加上它的1/20即可，这对应于太阳的最大视差为 3′，而月球的最大视差为 1°。②

"便捷表"中列有不同的地理纬度处，"修正视差"的黄经视差和纬度视差表，该表实际上是以 φ、λ 和 h 作为自变量的表格函数，其中 φ 为最大昼长从 13 小时到 16 小时，每隔 0.5 小时的 7 个地方的地理纬度，λ 为黄道十二宫各宫起点的黄经，h 为距离午正前后的整小时数。"便捷表"中视差表的构造所依据的

① Neugebauer O. A History of Ancient Mathematical Astronomy (Part Two). Berlin, Heidelberg, New York: Springer-Verlag. 1975. 972.

② Neugebauer O. A History of Ancient Mathematical Astronomy (Part Two). Berlin, Heidelberg, New York: Springer-Verlag. 1975. 990.

理论均来源于托勒密的《至大论》，其基本思路就是先求出相应天顶距处的“修正视差”和高度圈与黄道的夹角，然后利用托勒密分解视差的方法，将其分解为黄经视差和纬度视差。

古希腊和古代印度的天文学传入阿拉伯以后，对阿拉伯天文学产生了很大的影响。阿拉伯的天文学家中，除较早的花拉子米（Al-Khwarizmi）等极少数人的著作中的视差算法带有强烈的古代印度传统外，其他绝大多数天文学家如巴塔尼（Al-Battani）和阿尔卡什（Al-Kashi）等人均采用的是希腊的视差算法传统。

在阿拉伯的天文文献中，“积尺”（Zij）① 是很重要同时也是很有价值的一类，这些积尺不仅数量庞大而且内容丰富，是研究阿拉伯天文学的重要文献。一部积尺通常由许多天文数表组成，同时附有一些解释说明文字，这些说明文字包括构造这些数表所需要的理论以及这些数表的使用方法。利用积尺中的天文表格，可以很方便地求出任意给定时刻太阳和月亮以及五星的位置，进而求出合朔时的视差和日月食等相关内容。从某种意义上说，阿拉伯的天文文献“积尺”其实就是从古希腊传下来的“便捷表”的一个变型。

在阿拉伯早期的天文学家花拉子米的积尺中，视差表已经分解为黄经视差和纬度视差，二者分别由下式算出

$$p_\beta = 0°;48,45 \times \sin h_e \tag{4-1}$$

$$p_\lambda = 1;36 \times \sin\theta(t) \tag{4-2}$$

其中，p_β 和 p_λ 分别表示纬度视差和黄经视差，h_e 表示黄平象限的地平高度，式（4-2）中 $\theta(t)$ 由下式决定

$$\theta(t) = t + 24\sin\theta(t) \tag{4-3}$$

显然 p_β 的造法所依据的理论完全和古代印度经典天文学著作《苏利亚历》中的一样，关于 p_λ 的造法，E. S. Kennedy 认为

① 在中文文献中，通常翻译为积尺。

其理论依据来源于古代印度，但尚未发现完全对应的理论。①

事实上，在花拉子米之前，已经有个别天文学家的积尺中出现了和花拉子米积尺中相同的纬度视差表了。但是在花拉子米之后，希腊传统的视差算法在阿拉伯天文学家的积尺中占据了主流地位，我们在这里只需要列举几种比较重要和典型的积尺中的视差算法，就可以看出这种变化。Habash Al-Hasib 的积尺（公元 850 年）中复制了《至大论》中的太阳视差和月球视差表；Al-Battani 的积尺（公元 900 年）中，不仅给出了和《至大论》中完全相同的太阳视差和月球视差表，而且给出了 7 个地理纬度处的黄经视差表和纬度视差表；Al-Khazini 的积尺（1120 年）中也给出了和《至大论》中完全相同的太阳视差和月球视差表，以及 7 个地理纬度处的黄经视差表和纬度视差表和 $\varphi=38°$处的黄经视差表和纬度视差表；Ibn ash-Shatir 的积尺（1350 年）中也同样给出了《至大论》中的视差表和 Theon 的视差表，并给出了修正月亮近点月运动的辅助表格；Al-Kashi 的积尺（1420 年）中给出了合朔时沿高度圈的修正视差表，同时也给出了修正近点月运动的插值方案，以及地理纬度为 20°、30°、40°和 50°处的黄经视差表和纬度视差表。②

至此我们已经看到，在阿拉伯的积尺中，除了以花拉子米为代表的极少数的天文学家采用古代印度传统计算视差外，其他绝大多数的天文学家都采用希腊的视差算法，除一些天文常数会有微小的变化外，基本上全部照搬了《至大论》中的视差表和塞翁的视差表。在后面的讨论中，我们将会看到，明代以阿拉伯天文典籍为依据编译成的《回回历法》也完全是这种传

① Kennedy E S. A Survey of Islamic Astronomical Tables. America Philosophical Society. 1956. 150.

② 关于这些积尺的较为详细的说明，可以取阅 E. S. Kennedy 对阿拉伯积尺的研究报告“A Survey of Islamic Astronomical Tables”, America Philosophical Society, 1956。

统的延续。我们之所以要在这里概述阿拉伯视差理论的大致情形，就是为了更好地理解《回回历法》中的视差算法。

第二节　《回回历法》中的视差算法

一、引言

回回历法是公元 7 世纪伴随着伊斯兰教的创立而产生于阿拉伯的一种历法体系，是世界各地信仰伊斯兰教的民族通用的历法。我国文献中，将其称为“西域历法”、“土盘历”、“希吉拉历法”、“阿拉伯历法”、“伊斯兰教历”和“回回历法”等。

回回历法在中国的传播，可能始于唐代中后期，然而目前尚未见到相关文献记载。北宋初期，精通天文的回回天文学家马依泽参与了《应天历》的编撰，从《应天历》首次引入具有伊斯兰特点的星期制度这一事件来看，至迟在北宋初期，回回历法已开始在中国传播。蒙元初期，耶律楚材撰成具有回历特色的《麻答把历》，这是我国有文献记载的第一部回历著作，《元史》卷 52 载：“至元四年，西域札马鲁丁撰进《万年历》，世祖稍颁行之。”

明洪武十五年（1382）八月，朱元璋称赞西域历法“推测天象最精，其五星纬度又中国所无”①，于是令翰林李翀、吴伯宗与回回大师马沙亦黑、马哈麻等人翻译洪武初年从元上都得到的回回历等“秘藏之书数十百册”。② 在西域天文学家和汉族天文学家的共同努力下，翻译运动取得了巨大成功。翌年（1383）五月，由马沙亦黑主要负责的《回回历法》三卷和由马

① （清）张廷玉．《明史 · 历七》（卷 37）．北京：中华书局．1974. 745.
② （清）张廷玉．《明史 · 历一》（卷 31）．北京：中华书局．1974.

哈麻主要负责的回回天文星占著作《明译天文书》四卷译成。[①]

《回回历法》译出后，得到了官方的高度重视，与《大统历》一直参照使用了270余年。《回回历法》译成后并未出版，故流传并不广泛，后来钦天监官员贝琳根据《回回历法》的基本理论和编算方法，于1477年系统整理成《七政推步》一书。《七政推步》和《回回历法》中的数据和内容基本完全一致，但《七政推步》在《回回历法》的基础上，不仅加进了许多注释说明文字，而且增加了十份历算表、一份中西星名对照表和十三幅黄道坐标的星图。[②]

除贝琳所撰《七政推步》外，刘信所撰《西域历法通径》二十四卷[③]，朝鲜李纯之和金淡所撰《七政算外篇》[④] 等都是当时学者系统研究回回历法的著作。在明清两代，还有一大批学者都曾经研究过回回历法，明代的唐顺之、周述学[⑤]和袁黄[⑥]以及清代的梅文鼎[⑦]、顾观光[⑧]、马复初[⑨]等人即为其中的代表

---

① 此书原为阿拉伯天文学家阔识牙耳（971～1029）所著星占书，原名《占星术及原则导引》，译名还有《天文宝书》、《乾方秘书》、《天文象宗西占》等。

② 陈久金．《七政推步》提要．见：薄树人主编．中国科学技术典籍通汇·天文卷（八）．郑州：河南教育出版社．1993. 157～160.

③ 刘信．《西域历法通径》二十四卷．见：马明达，陈静辑注．《中国回回历法辑丛》．兰州：甘肃民族出版社．1996.

④（朝鲜）李纯之，金淡．《七政算外篇》．见：马明达，陈静辑注．《中国回回历法辑丛》．兰州：甘肃民族出版社．1996.

⑤ 周述学．《皇朝大统万年二历通议》．见：马明达，陈静辑注．《中国回回历法辑丛》．兰州：甘肃民族出版社．1996.

⑥ 袁黄．《历法新书》．见：马明达，陈静辑注．《中国回回历法辑丛》．兰州：甘肃民族出版社．1996.

⑦ 梅文鼎．《梅文鼎论回回历三种》．见：马明达，陈静辑注．《中国回回历法辑丛》．兰州：甘肃民族出版社．1996.

⑧ 顾观光．《武陵山人遗书天文部分·回回历解》．见：薄树人主编．中国科学技术典籍通汇·天文卷（二）．郑州：河南教育出版社．1993. 852～864.

⑨ 马复初．《天方历源》．见：马明达，陈静辑注．《中国回回历法辑丛》．兰州：甘肃民族出版社．1996.

人物。

《回回历法》是一部全面介绍阿拉伯数理天文学的著作，该书采用希腊天文学中的偏心圆和本轮均轮理论用于推算日月和五星的运动。《回回历法》中载有完整的黄经视差和纬度视差表，以及由黄经视差导出的时差表。关于如何利用这些表格推算任意给定时刻的黄经视差、纬度视差和时差，并将所得结果用于日食计算，《回回历法》中均载有详细的说明。

美国学者 E. S. Kennedy 曾对阿拉伯数理天文学中的视差算法进行过深入研究①，在对阿拉伯天文文献的一份调查报告中，他对其中的视差算法以及视差表也有一个较为详细的说明和总结。② E. S. Kennedy 的工作有助于我们了解伊斯兰天文学中的视差理论及算法，同时为我们解读《回回历法》中的视差算法提供了很好的借鉴作用。

清代学者顾观光③的《回回历解》是较早对《回回历法》进行的系统研究。日本学者薮内清也对伊斯兰天文学和《回回历法》进行了深入研究。④ 国内学者对回回天文学史的研究，以陈久金的工作最为集中和重要，他撰写的专著《回回天文学史研究》基本上涉及阿拉伯天文学传入中国的所有重要的事件和著作。⑤ 此外，陈久金对《回回历法》中的太阳运动模型和月球

① Kennedy E S. Parallax Theory in Islamic Astronomy. *In*：Kennedy E S. Studies in the Islamic Exact Science. Beirut：American University in Beirut. 1983. 165～184.

② Kennedy E S. A Survey of Islamic Astronomical Tables. America Philosophical Society. 1956.

③ 顾观光．《武陵山人遗书天文部分．回回历解》．见：薄树人主编．中国科学技术典籍通汇·天文卷（二）．郑州：河南教育出版社．1993. 852～864.

④ 薮内清．回回历解．京都大学人文科学研究所，东方学报，36 册，昭和三十九年十月．

⑤ 陈久金．回回天文学史研究．南宁：广西科学技术出版社．1996.

运动模型①和交食理论②的研究，杨怡对《回回历法》中行星运动理论的研究，③ 陈美东④对《回回历法》中的天文常数的研究，陶培培对《回回历法》的版本和精度的研究⑤等都是较为重要的工作。

关于《回回历法》中的视差理论，已有的研究文献在讨论日食理论时，基本上均有所涉及，但叙述均较为简略，特别是对《回回历法》中视差表的造法缺乏足够的说明，对其中视差表的精度也没有进行过探讨。本节试图在前人的研究基础上，将《回回历法》置入阿拉伯数理天文学的大环境中，全面考察《回回历法》中的视差理论，特别是其视差表的造法原理及其精度。

二、《回回历法》中的视差表

和古希腊以及阿拉伯大多数的数理天文学著作中的传统一样，《回回历法》也将视差分为黄经视差和纬度视差。不过，在《回回历法》中，黄经视差和纬度视差分别被称为东西差和南北差。东西差直接影响到月亮的视黄经从而影响到日食的视食甚时刻，而南北差直接影响到月亮的视黄纬并进一步影响到日食的食分，它们的单位均为分。除东西差和南北差之外，《回回历法》还设有时差，时差是为了修正定朔时刻和视食甚时刻的差值而设计的，它的大小等于东西差除以月亮速度和太阳速度之差，其单位为分钟。

---

① 陈久金．回历日月位置的计算及其运动的几何模型．自然科学史研究，1989，8（3）：219～229.

② 陈久金．回历日月食原理．自然科学史研究，1990，9（2）：119～131.

③ 杨怡．回历行星运动几何模型之研究．自然科学史研究，1991，10（3）：246～258.

④ 陈美东．回回历法中若干天文数据之研究．自然科学史研究，1986，5（1）：11～21.

⑤ 陶培培．《回回历法》版本及其精度研究．中国科学技术大学硕士学位论文．2002.

《回回历法》中东西差、南北差和时差分两个表格给出，其中东西差和南北差合为一表，称为“经纬加减差立成”，时差单列一表，称为“时差加减立成”。这里的“立成”，是回回历法中对表格的一种称谓。之所以将“经纬加减差立成”和“时差加减立成”分开，是因为合列一表较为紧密的缘故，对此《回回历法》在“经纬加减差立成”的表头下以小字注的形式给出了说明：“经纬时三差，本合一立成，今因太密，将时差分另列一立成。”① 二立成中的黄经以 30°为间隔，时角以 1 小时为间隔，分午前午后取值。

为讨论问题方便，我们将《回回历法》中的“经纬加减差立成”和“时差加减立成”移列，如表 4-1 和表 4-2 所示。

表 4-1　《回回历法》中的经纬加减差立成*

		时数	二十	一九	一八	一七	一六	一五	一四	一三	一二	一一	十	九	八	七	六	五	四	时数		
九宫	纬	分			20	25	27	30	35	40	42	40	35	30	27	25	20			分	纬	九宫
		秒			00	47	47	41	28	26	25	27	28	41	47	47	00			秒		
	经	分			40	41	42	39	31	17	00	17	31	39	42	41	40			分	经	
		秒			00	20	17	30	58	6	00	6	58	30	17	21	00			秒		
十宫	纬	分			34	35	36	40	41	41	38	32	26	20	16	14	14			分	纬	八宫
		秒			40	33	38	26	29	24	25	36	40	51	48	39	00			秒		
	经	分			00	35	33	30	19	3	13	30	40	46	46	46	46			分	经	
		秒			00	7	27	8	49	35	10	43	37	30	42	37	00			秒		
十一宫	纬	分			38	39	40	41	39	36	29	21	16	11	9	8	7			分	纬	七宫
		秒			26	37	39	29	34	30	29	44	44	53	57	48	51			秒		
	经	分			30	30	29	23	12	1	21	35	43	47	49	49	48			分	经	
		秒			13	14	16	22	29	27	15	2	1	50	44	45	47			秒		

① （清）张廷玉等.《明史·历志九》（卷 39）. 北京：中华书局. 1974. 871.

续表

		时数	二十	一九	一八	一七	一六	一五	一四	一三	一二	一一	十	九	八	七	六	五	四	时数		
初宫	纬	分		40	41	41	40	38	35	28	21	13	9	7	6	5	5	5		分	纬	六宫
		秒		00	27	28	30	31	25	36	41	56	53	55	54	57	53	00		秒		
	经	分		29	30	30	28	21	13	00	15	32	41	47	49	49	48	48		分	经	
		秒		00	3	5	04	11	13	36	32	7	57	51	44	47	47	00		秒		
一宫	纬	分		39	41	40	38	33	27	21	13	8	7	6	8	8	9	10		分	纬	五宫
		秒		47	26	28	21	30	36	40	55	46	52	56	48	52	27	40		秒		
	经	分		27	28	30	31	27	19	7	10	26	37	45	49	49	48	48		分	经	
		秒		33	26	15	9	7	11	13	23	11	5	49	46	57	53	13		秒		
二宫	纬	分	35	35	36	34	30	25	18	10	9	6	7	10	13	16	17	16	17	分	纬	四宫
		秒	17	7	33	31	30	39	54	18	50	57	52	48	47	10	11	46	00	秒		
	经	分	27	28	29	31	34	34	27	13	3	18	34	43	46	47	46	45	45	分	经	
		秒	41	53	52	54	36	12	22	29	20	20	38	22	27	27	34	34	00	秒		
三宫	纬	分	26	27	27	26	21	17	13	8	6	8	13	17	21	26	27	27	26	分	纬	三宫
		秒	40	15	55	42	48	45	45	52	56	52	45	45	48	42	55	15	40	秒		
	经	分	39	40	41	42	43	39	31	18	00	18	31	39	43	42	41	40	39	分	经	
		秒	13	20	27	29	35	29	37	21	00	38	37	29	25	39	27	20	13	秒		
左		时数	四	五	六	七	八	九	十	一一	一二	一三	一四	一五	一六	一七	一八	一九	二十	时数		右

* 此表采自《回回历法》，见《明史历九》（卷39），874～876页。

表4-2 《回回历法》中的时差加减立成*

	时数	二十	一九	一八	一七	一六	一五	一四	一三	一二	一一	十	九	八	七	六	五	四	时数	
九宫				**107**	**109**	**91**	**85**	**69**	36	0	36	69	85	91	109	107				九宫
十宫					**75**	**75**	**64**	**42**	8	28	65	105	100	101	100	118				八宫

续表

	时数	二十	一九	一八	一七	一六	一五	一四	一三	一二	一一	十	九	八	七	六	五	四	时数	
十一宫					**64**	**62**	**50**	**29**	3	46	75	92	103	106	106	104				七宫
初宫					**64**	**60**	**47**	**28**	1	33	69	90	103	107	107	105				六宫
一宫			**59**	**61**	**66**	**67**	**58**	**41**	**15**	22	57	80	98	107	107	105	103			五宫
二宫		**59**	**62**	**64**	**68**	**74**	**74**	**59**	**29**	7	39	74	93	100	102	100	98	96		四宫
三宫		**104**	**107**	**109**	**91**	**92**	**85**	**68**	**40**	0	40	68	85	92	91	109	107	104		三宫
左	时数	四	五	六	七	八	九	十	一一	一二	一三	一四	一五	一六	一七	一八	一九	二十	时数	右

* 此表采自《回回历法》，见《明史历九》（卷 39），874 ~ 876 页。

《回回历法》中经纬差和时差加减立成竖排为宫名，每一宫名代表各宫初度，如初宫代表黄经 $\lambda=0°$，三宫代表黄经 $\lambda=90°$，六宫代表 $\lambda=180°$，其余类推。经纬差和时差加减立成的横排为时数，从四到二十，以 1 小时为间隔，分午前午后取值，其中十二时表示午正，其余类推。横排和竖排交叉处的数值即为相应黄经和时角处的经纬差和时差，其中经纬差的单位为分，时差的单位为分钟。经纬差和时差的查取方向，根据太阳在左七宫还是右七宫决定，其术文称：

> 视合朔时，太阳宫在立成（经纬时加减立成）右七宫取上行时，（顺行）。在左七宫取下行时，（逆行）。①

考察《回回历法》经纬差和时差加减立成中的数据，可以发现如下事实：

（1）当 $\lambda=90°$ 或 $\lambda=270°$ 时，

若 $h=0°$（对应于午正，即为表 4-1 和表 4-2 中的 12 时），则 $\Delta t(\lambda,\ 0°)=0$，$p_\lambda(\lambda,\ 0°)=0$；

① （清）张廷玉等．《明史·历志七》（卷 37）．北京：中华书局．1974. 756.

若 $h \neq 0°$，则 $p_\lambda(\lambda, h) = p_\lambda(\lambda, -h)$，$p_\beta(\lambda, h) = p_\beta(\lambda, -h)$，$\Delta t(\lambda, h) = \Delta t(\lambda, -h)$，即经纬差和时差关于午正对称。

（2）当 $\lambda \neq 90°$ 且 $\lambda \neq 270°$ 时，经纬差和时差关于午正并不对称，但是此时有下列关系成立：

$$\Delta t(\lambda, h) = \Delta t(180° - \lambda, -h)$$
$$p_\lambda(\lambda, h) = p_\lambda(180° - \lambda, -h)$$
$$p_\beta(\lambda, h) = p_\beta(180° - \lambda, -h)$$

《回回历法》正是利用经纬差和时差的对称性质，而将经纬差和时差加减立成编排成表 4-1 和表 4-2 的简洁形式。

三、《回回历法》中视差表的用法

在实际计算经纬差或时差时，只需从“经纬加减差立成”和“时差加减立成”中查取对应的数值，再加以相应的运算即可。我们以东西差为例，来说明《回回历法》中视差表的应用。为讨论方便，我们将《回回历法》中计算东西差的相关术文引录如下：

> 求第一东西差：视合朔时，太阳官在立成经纬时加减立成右七宫取上行时，顺行。在左七宫取下行时，逆行。以子正至合朔时，取经差，依比例法求之。止用时下小余求之。下同。为第一东西差。
>
> 求第二东西差：视合朔时，太阳宫在立成内，同上。取次宫子正至合朔时经差，依比例法求之，为第二东西差。
>
> 求合朔时东西差：以第一东西差与第二东西差相减，余通秒，以乘合朔时太阳度分，亦通秒。以三十度除之为织，以六十收之为微、为秒、为分，以加减第一东西差，视第一东西差数少于第二差者加之，多者减之，下同。为合朔时东西差。

求合朔时本轮行度：以本轮日行度一十三度四分通分，以乘食甚汎时，亦通分。以二十四除之为秒，依率收之为分、为度，以加减午正本轮行度，午前减，午后加。为合朔时行度。

求比敷分：以本轮行度入立成，太阳、太阴昼夜时行影径分立成。取同宫近度太阴比敷分，以比例法求之。

求东西定差：置合朔时东西差通秒，以比敷分通秒乘之为织，以六十收之为微、为秒、为分，以加合朔东西差，有加，无减。为定差。①

设合朔时刻距离子正的时间为 a 时 b 分，此时太阳的黄经为 m 宫 n 度。则根据术文，《回回历法》中的"求合朔时东西差"算法可以概括为如下三个步骤：

（1）求出对应于 m 宫，距离子正时间为 a 时 b 分的黄经视差 $p_{\lambda 1}(m,\ h)$，即术文中的"第一东西差"，其中不满整小时数的部分利用如下简单的线性内插得到：

$$p_{\lambda 1}(m,h) = p(m,a) + (p(m,a+1) - p(m,a)) \times \frac{b}{60} \tag{4-4}$$

式中 $p(m,\ a)$ 为表中对应于 m 宫 a 时的东西差。

（2）求出对应于 $m+1$ 宫，距离子正时间为 a 时 b 分的黄经视差 $p_{\lambda 2}(m+1,\ h)$，即术文中的"第二东西差"，其中不满整小时数的部分利用如下简单的线性内插得到：

$$p_{\lambda 2}(m+1,h) = p(m+1,a) + (p(m+1,a+1) - p(m+1,a)) \times \frac{b}{60} \tag{4-5}$$

① （清）张廷玉等.《明史·历志七》（卷37）. 北京：中华书局. 1974. 756～758.

（3）求出对应于 m 宫 n 度，距离子正时间为 a 时 b 分的黄经视差 $p_{\lambda}(\lambda, h)$，即术文中的“合朔时东西差”，其中不满整宫数的度数用如下线性内插法得到：

$$p_{\lambda}(\lambda,h) = p_{\lambda 1} + (p_{\lambda 2} - p_{\lambda 1}) \times \frac{n}{30} \tag{4-6}$$

考察上述三式，可以看出《回回历法》在求合朔时的东西差 $p_{\lambda}(\lambda, h)$ 时，使用了二元函数的线性内插方法，这个二元函数的自变量就是太阳的黄经和时角。①

《回回历法》中的月球运动理论采用的是《至大论》中的偏心均轮本轮理论，这个理论的要点我们在前面讨论《至大论》中的视差算法时已经有较为详细的说明。按照这种理论模型，合朔时本轮中心位于偏心均轮的远地点，但是此时月球在本轮上的位置则是任意的。为了计算此时的黄经视差，《回回历法》给出了月亮位于本轮最高点时的经纬差和时差立成，要求出月亮位于本轮任意位置时的经纬时差，还需要加以修正。术文中“求合朔时本轮行度”和“求比敷分”两段术文给出的就是具体的修正方法。术文中“求合朔时本轮行度”指的就是要求出合朔时②月球在本轮上的位置，该位置以月球离开本轮远地点的角度表示。而“求比敷分”就是要根据合朔时月亮在本轮上的位置来进行的一项修正。比敷分可以通过查“太阳、太阴昼夜时行影径分立成”中“太阴比敷分”一栏而得到。为了方便查阅，我们将“太阳、太阴昼夜时行影径分立成”中的“太阴比敷分”一栏专列一表。

将求得的比敷分修正“合朔时东西差”得到“东西定差”，其具体的修正法则如下：

---

① 此处所谓的时角其实指的是合朔时刻距离子正的时间，该自变量很容易转换为现代天文学中的时角。

② 按照《回回历法》中的月亮运动理论，此时本轮中心位于偏心均轮的远地点。

$$东西定差 = 合朔时东西差 + 合朔时东西差 \times \frac{比敷分}{60} \quad (4\text{-}7)$$

由于合朔时东西差是以远地点立算的，因此比敷分恒为正。《回回历法》中“合朔时南北差”和“南北定差”的求法，完全和“合朔时东西差”与“东西定差”求法一样，其术文也是完全并列给出的，此处不再赘述。

《回回历法》中的“时差”算法和东西差、南北差算法略有不同，求东西差和南北差时均有一项比敷分修正，而求合朔时差则没有该项修正。关于其中的原因，顾观光在其《回回历解》中有一个合理的解释，他说：

> 东西南北差有比数分，而时差独否，何也？太阴在最高，则东西差小而月行迟，在最卑，则东西差大而月行速，计其多少之差，约足相抵，可不计也。①

原来，《回回历法》中时差立成中的数据，是由经差立成中的数据除以月亮位于本轮最高时的速度30′30″/小时和太阳平均速度2′28″/小时的差而得到的，当月亮位于远地点时，东西差最小，月亮的速度也最慢，而当月亮在近地点时，东西差最大，月球速度也增大，其效果可以相互抵消。可见顾观光的这个解释是有一定道理的。

我们用了很大的篇幅讨论了《回回历法》中的视差表的应用，但是关于视差表的构造方法，《回回历法》没有给出任何说明。

在讨论《至大论》中视差算法的时候，我们已经看出，对于某一给定地理纬度处，由黄经和时角推算黄经视差和纬度视差需要用到很多的表格和很多繁琐的计算步骤。《回回历法》中将其合为一表，查阅起来非常方便。薮内清对此给予了很高的

---

① 顾观光.《回回历解》. 见：薄树人主编. 中国科学技术典籍通汇·天文卷（二）. 郑州：河南教育出版社. 1993. 860.

评价，并将其称为伊斯兰学者在计算技术上的改良。[①] 事实上，这种讲求实用的黄经视差和纬度视差表至迟在公元4世纪塞翁的时代就已经出现，并一直被随后的伊斯兰学者所采用，我们在前面叙述阿拉伯视差算法传统时已指出了这一点。

关于《回回历法》中视差表的造法，已有的研究文献基本上都回避了这个问题。陈久金在研究《回回历法》中的日月食原理时，曾对《回回历法》中的视差算法进行过较为详细的解读，并对视差表的造法进行过一定程度的探讨。[②] 陈久金从分析东西差和南北差立成中的数据入手，得到各宫月亮的地平视差为介于50′06″~50′58″之间，其平均值为50′7″.5，比月球地平视差的真值小6′余。[③]

参照前面对阿拉伯数理天文学中视差算法的论述，我们认为，《回回历法》中的经纬差并不是按照月亮的视差直接分离出来的，而是按照阿拉伯传统视差理论中的“修正视差”算出的。由于在阿拉伯天文文献中，太阳地平视差通常能取到3′或者更大，因此“修正地平视差”，即月亮地平视差和太阳地平视差之差，应比月球地平视差小3′左右。另外，按照视差算法的构造原理，《回回历法》中各宫的地平视差应该相同，尽管目前我们还不能给出“修正地平视差”的具体数值。

由于视差算法涉及的自变量较多，而且在实际计算中多次使用线性内插会造成一定的累积误差，这使得我们要单纯从《回回历法》中的视差数表给出它所依赖的理论算法和其中所涉

① Yabuuti K. translated and partially revised by Benno Van Dalen. Islamic Astronomy in China during the Yuan and Ming Dynasties. Historia Scientiarum. 1997, Vol. 7 (1): 11 ~43.

② 陈久金. 回历日月食原理. 自然科学史研究, 1990, 9 (2): 119 ~131.

③ 我们根据对冬至和夏至正午黄经视差和纬度视差的相关数据分析，计算出月球地平视差为51′.31，编制地点的地理纬度为31 $\frac{46}{60}$度。

及的所有常数，是比较困难的。

我们试图给出《回回历法》构造视差表的一种可能的思路如下：

（1）在某一给定地方（地理纬度已知），由给定的黄经和时角计算出天顶距，查表得到此时月球和太阳的沿高度圈的视差，分别记为 p_{m} 和 p_{s}；

（2）求出二者的差，记为 p_{am}；

（3）求出此时高度圈和黄道的夹角，记为 α；

（4）利用公式 $p_{\lambda}=p_{\mathrm{am}}\times\cos\alpha$ 和 $p_{\beta}=p_{\mathrm{am}}\times\sin\alpha$ 求出 p_{am} 的黄经分量和纬度分量，p_{λ} 和 p_{β} 即为《回回历法》中的东西差和南北差。

事实上，上述思路也是从《至大论》开始使用，并被阿拉伯大多数的天文学家所用来构造视差表的基本方法。但是《回回历法》中的视差算法是否就是按照这个方法构造出来的呢？在下文讨论《回回历法》中视差算法的精度时，我们还将就视差算法的构造原理给出我们的推测。

第三节　经纬时差对日食计算的影响

东西差、南北差和时差分别对日食产生一定的影响，在叙述完东西差、南北差和时差算法之后，《回回历法》给出了东西差、南北差和时差在日食计算中的应用。

一、时差与日食计算

我们在前面已经详细释读了《回回历法》中经纬差和时差表格的使用方法等一些细节问题。在这里我们将对《回回历法》中经纬差和时差的精度进行初步讨论，由于时差是由经度视差直接求出的，因此我们只对《回回历法》中时差的精度进行分析。

《回回历法》中用于推求日食视食甚时刻的时差，是东西差除以月亮位于本轮最高处时的速度与太阳速度的差值所得的结果，其单位为分钟。[①] 因此东西差和时差在本质上是一样的，只不过二者的单位有所不同罢了。关于东西差和时差的关系，陈久金有详细的讨论[②]，此处不再赘述。

《回回历法》中的时差加减立成，竖排为宫名，每一宫名代表各宫初度，如三宫代表黄经 90 度，6 宫代表 180 度，其余类推。横排为时数，从四到二十，以 1 小时为间隔，分午前午后取值，其中十二时表示午正，其他类推。横排和竖排交叉处的数值即为相应黄经和时角处的时差，单位为分钟。其中时差的查取方向，根据太阳在左七宫还是右七宫决定，其术文称：

> 视合朔时，太阳宫在立成（经纬时加减立成）右七宫取上行时，(顺行)。在左七宫取下行时，(逆行)。[③]

考察《回回历法》时差加减立成中的数据，可以发现如下事实：

(1) 当 $\lambda=90°$ 或 $\lambda=270°$ 时，若 $h=0°$（对应于午正，即为表 4-1 中的 12 时），则 $\Delta t(\lambda, h)=0$；若 $h\neq0°$，则 $\Delta t(\lambda, h)=\Delta t(\lambda, -h)$，即时差关于午正对称。

(2) 当 $\lambda\neq90°$ 且 $\lambda\neq270°$ 时，时差关于午正并不对称，但是此时有下列关系成立：$\Delta t(\lambda, h)=\Delta t(180°-\lambda, -h)$，《回回历法》正是利用时差的对称性质，而将时差加减立成编排成表 4-1 的简洁形式。

由时差的理论算法可以看出，《回回历法》的编译者确实已经掌握了时差计算中需要注意的一些基本问题。

---

① 此时月亮位于本轮的最高处，其速度为 30′30″/小时，太阳的平均速度为 2′28″/小时，二者之差为 28′2″/小时。

② 陈久金．回历日月食原理．自然科学史研究，1990，9（2）：119～131.

③ （清）张廷玉等．《明史·历七》（卷 37）．北京：中华书局．1974. 756.

在实际计算时差时，首先需从“时差加减立成”中查取对应的数值，然后利用简单的线性内插方法进行。关于时差的具体算法，其术文称：

> 求第一时差：以合朔太阳宫及子正至合朔时，入立成取时差，依比例法求之。
>
> 求第二时差：以合朔太阳宫，取次宫子正至合朔时时差，依比例法求之。
>
> 求合朔时差：以第一、第二两时差相减，乘太阳度分，以三十除之，依率收之，用加减第一时差，为合朔时差。①

设合朔时刻距离子正的时间为 a 时 b 分，此时太阳的黄经为 m 宫 n 度。则根据术文，《回回历法》中的时差算法可以概括为如下三个步骤：

（1）求“第一时差”，即对应于 m 宫，距离子正时间为 a 时 b 分的时差 $\Delta t_1(m, h)$，其中不满整小时数的部分利用简单的线性内插得到：

$$\Delta t_1(m,h) = \Delta t(m,a) + (\Delta t(m,a+1) - \Delta t(m,a)) \times \frac{b}{60} \tag{4-8}$$

式中 $\Delta t(m, a)$ 为表中对应于 m 宫 a 时的时差，$\Delta t(m, a+1)$ 为表中对应于 m 宫 $a+1$ 时的时差。

（2）求“第二时差”，即对应于 $m+1$ 宫，距离子正时间为 a 时 b 分的时差 $\Delta t_2(m+1, h)$，其中不满整小时数的部分利用简单的线性内插得到：

$$\Delta t_2(m+1,h) = \Delta t(m+1,a) + (\Delta t(m+1,a+1) - \Delta t(m+1,a)) \times \frac{b}{60} \tag{4-9}$$

① （清）张廷玉等．《明史·历七》（卷37）．北京：中华书局．1974．757．

式中 $\Delta t(m+1,\ a)$ 为表中对应于 $m+1$ 宫 a 时的时差，$\Delta t(m+1,\ a+1)$ 为表中对应于 $m+1$ 宫 $a+1$ 时的时差。

(3) 求"合朔时时差"，即对应于 m 宫 n 度，距离子正时间为 a 时 b 分的时差 $\Delta t(\lambda,\ h)$，其中不满整宫数的度数用如下线性内插法得到：

$$\Delta t(\lambda,h) = \Delta t_1 + (\Delta t_2 - \Delta t_1) \times \frac{n}{30} \qquad (4\text{-}10)$$

考察上述三式，可以看出《回回历法》在求合朔时的时差 $\Delta t(\lambda,\ h)$ 时，使用了二元函数的线性内插方法，这个二元函数的自变量就是太阳的黄经和时角。①

在叙述完时差的算法之后，《回回历法》给出了时差在日食计算中对日食视食甚时刻的影响，其术文称：

> 求食甚定时即食甚定分：视其日合朔时，太阳度在立成经纬时加减立成左七宫，其时差，黑字减，白字加，在右七宫，白字减，黑字加，皆加减于子正至合朔时，得数命起子正减之，得某时初正。余通为秒，以一千乘之，以一百四十除之，六十分为一时，每日一千四百四十分，故以千乘之，又以一四四除之。以六十约之，满百为刻，即食甚定时。②

术文中的食甚定时指的就是日食的视食甚时刻，按照术文，即就是

$$\text{食甚定时} = \text{合朔时刻} \pm \text{时差} \qquad (4\text{-}11)$$

关于时差的符号，时差立成中用黑字白字加以区分，即术文中所言"……左七宫，其时差，黑字减，白字加，在右七宫，白字减，黑字加……"为简单起见，我们将《回回历法》时差

① 此处所谓的时角其实指的是合朔时刻距离子正的时间，该自变量很容易转换为现代天文学中的时角。

② （清）张廷玉等.《明史·历七》（卷37）. 北京：中华书局. 1974. 758.

加减立成中所谓的黑字用黑体表示。

根据《回回历法》中黄经视差的求法，其符号主要决定于日食视食甚时刻太阳在黄道上的位置。如果视食甚时太阳的位置在黄平象限以东，则时差宜减，即视食甚早于合朔；如果太阳的位置在黄平象限以西，则时差宜加，即视食甚迟于合朔；如果太阳的位置恰在黄平象限，则时差为0。

在大多数情况下，食甚发生在午后时，太阳的位置通常也位于黄平象限以西，因此时差为加，而当食甚发生在午前时，太阳的位置通常也位于黄平象限以东，故时差为减。但是有时候，食甚虽然在午后，但太阳在黄平象限以东，此时时差应取减号；有时食甚虽然在午前，但太阳在黄平象限以西，此时时差应为加号，这就是为什么不能简单以午正作为时差正负号分界点的原因。这一点在《回回历法》中的时差立成中也有很清楚的反映，例如，在表 4-2 中，对应于 $\lambda=0°$，$h=-15°$的时差为 1 分钟，而对应于 $\lambda=210°$，$h=15°$的时差为 -3 分钟。

事实上，按照时差的理论算法，食甚时太阳和黄平象限的相对位置，可以用高度圈和黄道的夹角 α 来刻画。如果我们对 α 做如下界定：α 位于黄道下方且它总是朝向黄道十二宫前方，那么若 $\alpha<90°$，则时差为加，若 $\alpha>90°$，则时差为减。

为了讨论《回回历法》中时差算法的精度，我们选取二分二至四个特殊节气，时角以午正为中心，午前午后各以 1 小时为间隔，将理论值和历法值进行比较。历法值取自《回回历法》中的时差加减立成，理论值按照理论算法计算，其中地理纬度取南京的地理纬度 $\varphi=32°$，黄赤交角为 $\varepsilon=23°.6$，地平视差 $p_0=57'$，我们将所得结果列于表 4-3（表中视差单位为分钟）。根据表4-3中的数据，可以画出相应的时差曲线（图 4-1）。

表 4-3　《回回历法》时差算法精度

黄经	时差＼时角	-60°	-45°	-30°	-15°	0°	15°	30°	45°	60°
0°	历法值	-60	-47	-28	1	33	69	90	103	107
	理论值	-78	-55	-33	-8	44	73	95	108	111
	历法值-理论值	18	8	5	9	-11	-4	-5	-5	-4
90°	历法值	-92	-85	-68	-40	0	40	68	85	92
	理论值	-95	-88	-70	-40	0	40	70	88	95
	历法值-理论值	3	3	2	0	0	0	-2	-3	-3
180°	历法值	-107	-103	-90	-69	-33	-1	28	47	60
	理论值	-111	-107	-96	-76	-45	-9	25	48	60
	历法值-理论值	4	4	6	7	12	8	3	-1	0
270°	历法值		-85	-69	-36	0	36	69	85	
	理论值		-88	-70	-40	0	40	70	88	
	历法值-理论值		3	1	4	0	-4	-1	-3	

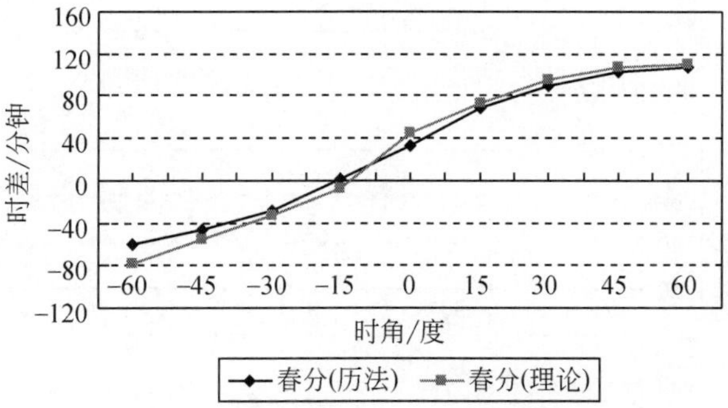

图 4-1　《回回历法》春分时差精度曲线

根据表 4-3 中的数据，可以计算出《回回历法》中时差的平均绝对误差为 4. 3 分钟。从图 4-1 至图 4-4 可以看出，《回回

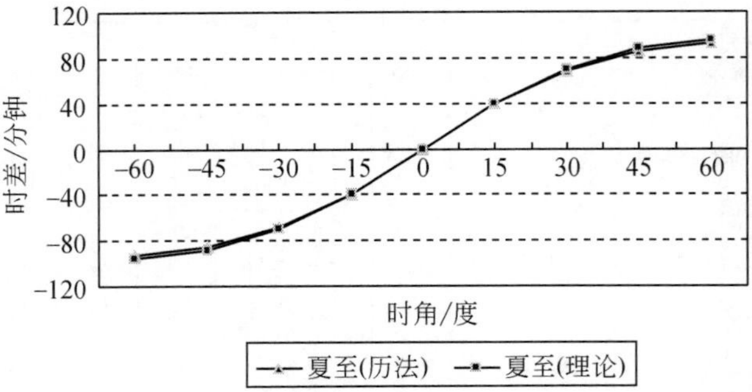

图 4-2 《回回历法》夏至时差精度曲线

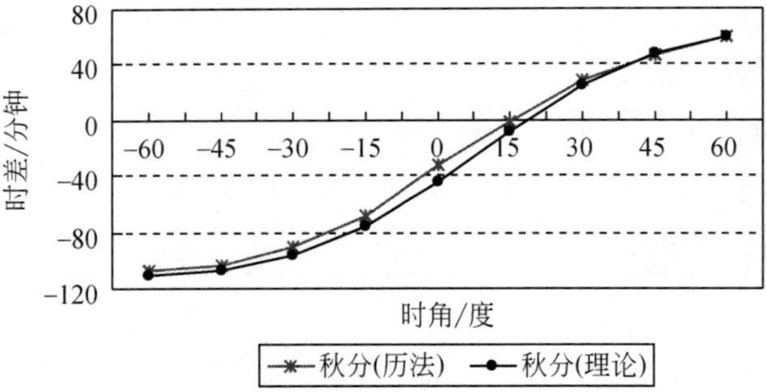

图 4-3 《回回历法》秋分时差精度曲线

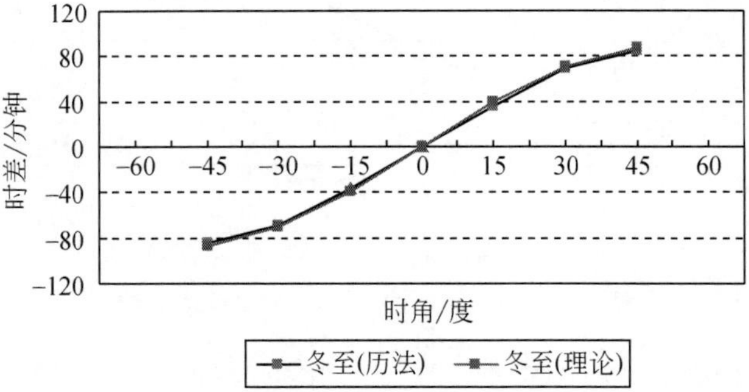

图 4-4 《回回历法》冬至时差精度曲线

历法》中的时差曲线与相应的理论曲线在二分和二至均吻合得相当好，特别是和二至时的理论曲线，可谓密合。

通过前面的讨论，我们认为《回回历法》中时差算法精度之所以很高，主要有如下一些原因：

（1）从理论上来讲，对于某一确定的观测地点而言，时差函数是一个关于太阳黄经和时角的二元函数。从自变量的完备性方面来考虑，《回回历法》中的时差算法同时考虑到时角和黄经的影响。

（2）《回回历法》中时差函数符号的选择科学。从理论上来讲，时差的符号，决定于日食视食甚时刻通过太阳的地平经圈和黄道的夹角，而和午前午后没有必然的联系，尽管在大多数情况下，时差在午前为负，午后为正。《回回历法》中时差符号决定于日食视食甚时刻通过太阳的地平经圈和黄道的夹角，因此其符号法则非常科学。

（3）《回回历法》中时差的平均绝对误差只有 4.3 分钟，同时我们发现，《回回历法》中时差的绝对值基本上都小于相对应的理论结果的绝对值，造成这个现象的原因其实很简单，我们的理论算法中地平视差取 57′，而《回回历法》中地平视差值约为 51′。

《回回历法》中的时差算法之所以会达到非常高的精度，毫无疑问和《回回历法》使用了合理的几何模型密切相关。《回回历法》中的视差算法所依赖的几何模型，始自托勒密的《至大论》，希腊天文学传入阿拉伯后，该模型也被阿拉伯天文学家所采纳，一直到《回回历法》，基本上没有大的变化。

我们认为，《回回历法》的编译者在计算时差表时，已经认识到时差并不是单纯以合朔时刻的相关数据直接计算出来的，而是已经认识到时差应该以食甚时刻的相关数据计算。据此我们可以进一步推断，《回回历法》中的经纬差立成中的数据虽以合朔时刻的相关数据入算，但是表中结果则是食甚时刻的黄经视差和纬度视差。这一结论将有助于我们重新评价《回回历法》的视差算法。

关于时差的符号，时差立成中用黑字白字加以区分。根据《回回历法》中黄经视差的求法，其符号主要决定于食甚时刻太阳在黄道上的位置。如果食甚时太阳的位置在黄平象限以东，则时差宜减，即食甚早于合朔；如果太阳的位置在黄平象限以西，则时差宜加，即食甚迟于合朔；如果太阳的位置恰在黄平象限，则时差为0。食甚时太阳和黄平象限的相对位置，也可以用高度圈和黄道的夹角来刻画，我们取高度圈和黄道的夹角中位于黄道下方的，并且朝向黄道十二宫前方的角 α 来考虑，若 $\alpha < 90°$，则时差为加，若 $\alpha > 90°$，则时差为减。在大多数情况下，食甚发生在午后时，太阳的位置通常也位于黄平象限以西，因此时差为加，而当食甚发生在午前时，太阳的位置通常也位于黄平象限以东，故时差为减。但是有时候，食甚虽然在午后，但太阳在黄平象限以东，此时时差应取减号；有时食甚虽然在午前，但太阳在黄平象限以西，此时时差应为加号。这就是为什么不能简单以午正作为时差正负号分界点的原因，这一点在《回回历法》中的时差立成中也有反映，显然《回回历法》中时差符号法则要比中国传统历法中“午前以减，午后以加”的规则好得多。

二、南北差与日食食限和食分

南北差主要影响到食甚时刻月亮的视黄纬，其术文称：

> 求食甚太阴纬度：南北定差内，加减合朔时太阴纬度，在黄道南加，北减。得食甚纬度。①

若设南北定差为 p_β，合朔和食甚时月亮的纬度分别为 β 和 β'，则根据由术文，它们三者之间有如下关系

① （清）张廷玉等．《明史 · 历七》（卷37）．北京：中华书局．1974. 759.

$$\beta' = \beta \pm p_\beta \tag{4-12}$$

式中的β，即合朔时月亮的黄纬，可根据合朔时月亮离开黄白交点的距离查“太阴纬度立成”求出。南北定差p_β可通过查《回回历法》中“经纬时差立成”求出。

《回回历法》日食食分的计算与食甚时的月亮纬度密切相关。《回回历法》日食食分算法包括两个子算法，分别为“求太阳食限分”和“求太阳食甚定分”。

《回回历法》“求太阳食限分”算法称：

> 置二半径分，内减食甚太阴纬度，余为太阳食限。如不及减者不食。如太阴无纬度者，食既。如太阴无纬度而日径大于月径者，食有金环。①

上述术文中的二半径分，指的是太阳和月亮的视直径之和的一半，其中太阳和月亮的视直径可通过查《回回历法》中的“影径分立成”求得。若设太阳和月亮的视半径分别为r_S和r_M，太阳食限为$\Delta\beta$，则根据术文，有

$$\Delta\beta = r_M + r_S - \beta' \tag{4-13}$$

《回回历法》将$\Delta\beta$称为太阳食限，是因为可以利用$\Delta\beta$的大小来判断日食：

（1）若$\Delta\beta<0$，即食甚时月亮纬度β'大于太阳和月亮的视半径之和r_S+r_M时，不发生日食；

（2）若$\Delta\beta=r_M+r_S$，即$\beta'=0$时，发生日全食；

（3）若$\Delta\beta=r_M+r_S$，即$\beta'=0$，且$r_S>r_M$时，发生日环食；

在《回回历法》中，太阳食限$\Delta\beta$不仅可以用来判断日食的种类，而且也是计算日食食分的自变量。《回回历法》中“求太阳食甚定分”算法称：

> 以太阳食限分通秒，以一千乘之为实，以太阳径

① 《明史历志七》. 历代天文律历等志汇编（十）. 3769.

分通秒为法除之，以百约之为分，为太阳食甚定分。①

术文中的太阳食甚定分，其意即为日食食分。设日食食分为 g，太阳的视直径，即太阳径分为 d_S，则根据术文有

$$g = \frac{\Delta\beta}{d_S} \times 10 \tag{4-14}$$

上式表明，《回回历法》中的日食食分算法模型与理论模型是等价的。

三、南北差与日食起讫算法

在《回回历法》中，南北差不仅与日食的食限和食分算法有关，而且也与日食起讫算法有关。《回回历法》中日食起讫算法的核心是推算食甚时刻与初亏和复圆时刻的时间差，这个时间差被称为“时差”，又称为“定用分”。需要说明的是，这里所谓的时差，和视差理论中定朔和食甚之间的修正值“时差”是两个完全不同的概念。

《回回历法》“求时差”算法称：

食甚太阴纬度通秒自乘，二半径分亦通秒自乘，两自乘数相减，余以平方开之，以二十四乘之为实，以其日太阴日行度内减太阳日行度通分为法。实如法而一，得数为分，满六十分为一时，为时差。②

由于时差是以食甚太阴纬度 β' 的函数，因此不妨设时差函数为 $F(\beta')$，则根据术文有

$$F(\beta') = \frac{24 \times \sqrt{(r_M + r_S)^2 - \beta'^2}}{v_M - v_S}(\text{分}) \tag{4-15}$$

由于日食的食甚时刻已知，因此，日食的食甚时刻减去 $F(\beta')$ 即为初亏时刻，食甚时刻加上 $F(\beta')$ 即为复圆时刻。从

① 《明史历志七》（卷 37）. 历代天文律历等志汇编（十）. 3769.

② 《明史历志七》（卷 37）. 历代天文律历等志汇编（十）. 3770.

《回回历法》设计的日食起讫算法来看，$F(\beta')$ 是借助日食三限图推导出来的。$F(\beta')$ 的计算虽然利用了漂亮的几何模型，但由于《回回历法》在日食起讫算法中没有考虑日食时差的影响，因此，按照《回回历法》中的算法求得的 $F(\beta')$，通常要小于食甚和初亏以及食甚和复圆之间的时间。而且一般来说，食甚和初亏与食甚和复圆之间的时间并不相等，但《回回历法》中求出的 $F(\beta')$ 并未体现出这种差别来。

四、分析及结论

《回回历法》作为明代从阿拉伯典籍中编译而成的天文历法著作，其中的视差算法完全沿袭了阿拉伯传统天文学中的视差算法，该算法包括黄经视差、纬度视差和时差算法三个子算法，其中时差是由黄经视差除以月亮速度和太阳速度的差而得到的。

考察《回回历法》中的时差的符号，可以看出时差的符号由黄经视差的符号所决定，这种方法是合理的，比中国传统历法中单纯以“午前以减、午后以加”的法则要合理得多。通过对《回回历法》中二分二至的时差和理论结果进行比较，其平均绝对误差为4.3分钟，而中国传统历法中以优良著称的《授时历》中的时差的平均绝对误差为22.4分钟，由此可见，《回回历法》中时差算法的精度是相当高的。

同时我们发现，《回回历法》中时差的绝对值基本上都小于相对应的理论结果的绝对值。造成这个现象的原因其实很简单，我们的理论算法中的地平视差取的是57′，而根据我们的推测，《回回历法》中这个值约为51′。《回回历法》中的时差之所以会达到这样高的精度，是和《回回历法》中使用了较为合理的几何模型分不开的。我们虽然对《回回历法》的编译者构造经纬差和时差表格的算法不是特别清楚，但是从我们的精度分析可以看出，《回回历法》中的经纬差和时差表是按照我们所给出的理论算法或与之近似的模型推算出来的。

除《回回历法》外，明代成书的阿拉伯天文书籍涉及视差理论和日食计算的还有以下几种比较重要的著作：①《七政算》(外篇)，该书系朝鲜李朝时期著名学者李纯之和金淡奉旨校订编纂的一部著作；②《七政推步》，是明代贝琳担心《回回历法》淹没和散失而对之进行修补的著作；③《历法新书》，是明代袁黄企图用回回历改造当时错漏百出的《大统历》而整理的回回历法著作。这些著作中的日食理论和视差算法基本完全和《回回历法》相同，限于篇幅，此处不再详细论述。

第五章 中国古代视差理论与日食计算

公元6世纪中叶，北齐天算学家张子信指出，月球视差会影响日食计算结果。此后三百年间，历法家为消除月球视差对日食计算的影响，付出了艰辛的劳动。

公元822年，徐昂在《宣明历》（公元822～892年）中，首次设计了一套完整的视差算法用于日食计算。徐昂的视差算法包括气差、刻差和时差三个子算法，合称日食三差。在中国历法史上，《宣明历》算不上一部优良的历法，但由于该历首创了比较完整的日食三差算法而被后世学者所称道。清代学者阮元对《宣明历》首创的日食三差算法给予了高度评价：

> 其推日食有时气刻三差，则前术所无也。……步算莫难于日食，自三差之法行，而日食渐见亲密，然则宣明创造之功不可泯矣。①

陈美东在《自然科学发展大事记·天文卷》中，甚至将徐昂首创日食三差算法这一事件列为天文学史上的一件大事，由此亦可看出徐昂创立日食三差算法的重要意义。

徐昂设计的日食三差算法对后世历法家产生了深远的影响，这些历法家在徐昂算法的基础上不断改进和完善，特别是经过《崇天历》和《纪元历》等历法的不断改革、完善，日食三差算法逐渐定型，并且在模型和精度方面都得到了大幅度的提高。

---

① 阮元.《畴人传·徐昂传》（卷17）. 见：林文照主编. 中国科学技术典籍通汇·综合卷（七）. 郑州：河南教育出版社. 1993. 285.

日食三差中的时差，指的是定朔时刻和日食视食甚时刻之间的时间差，它与日食视食甚时刻的计算直接相关；气差和刻差的代数和称为食差，是定朔时刻月亮到黄白交点的度距和视食甚时刻视月亮到视黄白交点的度距之间的差值，它与日食食分和日食持续时间的计算直接相关。事实上，除了日食的食甚、食分和持续时间，日食的食限与日食的起讫时刻也与日食三差有关。因此，日食三差算法实际上贯穿于中国古代日食计算的全过程。日食三差算法的优劣，直接影响着中国古代日食计算的精度。

本章我们将详细讨论中国古代日食理论中的日食三差算法，以及它们对中国古代日食计算的影响。

第一节　日食时差算法

在南北朝以前的历法中，历法家推算交食时，基本上以定朔、定望时刻作为日月食的视食甚时刻，这一方面是由于当时交食计算比较粗疏，另一方面是由于当时的历法家尚未认识到视差会对日食计算产生影响。

自张子信发现月亮视差现象后，历法家才逐渐认识到，定朔时刻并非日食的视食甚时刻，必须在定朔时刻的基础上，加进视差影响的修正值，才得视食甚时刻。中国古代天文学家将定朔和视食甚之间的时间差，称为时差。张子信之后的每一部历法在计算日食时都设计了日食时差算法，用于日食视食甚时刻的推算。

在 20 世纪研究中国古代日食时差算法的学者中，以薮内清的工作较早也较为重要。1944 年，薮内清在《隋唐历法史研究》中研究《宣明历》日食三差算法时①，从现代天文学理论出发，建立了时差算法的理论模型，并选择了二分二至的日出、午正和日没等三个时刻，讨论了《宣明历》日食时差算法精度。薮内清从现代天文学理论的视角出发研究《宣明历》中视差算法的研究思路和方法，被国内外的学者推崇并被广泛引用。②③④ 曲安京和笔者研究了中国古代日食时差算法的沿革，并利用薮内清建立的日食时差的理论模型讨论了中国古代部分历法中日食时差算法的精度。⑤

在本书的绪论中，我们已经指出，薮内清建立的日食时差的理论模型在自变量的选择方面存在着一些缺陷。由于曲安京和唐泉讨论中国古代日食时差算法的精度时，理论算法采用了薮内清的模型，因此他们所作的精度分析是值得商榷的。

本节所要解决的问题，主要包括：①在薮内清的工作基础上，进一步从现代天文学的理论出发，重新构建日食时差算法的理论算法模型；②试图在前人的研究基础上，勾勒出中国古代从张子信到郭守敬的时差算法的沿革史，并根据各时期时差算法的特征对时差算法的历史进行分期；③利用我们重构的日食时差算法模型，以《宣明历》、《纪元历》和《授时历》三部历法为例，从整体上评价中国古代日食时差算法的精度；④指出中国古代日食时差算法的缺陷和不足。

我们试图在这些研究工作的基础上，对中国古代日食时差

---

① 薮内清．隋唐历法史研究．东京三省堂，1944，临川书店，1989 年增订版．

② 曲安京．中国古代日食食差算法原理．自然科学史研究，2002，21（2）：97～114.

③ 唐泉，曲安京．苏利亚历中的视差算法．自然科学史研究，2005，24（3）：197～213.

④⑤ 曲安京，唐泉．中国古代的日食时差算法．石河子大学学报（自然科学版），2005，23（4）：416～421.

算法作一个系统的总结和客观的评价。

一、时差的天文意义与理论模型

1. 日食时差的天文意义

定朔时刻和日食视食甚时刻之间的时间差，在中国古代历法中通常被命名为时差。这里需要指出，在中国古代，不同历法对日食时差的定义可能稍有不同。如《宣明历》和《授时历》等历法将定朔时刻和日食视食甚时刻的时间差命名为时差，而《纪元历》等历法中的时差指的是真食甚和视食甚时刻之间的时间差。由于定朔时刻和真食甚时刻之间的时间差一般都在4分钟左右徘徊，因此在精度要求不是特别高的情形下，我们一般不去刻意区别定朔时刻和真食甚时刻之间的差异。也就是说，我们认为《宣明历》、《授时历》和《纪元历》等历法对日食时差的定义是统一的。

中国古代历法家计算日食视食甚时刻的基本思路，就是先由定朔时刻太阳和月亮的相关数据计算出时差，然后用时差修正定朔时刻而得到日食的视食甚时刻，这个算法在中国古代的历法中被称为日食时差算法。

下面我们以宋代比较成熟的历法《崇天历》中的日食时差算法为例，来说明中国古代历法家的这个思路。《崇天历》“求食定余”算法称：

> 求食定余：置定朔小余，如半法以下覆减半法，余为午前分；已上，减去半法，余为午后分。置午前、后分为上，列半法于下，以上减下，以下乘上，午前以三万一千七百七十除，午后以一万三千八百八十五除之，各为时差。午前以减、午后以加定朔小余，各

为食定小余。①

术文中“食定余”相当于日食的视食甚时刻，而“定朔小余”相当于定朔时刻。这段术文讲的就是如何根据定朔时刻推求视食甚时刻的方法，这个算法就称为时差算法。

实际上，自从张子信发现视差现象以后，历法家在求日食的视食甚时，几乎都要设计这样一个类似的算法。当然这个算法在《宣明历》之前还很不完善，不过从《宣明历》开始，这个算法便逐渐趋于合理了。本节中，我们沿袭中国古代历法中的称呼，将定朔时刻和日食的视食甚时刻之间的时间差称为时差。

2. 日食时差的理论模型

1944 年，日本学者薮内清在《隋唐历法史研究》中讨论《宣明历》中的时差算法时，最早利用现代天文学知识构建了时差算法的理论模型，薮内清的模型可表示为如下的联立方程组

$$\begin{cases}\sin\delta = \sin\lambda\sin\varepsilon \\ \cos z = \sin\delta\sin\varphi + \cos\delta\cos\varphi\cos h \\ \tan C = (\tan\varepsilon\cos\lambda)^{-1}, 0° \leqslant C \leqslant 180° \\ \sin C' = \dfrac{\sin h\cos\varphi}{\sin z}, -90° \leqslant C' \leqslant 90° \\ \alpha = C - C' \\ \Delta t = \dfrac{p_0 \times \sin z \times \cos\alpha}{v_M - v_S}\end{cases} \tag{5-1}$$

在第二章中，我们在薮内清的基础上重新构建了日食时差算法的理论模型，这个模型可表示为如下的联立方程组

① （元）脱脱等.《宋史·律历六》（卷 73）. 北京：中华书局. 1985. 1656.

$$
\begin{cases}
\sin\delta = \sin\lambda\sin\varepsilon \\
\cos z^{*} = \sin\delta\sin\varphi + \cos\delta\cos\varphi\cos(h \pm h(\Delta t)) \\
\tan C = (\tan\varepsilon\cos\lambda)^{-1}, 0^{\circ} \leqslant C \leqslant 180^{\circ} \\
\sin C' = \dfrac{\sin(h \pm h(\Delta t))\cos\varphi}{\sin z^{*}}, -90^{\circ} \leqslant C' \leqslant 90^{\circ} \\
\alpha = C - C' \\
\Delta t = \dfrac{p_0 \times \sin z^{*} \times \cos\alpha}{v_{M} - v_{S}}
\end{cases}
\tag{5-2}
$$

在上述两个方程组中，λ、δ 分别表示太阳的黄经和赤纬，ε 表示黄赤大距，φ 表示观测地点的地理纬度。z 和 z^{*} 分别表示定朔时刻和视食甚时刻月亮的天顶距，h 和 $h \pm h(\Delta t)$ 分别表示定朔时刻和视食甚时刻太阳或月亮的时角。C' 为星位角，C 为赤经圈和黄道的夹角，α 为地平经圈和黄道的夹角。Δt 表示定朔时刻和日食视食甚时刻之间的时间差，p_0 表示月亮的地平视差，v_s、v_m 分别表示太阳与月亮的平均视运动速度。

容易看出，我们构建的时差算法的理论模型（方程组（5-2））是在薮内清时差模型（方程组（5-1））的基础上，做了一个细微的但同时也是非常关键的改动而成的。二者之间的本质区别是，时差算法的理论模型，究竟是以定朔时刻的时角入算，还是以视食甚时刻的时角入算。

由于中国古代的日食时差算法是以定朔时刻的相关数据作为自变量的，因此时差算法的理论模型也应该以定朔时刻的相关数据作为自变量。另一方面，时差算法讨论的是视食甚时刻的情形，因此时差算法的理论模型同时也应该以视食甚时刻的相关数据入算。这中间的关键，就是在整个计算过程中，如何将定朔时刻的时角和视食甚时刻的时角统一起来。

如果单纯以定朔时刻的时角入算，由于定朔时刻和视食甚时刻的时角差有时候会相差很大，从而导致这样计算所产生的误差非常之大；如果单纯以视食甚时刻的时角入算，则又从道理上难以讲通，因为中国古代的日食时差算法就是由定朔时刻来推算视食甚时刻的，历法家事先无法知道视食甚时刻的时角。由于薮内清的模型无法同时兼顾二者，因此无论方程组（5-1）中的时角指的是定朔时刻的时角还是视食甚时刻的时角，都存在着较大的缺陷。

为了同时兼顾二者，即时差算法一方面以定朔时刻的时角入算，同时又要反映视食甚时刻的情形，则必须给定朔时刻的时角附加一个修正量，这个修正量就是时差所对应的时角。方程组（5-2）所给出的时差算法，正是在定朔时刻的时角之外，考虑了时差对定朔时刻时角的影响，因此我们所建立的日食时差的理论算法是可靠的。①

二、张子信与视差现象的发现

中国古代天文学家对日月食的推算非常重视。这其中的原因主要有两个，其一，交食是所有的天象中最容易观测到的一种天象，历法家可以利用交食预报精度来检验历法的优劣；其二，在星占学非常发达的中国古代，日食和月食都被赋予了丰富的星占学意义，特别是日食，通常被认为是皇帝死亡的前兆，因此中国古代的皇帝对日食都非常忌惮，他要求天文学家能准确预报日食，以便于采取一些祈禳或者救护措施。正因为如此，交食计算特别是日食计算成为一部历法中的重要内容。

隋代以前的历法家在判断交食是否发生时，通常以合朔时月亮到黄白交点的距离是否在食限以内作为依据。日月食限的概念和具体数值以及判断交食的这个方法在东汉历法家刘洪的

---

① 在前面讨论古希腊和古代印度的时差算法的时候，我们已经看到，古希腊和古代印度的天文学家在处理这个问题时，通常以定朔时刻的时角入算，但是，他们在作完这一步之后，还做了一系列修正算法来逐渐逼近视食甚时刻的结果。

《乾象历》[1] 中就已经采用，此后200余年间，历法家基本上都采用了刘洪的方法。

但是，这种状况在南北朝时期发生了根本的变化，视差现象的发现是导致这种变化的根本原因。

南北朝时期的天文学家张子信是中国古代天文史上一位重要人物。他经过多年的观测和研究，率先发现了太阳运动的不均匀性、五星运动的不均匀性和视差现象会影响日食的计算结果。张子信的这三项重大发现对后世历法家产生了深远的影响，从而使隋代的历法较之前代有了长足的进步。

关于张子信的生平事迹，《宋史·律历志八》中有一条非常简略的记载：

> 北齐学士张子信因葛荣乱，隐居海岛三十许年，专以圆仪揆测天道。[2]

《隋书·天文志中》也有一条类似的记载，不过比《宋史》中的记载要详细一些：

> 至后魏末，清河张子信，学艺博通，尤精历数。因避葛荣乱，隐于海岛中，积三十许年，专以浑仪测候日月五星差变之数，以步算之，始悟日月交道，有表里迟疾，五星见伏，有感召向背。言日行在春分后则迟，秋分后则速。合朔在日道里则日食，若在日道外，虽交不亏。月望值交则亏，不问表里。又月行遇木、火、土、金四星，向之则速，背之则迟。五星行四方列宿，各有所好恶。所居遇其好者，则留多行迟，见早。遇其恶者，则留少行速，见迟。与常数并差，少者差至五度，多者差至三十许度。其辰星之行，见伏尤异。晨应见在雨水后立夏前，夕应见在处暑后霜

---

① 《乾象历》系东汉天文学家刘洪制成于206年，行用年代223～280。

② 历代天文律历等志汇编（八）. 北京：中华书局. 1976. 2687.

降前者，并不见。启蛰、立夏、立秋、霜降四气之内，晨夕去日前后三十六度内，十八度外，有木火土金一星者见，无者不见。①

从这两条文献记载可以大略知道张子信生活的年代大约在后魏（公元386～556）末年和北齐（公元550～570）。他为了躲避葛荣等人发动的战乱（公元526～528）而隐居海岛，经过30余年的天文观测，提出了他的三个重大发现。

关于张子信的这三个重大发现，陈美东曾逐条进行过详细的分析②；李约瑟认为张子信这一系列新成就很有可能是受了古代印度和古希腊天文学的影响③；根据江晓原的研究，隋唐历法中一系列被认为是基于张子信的发现，均与塞琉古王朝时期的巴比伦数理天文学有密切的联系④⑤⑥；纽卫星则对张子信的天文发现及其可能来源进行了详细的探讨。⑦ 由于这些学者已经对张子信的三大天文发现行过深入的研究，故我们此处不做详细讨论，仅对张子信发现视差现象一事给予简要介绍。

在张子信的三大发现中，其中有一条与月亮视差有关，即术文中所称：

合朔在日道里则日食，若在日道外，虽交不亏。

---

① （唐）魏徵等．《隋书·天文志中》（卷20）．北京：中华书局．1973. 561.

② 陈美东．张子信的三大发现．见：陈美东，中国科学技术史·天文学卷．北京：科学出版社．2003. 298～303.

③ 李约瑟．中国科学技术史，第四卷第二分册（天学）．北京：科学出版社．1975. 530～531.

④ 江晓原．天学外史．上海：上海人民出版社．1999. 62～65.

⑤ 江晓原．从太阳运动理论看巴比伦与中国天文学之关系．天文学报，1988，29（3）：272～277.

⑥ 江晓原．巴比伦与古代中国行星运动理论．天文学报，1990，31（4）：342～348.

⑦ 纽卫星．张子信的天文发现及其可能来源．见：纽卫星．西望梵天——汉译佛经中的天文学源流．上海：上海交通大学出版社．2004. 162～175.

月望值交则亏，不问表里。①

这是中国古代的天文典籍和史料中，我们所能见到的最早的论述视差的文字。这段话虽然非常简短，但却蕴含了很多信息。这段术文的意思是说，合朔时如果月亮运行在黄道上方，且在食限内，则一定发生日食；如果合朔时月亮运行在黄道下方，有时候即使在食限内也有可能不发生日食。同时张子信还指出，月食与日食不同，只要望时月亮在食限内，无论它位于黄道南还是黄道北，都会发生月食。

我们知道，当合朔时月亮运行在黄道北的时候，由于视差的影响，视月亮距离视黄白交点的距离要比真月亮距离真黄白交点的距离要短，而当月亮运行在黄道南的时候，情形则刚好相反。这就是为什么当月亮位于黄道北，并且在食限内，比较容易发生日食，而月亮位于黄道南时，有时候已在食限内却没有发生日食的主要原因。显然，张子信的认识和视差对交食的影响效果基本上是吻合的。

张子信究竟是如何发现这个规律的呢？目前尚无任何可靠的资料来说明这一点。我们只能推测，视差现象是张子信在占有大量日食资料的基础上，通过 30 余年持续不断的观测和计算，再加以总结和归纳得出的结论。因为在汉代的历法中，历法家已经有了日食食限的概念并给出了具体的数据，张子信作为一个精通历数的天算学家，他应该完全熟悉这一套方法。但在实际的观测中，他可能发现月亮在黄道北时较易发生日食，而月亮在黄道南时则不易发生日食，于是他加以总结，得出了他的结论。这个途径是完全有可能的，因为由于月亮视差的影响，月亮离开黄白交点的距离最大可能会变化 2 ~ 10 度左右，这么大的度距对于一个精通天文并且相当熟练的天文观测者而言，是完全有可能觉察到的。因此我们有理由相信，张子信很

① （唐）魏徵等.《隋书·天文志中》（卷 20）. 北京：中华书局. 1973. 561.

有可能是独立发现了视差现象，而不是受了域外天文学的影响。

张子信的重大发现被他的追随者所接受，并不断发扬光大，《隋书·天文志中》称：

> 后张胄玄、刘孝孙、刘焯等，依此差度，为定入交食分及五星定见定行，与天密合，皆古人所未得也。①

张子信虽然指出月球视差会影响日食计算，但是中国古代的天文学家始终没有提出明确的视差概念，对视差的成因也一直缺乏相应的论述。张子信之后的历法家所关注的中心问题是：如何设计一套相应的算法来消除视差对日食的影响，使日食计算更加准确？因此从隋代开始，视差算法成为每一部历法中日食理论的核心算法。

三、时差算法沿革与分期

日食时差算法的雏形，最早出现在隋代的历法中。此后，每一部历法在计算日食时都设计了日食时差算法。中国古代的日食时差算法，根据其算法特征，大致可以徐昂的《宣明历》、宋行古的《崇天历》和耶律楚才的《庚午元历》作为关节点，分为初创、探索、发展和定型四个阶段。

1.《宣明历》之前的时差算法

时差算法的初创阶段，从《大业历》开始，至《正元历》结束。该时期时差算法的显著特征是，时差算法以定朔时刻月亮离开黄白交点的去交时数或者去交定分作为主要的自变量。

在日食计算中，用于修正定朔时刻和视食甚时刻之间的差值——“时差”一词，最早出现在隋代《大业历》中。《大业历》中的时差算法见载于“步交会”中的“推日食加时术”。

① （唐）魏徵等.《隋书·天文志中》（卷20）. 北京：中华书局. 1973. 561.

根据《大业历》术文，其“时差”Δt 可由下式求出[①]：

$$\Delta t = \frac{\text{去交时数} + \Delta(x)}{14} \times \text{差率} \qquad (5\text{-}3)$$

上式中，“去交时数”就是定朔时刻月亮距离黄白交点的时辰数。[②] $\Delta(x)$ 是关于去交时数 x 的函数，其表达式为

$$\Delta(x) = \begin{cases} 3, 0 \leqslant x \leqslant 3 \\ 2, 3 < x \leqslant 6 \\ 1, 6 < x \leqslant 9 \\ 0, 9 < x \leqslant 12 \\ -a, x = 12 + a \end{cases} \qquad (5\text{-}4)$$

在《大业历》时差算式中，差率随日食定朔时刻变化规律如表 5-1。

表 5-1　《大业历》差率随定朔时辰变化表

定朔时刻		差率
仲辰	半前	半辰 - 时余
	半后	时余 - 半辰
季辰		时余 + 半辰
孟辰		辰法 - 时余 + 半辰

表 5-1 中，仲辰、季辰、孟辰分别表示一天中的不同时段：子午卯酉为仲，辰戌丑未为季，寅申巳亥为孟。

可见，《大业历》中时差算法实际上是一个以“差率”和“去交时数”为自变量的二元函数，其中“差率”不仅和日食发生在一天中的不同时辰有关，而且和发生在该时辰的前半辰

① （唐）魏徵等.《隋书·律历志中》（卷 17）. 北京：中华书局. 1973. 453～454.

② 中国古代历法中，通常将 1 日分为 12 辰。

和后半辰有关，这显然是一种错误的认识。①

从理论上讲，对同一天而言，时差仅和时角相关，时角越大，时差越大；时角越小，时差越小。时差的大小和月亮离开黄白交点的时辰数以及差率并没有必然的联系。由此可见，《大业历》虽然有意识地设计了日食时差算法，但是该算法涉及的两个自变量则是完全错误的。《大业历》中的时差算法很可能是张胄玄经过长期观察给出的经验公式。

根据《大业历》时差算法，定时余 T^* ，时余 T 和时差 Δt 三者之间满足如下关系：

$$T^* = T \pm \Delta t \quad (5\text{-}5)$$

上式中，若日食发生在子半至卯半或者午半至酉半，取“+”；若日食发生在卯半至午半，酉半至子半，取“-”。直观而言就是：对于白天而言，午前为减，午后为加；对于晚上而言，子前为减，子后为加。这个规则大体上来说是正确的，但是以正午作为时差符号的分界点，和实际情况并不完全相符。

《戊寅元历》中的时差算法，包括符号法则，基本上完全沿袭了《大业历》的算法，只在个别地方以及一些数据的选择上有些细微的差别。②

《皇极历》以定望时刻为月食食甚时刻，这说明刘焯已经清晰地认识到，月食的食甚时刻不受月亮视差的影响。但是刘焯设计的日食时差算法和张胄玄的算法完全类似，只是涉及的判定条件比《大业历》稍微简略一些。《麟德历》中的时差算法完全承袭《皇极历》的算法，二历术文基本相同。关于《麟德历》中的交食算法，刘金沂进行过深入的研究，其中对日食时

① 这里需要说明的是，以“去交时数”或“去交分”作为时差函数的自变量，是徐昂之前的天算学家在计算时差时的普遍做法，甚至于唐代著名的天文学家一行在《大衍历》中也仍然沿袭前人的这一错误算法。

② （后晋）刘昫等．《旧唐书·历一》（卷32）．北京：中华书局．1975. 1163 ~ 1164.

差算法的术文亦有较为详细的释读。①

与《大业历》和《皇极历》中设计的时差算法的繁琐程度相比，《大衍历》、《五纪历》和《正元历》等历法中的时差算法则要简洁得多。《大衍历》中的时差算法见载于《旧唐书·历三》，其术文称：

> 求日月食甚所在辰：置去交定分，以交率乘之，二十乘交数除之，所得为差。其月道与黄道同名者，以差加朔望定小余；异名，以差减朔望定小余，置食定余。如求发敛加时术入之，即食甚所在辰刻及分也。②

术文中所称的“差”，即为日食时差。《大衍历》中，通法为3040，交率为343，交数为4369，则依术文

$$差 = \frac{去交定分 \times 343}{20 \times 4369} \tag{5-6}$$

$$食定余 = 朔望定小余 \pm 差 \tag{5-7}$$

其中，当月道与黄道同名，取加号；月道与黄道异名，取减号。③ 由于所求食定余为日余分，则由发敛加时术，换算成相应的时刻，即得相应的食甚时刻。

由上述术文不难看出，《大衍历》设计的时差算法不仅适用于日食，也适用于月食。这说明一行对视差的成因以及视差对交食的影响等问题都缺乏清楚的认识。虽然一行的算法较为简洁，但是他仍然以去交定分作为时差函数的自变量，这说明当时历法家交食理论的整体认识水平不高，一行仍然没有正确找

---

① 刘金沂．麟德历交食计算法．自然科学史研究，1984，3（3）：251～260.

② （宋）欧阳修，宋祁．《新唐书·历六上》（卷30上）．北京：中华书局．1975. 742.

③ 按照王应伟先生的解释，日月同在表或同在里，则为同名，一表一里，谓之异名。所谓里，就是指黄道在赤道以北或白道在黄道以北，所谓表，就是指黄道在赤道以南或白道在黄道以南。

出影响日食时差的主要因素。①

《五纪历》在历术方面的法数及术文，几乎和《大衍历》全同。《新唐书》对此有较为详细的说明，并记载了《五纪历》改革《大衍历》的九个方面。但在“交会术”一章，《五纪历》中没有记载和时差相关的术文，估计其算法完全沿袭了《大衍历》中的算法。《正元历》除小有改革外，几乎完全沿袭《五纪历》，其中的差异仅在二历所取数值略有区别。

2. 从《宣明历》到《崇天历》之前的时差算法

从《宣明历》到《崇天历》是时差算法的探索阶段。公元822年，徐昂在《宣明历》中率先给出了完整的日食三差算法。和以前诸历相比，《宣明历》中的时差算法取得了突破性的进展。《宣明历》中的时差算法见载于《新唐书》：

> 凡日食，以定朔日出入辰刻距午正刻数，约一百四十七，为时差。视定朔小余如半法已下，以减半法，为初率；已上，减去半法，余为末率。以乘时差，如刻法而一，初率以减，末率倍之，以加定朔小余，为食定余。月食，以定望小余为食定余。②

《宣明历》中，统法为8400，刻法为84。若设定朔小余为r，初率和末率分别为w_1和w_2，则依术文：若$r < 4200$，$w_1 = 4200 - r$；若$r > 4200$，$w_2 = r - 4200$。

---

① 一行作为一个高僧，不仅精通天文历算，而且佛学造诣极深。他精通梵文并且和古代印度的高僧有广泛的接触，因此一行应该了解甚至熟悉当时的古代印度历法，而古代印度历法中的视差算法比同时期中国历法中的视差算法要优良一些。按理，一行应该了解古代印度历法中的视差算法，最起码也应该了解《九执历》中的算法，但是一行所设计的时差算法为什么丝毫没有受到古代印度算法影响的迹象呢？这实在是一个令人费解的问题。

② （宋）欧阳修，宋祁．《新唐书·历六上》（卷30上）．北京：中华书局．1975. 742.

根据术文

$$\Delta t = \begin{cases} -\dfrac{147}{\text{半昼刻}} \times \dfrac{w_1}{\text{刻法}}, \text{午前} \\ \dfrac{147}{\text{半昼刻}} \times \dfrac{2w_2}{\text{刻法}}, \text{午后} \end{cases} \tag{5-8}$$

若设定朔日昼刻为 d，定朔时刻距午正刻数为 w，则上式可化简为

$$\Delta t = \begin{cases} -\dfrac{294w}{d}, \text{午前} \\ \dfrac{588w}{d}, \text{午后} \end{cases} \tag{5-9}$$

式（5-9）表明，《宣明历》中的时差算法，在午前午后是不一样的，午后时差是午前的 2 倍。时差的符号法则是：午前以减，午后以加。

很明显，《宣明历》中的时差算法包含两个自变量，一个是定朔时刻距离午正的刻数，另一个是定朔所在日的昼刻数。由于定朔时刻距离午正的刻数和时角相当，而定朔所在日的昼刻随着黄经的变化而变化，因此《宣明历》中的时差算法实际上已经涉及影响时差变化的两个最主要的因素——黄经和时角。这比《大衍历》等历法以月亮的去交时数作为影响时差的主要因素的算法，无疑是一个巨大的进步。

对某次有食的朔而言，如果定朔时刻已知，则定朔时刻距离午正的刻数很容易求得。因此只需知道《宣明历》中不同定气的昼长刻数，即可求出日食时差。《宣明历》中并未给出各定气的昼刻数，但却给出了各定气的夜半定漏。由于《宣明历》采用的是 100 刻制，因此根据公式

$$\text{昼刻} = 100 - 2 \times \text{夜半定漏} \tag{5-10}$$

即可由各定气之夜半定漏算出相应的昼刻，其结果如表5-2。①

表5-2　《宣明历》中的夜半定漏和昼刻②

定气（黄经）	冬至 270°	小寒 285°	大寒 300°	立春 315°	雨水 330°	惊蛰 345°	春分 0°	清明 15°	谷雨 30°	立夏 45°	小满 60°	芒种 75°
夜半定漏	27;40	27;29	26;74	26;10	25;09	23;74	22;42	22;10	19;75	18;74	18;10	17;55
昼刻	45;04	45;26	46;20	47;64	49;66	52;20	55	55;64	60;18	62;20	63;64	64;58
定气（黄经）	夏至 90°	小暑 105°	大暑 120°	立秋 135°	处暑 150°	白露 165°	秋分 180°	寒露 195°	霜降 210°	立冬 225°	小雪 240°	大雪 255°
夜半定漏	17;44	17;55	18;10	18;74	19;75	21;10	22;42	23;74	25;09	26;10	26;74	27;29
昼刻	64;80	64;58	63;64	62;20	60;18	55;64	55	52;20	49;66	47;64	46;20	45;26

根据《宣明历》中的时差算法和《宣明历》中的夜半定漏和昼刻表，我们可以求出任意黄经和时角处的时差。由于《宣明历》的时差算法在很大程度上包含了合理因素，因此，很快受到其他历法的仿效，只在一些数据上略有改变而已。

根据《应天历》、《乾元历》和《仪天历》术文，这三部历法中的时差算法可分别表示为下式

$$\Delta t = \begin{cases} -\dfrac{300w}{d}, \text{午前} \\ \dfrac{600w}{d}, \text{午后} \end{cases} \tag{5-11}$$

$$\Delta t = \pm\frac{294w}{d}, \text{午前“}-\text{”}, \text{午后“}+\text{”} \tag{5-12}$$

① 表中夜半定漏一栏数据系《宣明历》中所给出，昼刻一栏数据系笔者按照公式（5-10）计算所得。

② 又该历刻法为84，即刻下小余以84为分母。

$$\Delta t = \pm \frac{354w}{d}, 午前“-”, 午后“+” \tag{5-13}$$

这些算式表明，《应天历》、《乾元历》和《仪天历》这三部历法中的日食时差算法，就算法结构而言，和《宣明历》完全一样。它们之间的差别在于，《应天历》和《宣明历》中午后时差是午前时差的2倍，而《乾元历》① 和《仪天历》②则将午前和午后的时差统一为一个算式。同时《应天历》也指明，时差算法只适用于日食，月食没有时差算法，这个观点也和《宣明历》一致。此外，《宣明历》等三部历法中的时差算法以定朔分入算，而《仪天历》以食甚分入算。

考察以上诸历中的日食时差算法，不难发现，该时期日食时差算法可表示为定朔时刻距午分 w 和朔日昼长 d 的函数

$$\Delta t = \pm \frac{kw}{d} \tag{5-14}$$

午前取“-”，午后取“+”，式中 k 在午前和午后并不一定相同。

3. 从《崇天历》到《庚午元历》之前的时差算法

时差算法的第三个阶段，是从《崇天历》到《庚午元历》之前。这一时期的时差算法实际上发端于《崇玄历》，其算法采用简捷的相减相乘算法。从《崇玄历》③ 开始，时差算法由线性算法改进为二次函数算法，其术文称：

> 凡定朔约余距午前、后分，与五千先相减、后相乘，三万除之；午前以减，午后倍之，以加约余，为日蚀定余。定望约余，即为月食定余。④

①② （元）脱脱等．《宋史·律历二》（卷69）．北京：中华书局．1985. 1543.

③ 《崇玄历》系边冈撰成与893年，行用年代893～938年。

④ （宋）欧阳修，宋祁．《新唐书·历六下》（卷30下）．北京：中华书局．1975. 776.

依术文，《崇玄历》时差算法可表示为

$$\Delta t = \begin{cases} -\dfrac{(5000 - w) \times w}{30000}, 午前 \\ \dfrac{(5000 - w) \times w}{15000}, 午后 \end{cases} \tag{5-15}$$

《崇玄历》的这个算法完全被宋代的《崇天历》[①]（1024年）、《观天历》（1092年）和《纪元历》（1106年）等历法所采用，只是在叙述方式上稍微复杂一些。

根据《崇天历》、《观天历》和《纪元历》等历术文，这三部历法中的时差算法可分别表示为如下算式

$$\Delta t = \begin{cases} -\dfrac{(5295 - w) \times w}{31770}, 午前 \\ \dfrac{(5295 - w) \times w}{15885}, 午后 \end{cases} \tag{5-16}$$

$$\Delta t = \begin{cases} -\dfrac{(6015 - w) \times w}{36090}, 午前 \\ \dfrac{(5295 - w) \times w}{18045}, 午后 \end{cases} \tag{5-17}$$

$$\Delta t = \begin{cases} -\dfrac{(3645 - w) \times w}{10935}, 午前 \\ \dfrac{(3645 - w) \times w}{7290}, 午后 \end{cases} \tag{5-18}$$

这四部历法中的时差算法，均使用简洁的相减相乘算法。《崇玄历》和《崇天历》的算法完全一致，午后时差均为午前的2倍。《观天历》中午后时差虽是午前的2倍，但午前午后的算式中的分子有些许细微差别，而《纪元历》中午后时差为午前的1.5倍。与唐宋金元时期的其他历法不同，《明天历》没有

① （元）脱脱等.《宋史·律历志六》（卷73）. 北京：中华书局. 1985. 1656.

专门设计时差算法。①

《纪元历》中的视差算法成为南宋诸历仿效的范本。这些历法在论及日食三差算法时，均言“法同前历，此不载。”这里所谓的前历，指的就是《纪元历》。这些历法包括《统元历》②、《乾道历》③、《淳熙历》④、《会元历》⑤、《统天历》⑥、《开禧历》⑦、《成天历》⑧。

考察以上各历中的日食时差算法，再结合各历的日法，不难发现，这一时期的日食时差算法均可概括为

$$\Delta t = \frac{(A/2 - w) \times w}{C} \tag{5-19}$$

式中 A 表示日法，w 表示距午分，C 是一个常数，该常数在午前午后并不相同。

4. 《庚午元历》及其以后的时差算法

时差算法的第四个阶段，是从《庚午元历》开始，到西方天文学输入之前。这一时期的时差算法更加简洁，且不分午前午后，其算法统一为一个算式。

在金代的《庚午元历》中，日食时差算法不再区分午前午后两种情形，其术文称：

> 日蚀：视汎余如半法以下，反减半法，为中前，半法以上，去之，为中后。置中前后分，与半法相减、

---

① 曲安京，唐泉．中国古代的日食时差算法．石河子大学学报（自然科学版），2005，24（3）：416～421.

② 《统元历》，南宋陈德一著成于1135年，1136～1167行用。

③ 《乾道历》，南宋刘孝荣著成于1167年，1168～1176行用。

④ 《淳熙历》，南宋刘孝荣著成于1176年，1177～1190行用。

⑤ 《会元历》，南宋刘孝荣著成于1191年，1191～1198行用。

⑥ 《统天历》，南宋杨忠辅著成于1199年，1199～1207行用。

⑦ 《开禧历》，南宋鲍瀚之著成于1207年，1208～1251行用。

⑧ 《成天历》，南宋陈鼎著成于1271年，1271～1276行用。

相乘，倍之，万约为分，曰时差。①

术文中的"汎余"相当于以前各历中的定朔约余或定朔分，所谓"中前后分"就是距午分 w 。按《庚午元历》的日法为5230，则根据术文有

$$\Delta t = \frac{(2615 - w) \times w}{5000} \tag{5-20}$$

《庚午元历》中的时差算法得到了《知微历》（1180 年）的沿用。元代郭守敬的《授时历》（1280 年）与明代的《大统历》（1334 年）几乎完全照搬了《庚午元历》的时差算法。

《授时历》中的时差算法见载于《元史历志》，其术文称：

日食，视定朔分在半日周已下，去减半周，为中前；已上，减去半周，为中后；与半周相减，相乘，退二位，如九十六而一，为时差；中前以减，中后以加，皆加减定朔分，为食甚定分；以中前后分各加时差，为距午定分。②

依术文，《授时历》中的时差算法可表示为

$$\Delta t = \frac{(5000 - w) \times w}{9600} \tag{5-21}$$

式中 5000 表示日法的一半，w 表示距午分。

四、中国古代日食时差算法的精度

根据时差算法的理论模型，时差是一个以太阳的黄经和时角为自变量的二元函数。而实际上，中国古代的时差算法仅仅是距午分（相当于时角 h）的一元函数，而完全忽视了黄经变化对时差的影响。另外，根据时差的理论模型，时差符号以黄平象限作为分界点，而中国古代的时差算法则以午正作为分界

① （明）宋濂等.《元史·历六》（卷 57）. 北京：中华书局. 1976. 1314.

② （明）宋濂等.《元史·历四》（卷 55）. 北京：中华书局. 1976. 1238.

点，二者之间有时会出现符号相反的时候，这仍然会造成一定的误差。因此，无论是从自变量的完备性方面还是符号选择合理性方面而言，中国古代的时差算法都是一个有缺陷的算法。

我们现在所关心的问题是：中国古代的时差算法的精度究竟如何？为了回答这个问题，我们只需将中国古代的日食时差算法与理论结果进行比较，即可得出结论。为讨论方便起见，我们选择各时期比较具有代表性的《宣明历》、《纪元历》和《授时历》等三部历法，来讨论中国古代时差算法的精度。之所以选择这三部历法，是因为就时差算法而言，这三部历法可分别视为唐代、宋代和元代的代表性历法。

1. 《宣明历》时差算法精度

由前面的讨论可知，《宣明历》中的时差算法为

$$\Delta t = \begin{cases} -\dfrac{294w}{d}, \text{午前} \\ \dfrac{588w}{d}, \text{午后} \end{cases} \tag{5-22}$$

由上式可以看出，《宣明历》中的时差算法包含两个自变量，一个是距午分，一个是朔日的昼分，若将二者均化为刻，则为距午刻和昼刻，时差的单位为日分。如果对某一天而言，时差函数则是一个关于时角的简单的线性函数。

我们选择二分二至四个特殊节气，来讨论时角每隔 15 度（合 1 小时）的时差。《宣明历》采用 100 刻制，查《宣明历》昼刻夜刻表，其冬至、春分、秋分、夏至的昼长分别为：45;04、55、55、64;80，其中昼刻不满整数的部分以《宣明历》所采用的刻法 84 为分母。由于按《宣明历》时差算法求出的时差以日分为单

位，为讨论方便，我们将其化为以分钟为单位①。时差的理论值，按照我们构建的时差算法的理论模型（方程组（5-2））进行计算。

我们将所得结果列为表5-3（表中视差单位为分钟）。表5-3中，时角按午前午后每隔15°取值，历法值指的是按照《宣明历》算法计算出来的结果，理论值指的是按照理论算法（方程组（5-2））得出的结果，绝对误差为历法值和理论值之差。根据表5-3中的数据，可以画出相应的精度曲线（图5-1至图5-4）。

表5-3　《宣明历》时差算法精度

黄经	时差＼时角	-60°	-45°	-30°	-15°	0°	15°	30°	45°	60°
0°	历法值	-15	-12	-8	-4	0	8	15	23	31
	理论值	-75	-52	-31	-4	46	75	95	108	112
	历法值-理论值	60	40	23	0	-46	-67	-80	-85	-81
90°	历法值	-13	-10	-7	-3	0	6	13	19	26
	理论值	-92	-85	-68	-39	0	39	68	85	92
	历法值-理论值	79	75	61	36	0	-33	-55	-66	-66
180°	历法值	-15	-12	-8	-4	0	8	15	23	31
	理论值	-110	-106	-95	-76	-46	-11	21	43	56
	历法值-理论值	95	94	87	72	46	19	-6	-20	-25
270°	历法值		-14	-9	-5	0	9	19	28	
	理论值		-85	-68	-39	0	39	68	85	
	历法值-理论值		71	59	34	0	-30	-49	-57	

① 按《宣明历》统法（相当于日法）为8400，则日分除以8400，再乘以1440，即可将以日分为单位的时差化为以分钟为单位。

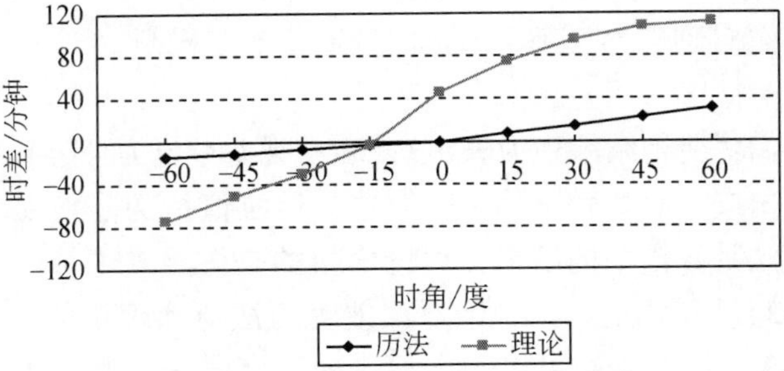

图 5-1　《宣明历》春分时差精度曲线

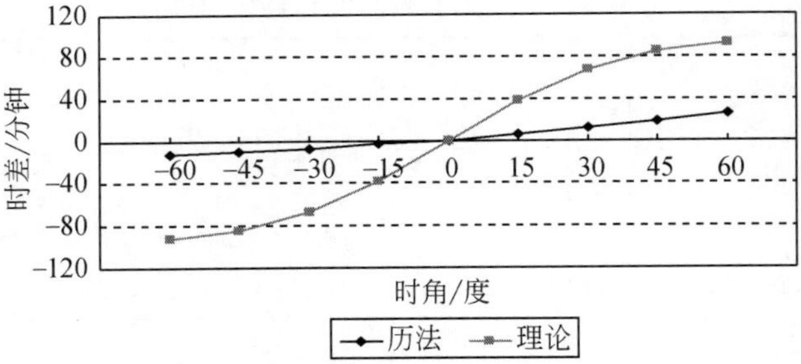

图 5-2　《宣明历》夏至时差精度曲线

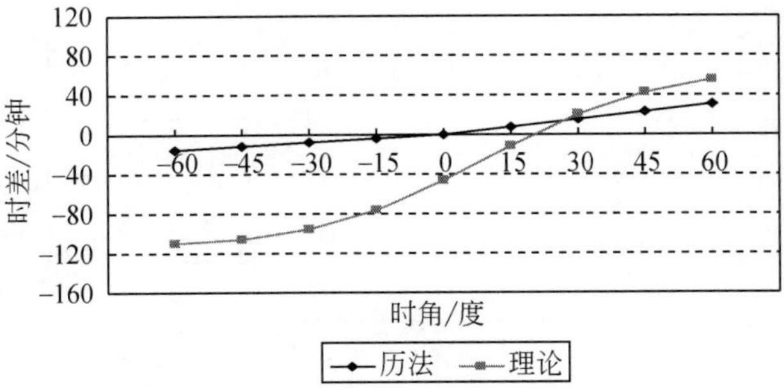

图 5-3　《宣明历》秋分时差精度曲线

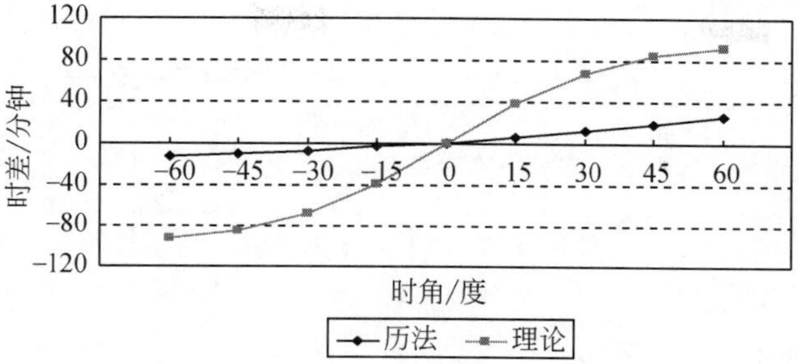

图 5-4　《宣明历》冬至时差精度曲线

2.《纪元历》时差算法精度

考察《纪元历》中的时差算法，若将其化成定朔小余 r 的函数，并且单位为分钟，即就是

$$\Delta t = \begin{cases} -1440 \times \dfrac{r \times (0.5 - r)}{1.5}, & \text{午前} \\ 1440 \times r \times (0.5 - r), & \text{午后} \end{cases} \tag{5-23}$$

由于时角是关于定朔小余的函数，即 $h = 360 \times (0.5 - r)$，则可进一步将时差函数化为以时角为自变量的函数：

$$\Delta t = \begin{cases} -\dfrac{h \times (180 - h)}{90} \times \dfrac{1}{1.5}, & \text{午前} \\ \dfrac{h \times (180 - h)}{90}, & \text{午后} \end{cases} \tag{5-24}$$

由对称性，不难得出 $h \geqslant 180°$ 时的情形。

同样，我们选择二分二至四个节气，时角每隔 15°，讨论《纪元历》中的时差算法精度。我们将所得结果列为表 5-4（表中视差单位为分钟），表中时角按午前午后每隔 15° 取值。其中地理纬度 $\varphi = 34°.43$，黄白交角 $\varepsilon = 23°.60$。根据表 5-4 中的数据，可以画出相应的曲线（图 5-5），由于《纪元历》中的时差算法和黄经无关，因此我们可以将二分二至四个节气的时差精度曲线画在一张图中。

表 5-4　《纪元历》时差算法精度

黄经	时差＼时角	-60°	-45°	-30°	-15°	0°	15°	30°	45°	60°
0°	历法值	-53	-45	-33	-18	0	28	50	68	80
	理论值	-75	-52	-31	-4	46	75	95	108	112
	历法值-理论值	22	7	-2	-14	-46	-47	-45	-40	-32
90°	历法值	-53	-45	-33	-18	0	28	50	68	80
	理论值	-92	-85	-68	-39	0	39	68	85	92
	历法值-理论值	39	40	35	21	0	-11	-18	-17	-12
180°	历法值	-53	-45	-33	-18	0	28	50	68	80
	理论值	-110	-106	-95	-76	-46	-11	21	43	56
	历法值-理论值	57	61	62	58	46	39	29	25	24
270°	历法值	-45	-33	-18	0	28	50	68		
	理论值	-85	-68	-39	0	39	68	85		
	历法值-理论值	40	35	21	0	-11	-18	-17		

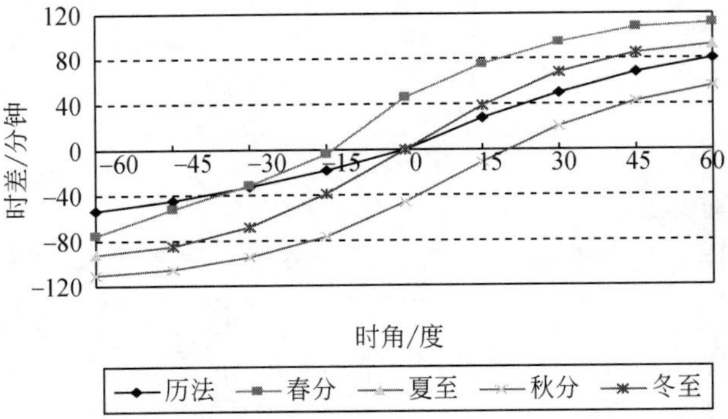

图 5-5　《纪元历》时差精度曲线

3. 《授时历》时差算法精度

考察《授时历》中的时差算法

$$\Delta t = \frac{(5000 - w) \times w}{9600} \tag{5-25}$$

若设定朔小余为 r，当 $0 \leqslant r \leqslant 0.5$ 时，上式可以化为

$$\Delta t(r) = \frac{r \times (0.5 - r)}{9600} \times 10000\ (\text{日}) \tag{5-26}$$

当 $r \geqslant 0.5$ 日时，只需令 $r^* = 1 - r$ 并带入上式计算即可。由于《授时历》中的时差函数关于午正对称，因此我们只考虑午前的情形，午后的情形，由对称性不难得出。

按一日 1440 分钟计，且时角 $h = 360 \times (0.5 - r)$，则可将时差化为以时角为自变量的函数

$$\Delta t(h) = \frac{h \times (180 - h)}{90} \times \frac{100}{96}\ (\text{分钟}),\ 0° \leqslant h \leqslant 180° \tag{5-27}$$

由对称性，可得出 $h \geqslant 180°$ 时的情形。下面我们给出《授时历》中的时差精度（单位为分钟）如表 5-5，表 5-5 中时角的间隔为 15°。其中地理纬度取北京地区的地理纬度值 $\varphi = 40°$，黄赤交角 $\varepsilon = 23°.60$。根据表 5-5 中的数据，可以画出相应的时差精度曲线（图 5-6）。

表 5-5《授时历》时差算法精度

黄经	时差＼时角	-60°	-45°	-30°	-15°	0°	15°	30°	45°	60°
0°	历法值	-83	-70	-52	-29	0	29	52	70	83
	理论值	-65	-44	-23	5	50	76	95	108	112
	历法值 - 理论值	-18	-26	-29	-34	-50	-47	-43	-38	-29

续表

黄经	时差＼时角	-60°	-45°	-30°	-15°	0°	15°	30°	45°	60°
90°	历法值	-83	-70	-52	-29	0	29	52	70	83
	理论值	-85	-78	-61	-34	0	34	61	78	85
	历法值-理论值	2	8	9	5	0	-5	-9	-8	-2
180°	历法值	-83	-70	-52	-29	0	29	52	70	83
	理论值	-108	-104	-93	-75	-48	-17	12	33	45
	历法值-理论值	25	34	41	46	48	46	40	37	38
270°	历法值		-70	-52	-29	0	29	52	70	
	理论值		-78	-61	-34	0	34	61	78	
	历法值-理论值		8	9	5	0	-5	-9	-8	

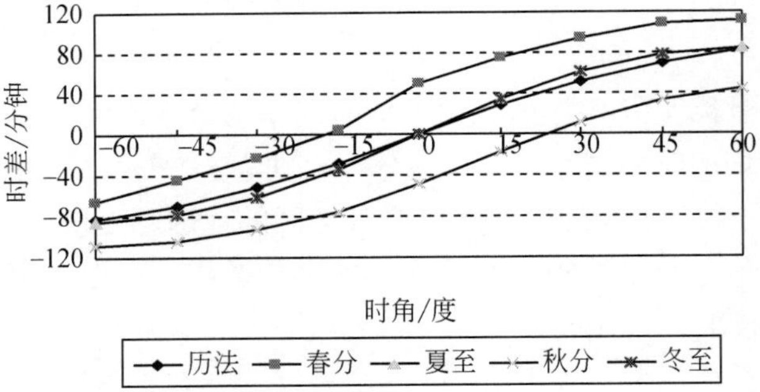

图 5-6 《授时历》时差精度曲线

4. 时差算法精度分析

根据表 5-3 中数据，可算出《宣明历》中时差的平均绝对误差为 50.5 分钟。若直接以定朔时刻作为食甚时刻，则平均误差为 62.2 分钟。因此，从总体上来说，《宣明历》中时差算法误差很大，《宣明历》中的时差结果远远小于理论值。图 5-1 至

图 5-4 中的曲线可以很好地说明这一点。

根据表 5-4 中数据，可以算出《纪元历》中时差的平均绝对误差为 29.1 分钟，这个误差和《宣明历》中的误差相比，确实要小得多。从图 5-5 可以看出，《纪元历》中二分二至时的时差曲线和理论值曲线比较吻合，春分时的时差曲线最高，秋分时的时差曲线最低，二至时的时差曲线居中。从图 5-5 容易看出，《纪元历》中的时差曲线的形状在午后和理论曲线的形状是相似的，但在午前和理论曲线的形状则有较大偏离。造成这种偏离的原因，和《纪元历》中的时差算法密切相关。《纪元历》中的时差算法，在午前午后并不统一，午前时差是午后相应时角处的时差的 2/3，这表现在图形上，就是午前的历法曲线比午后的更靠近 x 轴。

根据表 5-5 中数据，可以算出《授时历》中时差的平均绝对误差为 22.4 分钟，这个误差比《纪元历》中时差的绝对误差的平均值要小一些。从图 5-5 和图 5-6 可以看出，与《纪元历》相比，《授时历》中的时差曲线和理论曲线的形状更加相似。其中的原因，就是因为《授时历》中的时差算法在午前午后统一为一个算式，因此《授时历》中的时差曲线在午前才不会像《纪元历》那样出现较大的偏离。但是由于《授时历》和《纪元历》等历法中的时差算法和黄经无关，因此而导致的误差也是比较明显的。

按理来说，时差的理论曲线在春分时最高，秋分时最低，二至时居中，其他节气的曲线则介于春分和秋分之间，这些曲线可以近似看成一些平行的曲线簇。但是按照《授时历》和《纪元历》等历法中的时差算法绘出的时差曲线和二至时时差的理论曲线吻合程度很好，但和二分的曲线相比则误差很大。比较《纪元历》和《授时历》时差曲线与相应的理论曲线，可以看出，《授时历》中的时差算法要比《纪元历》中的时差算法稍好一些。

由于我们选择的这三部历法非常具有代表性，因此，这三部历法中时差算法的精度代表了唐代、宋代和元代传统历法中时差算法的精度。由于时差算法是日食计算中的一个核心算法，它对预报日食的视食甚时刻至关重要，因此，我们可以通过考察时差算法的精度，从一个侧面来考察中国传统历法日食预报的精度。

实际上，中国数理天文学中日食食甚时刻的计算，包括两个较大的子算法，其中一个是定朔算法，另外一个就是日食的时差算法。因此从理论上来讲，某一部历法推算日食食甚时刻的平均误差总是分别大于定朔算法和时差算法的平均误差。我们据此认为，在《宣明历》的时代，推算日食食甚时刻的平均绝对误差应该大于《宣明历》中日食时差算法的平均绝对误差50.5分钟，在《纪元历》的时代，推算日食食甚时刻的平均绝对误差应该大于《纪元历》中日食时差算法的平均绝对误差29.1分钟，而在《授时历》的时代，推算日食食甚时刻的平均绝对误差应该大于《授时历》中日食时差算法的平均绝对误差22.4分钟。

关于中国古代数理天文学中日食预报的精度问题，很多学者都曾经进行过深入的研究。根据胡铁珠的研究，与现代计算相比，《大衍历》中日食食甚时刻的预报精度的绝对平均误差约为1小时。[①] 吕凌峰通过对明末及清代交食记录的研究，认为在日食食相时刻的预报上，《大统历》相对于理论值预报误差的平均值约为24分钟，而西法相对于理论值的预报误差的平均值约为13分钟；[②] 根据李勇的研究，唐代《大衍历》和《宣明历》

① 胡铁珠.《大衍历》交食计算精度. 自然科学史研究，2001，20（4）：312～319.

② 吕凌峰. 明末及清代交食记录研究. 中国科学技术大学博士学位论文. 2002. 13.

两部历法推朔精度的平均绝对误差分别为59.2分钟和41.0分钟①,《授时历》在整个行用期间（1280~1644年）的360余年中，其定朔和日食食甚时刻平均绝对误差分别为21.0分钟和23.9分钟②。根据F. R. Stepphenson对“授时历议”以及其他相关历史文献中元初交食记录的研究,《授时历》在元代初期的交食预报误差只有15分钟，这也是中国古代历法交食预报达到的最好精度。③

根据我们对时差算法的精度的讨论表明，这些学者所得的结论基本上是可靠的，同时我们也认为,《授时历》中的日食食甚时刻的预报的绝对值平均误差可能比F. R. Stepphenson所认为的15分钟要大一些。

五、分析及结论

日食时差算法是中国古代日食计算中的一个重要算法，这个算法的精度直接影响着日食预报的水平。自从张子信发现视差现象以后，每一部历法中都设计了日食时差算法。时差算法的雏形出现在隋代的《大业历》和《皇极历》中，但一直到徐昂的《宣明历》之前，所有历法中的时差算法基本上都以定朔时刻月亮离开黄白道交点的距离作为自变量。《宣明历》时差算法和以前诸历中时差算法的本质区别，就是它首先考虑到时差与时角以及太阳的黄经有关。《宣明历》时差算法被随后的历法

---

① 李勇．中国元明历法中朔望和交食的推算研究．南京大学博士学位论文. 1997. 47.

② 李勇．中国元明历法中朔望和交食的推算研究．南京大学博士学位论文. 1997. 37.

③ Stephenson F R. Accuracy of medieval Chinese measurements of lunar and solar eclipse times. *In*：Nha I Seong，F R Ste phenson. Oriental Astronomy from GUO SHOU JING to KINGSEJONG. Seoul：Yonsei University Press，1997. 转引自：吕凌峰．明末及清代交食记录研究．中国科学技术大学博士学位论文. 2002. 17.

家模仿，只在算法系数上有一些变动。《崇天历》在此基础上，抛弃了对朔日昼刻的考虑，而将时差算法改为相减相乘的形式，但和以前各历一样，时差算法不关于午正对称。在《庚午元历》中，午前午后的时差算法统一为一个算式，但其算式仅和时角相关而不考虑黄经对时差的影响。

纵观中国古代日食时差算法的历史，算法从最初的纷乱繁杂到最后的简洁整齐，从总体上来说，是一个不断进步不断完善的过程。但是客观而言，中国古代的日食时差算法的缺陷也是显而易见的，概括起来，主要有如下几个方面：

（1）从理论上来讲，对于某一给定的观测地点而言，时差是一个关于时角和黄经的二元函数。但是中国古代以《授时历》中日食时差算法为代表的定型算法仅仅考虑了距午分（相当于时角）对时差的影响，而完全忽略了黄经的作用。尽管《宣明历》和《应天历》等历法在计算日食时差时，也曾经考虑了昼长对日食时差的影响，这实际上等于间接地考虑了太阳的黄经因素。但是从《崇玄历》和《崇天历》等历法开始，历法家就彻底放弃了昼长对时差的影响。因此客观地讲，中国古代的日食时差算法是一个不完全的算法。

（2）从理论上来讲，只有在冬至和夏至这两日，时差才关于午正对称，而对于其他任意一天来说，午前午后距离正午时间相等的两个时刻，时差都是不相等的。这主要是因为，时差的大小主要决定于天顶距以及黄道和高度圈的夹角，离午正时角相等的午前午后两点，天顶距虽然相等，但黄道和高度圈的夹角并不相等，因此时差并不关于午正对称。这是一个较为复杂的问题，用简单的式子是无法说明这种差异的。

回顾中国古代日食时差算法的历史，很容易看出，中国古代天算学家从《宣明历》开始，就已经认识到对于某一天而言，时差函数并不是一个关于午正对称的函数，他们分别在午前午后设立不同的时差算法就很好地说明了这一点。事实上，在《庚午元历》以前，除了极少数的历法如《仪天历》和《乾元历》中的时差函数关于午正对称，其他各历中所设计的时差算法在午前午后并不统一，很多历法将午后的时差取作午前的2倍，也有取作3倍的。由于午前午后的时差之间不是简单的线性关系所能表达的，因此历法家靠经验得出的这些算法是很不可靠的。

在金代的《庚午元历》和元代郭守敬的《授时历》等历法中，又将午前午后的时差算法统一成一个算式，这和实际情形当然有很大的差距。我们的讨论充分表明，忽略黄经对时差的影响，以及将午前午后的时差函数表示为简单的线性关系或者表示成统一的算法将会产生很大误差。

（3）从理论上来讲，视差只对日食计算发生影响，而与月食计算无关。但是由于中国古代的天算学家对视差的成因缺乏清晰的认识，从而导致一部分天算学家错误地认为，视差也会影响月食的视食甚时刻，并为此专门设计了月食的时差算法。为月食设计时差算法的历法，最早可以追溯到唐代的《大衍历》。前面我们在讨论《大衍历》中的时差算法时，已经明确指出，一行所设计的时差算法不仅适用于日食计算，而且也适用于月食计算。姚舜辅在《纪元历》中，也特别为月食计算设计了繁复的时差算法，他的做法被南宋诸历所仿效，这种状况一直持续到元明两代的《授时历》和《大统历》，直到朱载堉等学者指出其中的错误，历法家才认识到，计算月食时是不需要计算时差的。

（4）关于时差的符号，也是一个比较复杂的问题。如果严格地从理论上来讲，若日食时月亮在白道位于地平之上最高点（即白平象限）的东侧，则时差应该取负，视食甚时刻会早于定朔时刻；若日食时太阳位于白平象限以西，则时差应该取正，视食甚时刻会迟于定朔时刻。

由于计算白道的位置较为困难，因此如果在精度要求不是特别高的情形下，例如在讨论古代的时差算法的符号时，我们也可以近似地以黄平象限作为时差取正取负的分界点。即如果日食时太阳位于黄平象限以东，则时差应该取负，视食甚时刻会早于定朔时刻；如果日食时太阳位于黄平象限以西，则时差应该取正，视食甚时刻会迟于定朔时刻。

但是中国古代的天算学家在处理这个问题时，一律采取“午前以减，午后以加”的法则。历法家之所以会这样做，主要是由于黄平象限或白平象限通常离子午圈很近，采取“午前以减，午后以加”的符号法则和以黄平象限或白平象限作为分界点一般情形下吻合得相当好。但是以午正作为时差或正或负的分界点仍然存在着很大的缺陷，例如当日食发生在黄平象限以东、午正以西，则时差的符号，理论上应该为负，但按照中国古代天算学家所采取的法则，此时时差却为正。同理，如果日食发生在黄平象限以西、午正以东，则时差的符号，理论上应该为正，但按照中国古代天算学家所采取的法则却为负了。这一负一正，相差就大得多了。

事实上，在明末清初西方天文学大规模输入中国之前，任何一部中国的传统历法都没有很好地解决时差的符号问题，《宣明历》之后的中国传统历法一直沿袭着《宣明历》所给的符号规则，而没有任何变动。另外，按照中国古代时差算法及其符号规则，中午的时差为零，而按照理论推算，除了在冬至和夏至的中午时差为零外，其他任何日期的中午的时差均不为零，中午的时差最大可达到40余分钟。

关于时差的符号问题，只有在西方天文学大规模输入后，天文学家才有一个较为明确的认识。明末天文学家徐光启对此有一段精彩的分析，他说：

> 旧法食在正中，则无时差。今此食既在日中，而新法仍有时差者，盖以七政运行皆依黄道，不依赤道。旧法所谓中乃赤道之午中，非黄道之正中也。黄赤二道之中，独冬夏至加时正午，乃得同度。今十月朔去

冬至度数尚远，两中之差，二十三度有奇，岂可因加时近午，不加不减乎？①

徐光启在组织编译《崇祯历书》的过程中，曾遭到一些保守势力的诘难，在和满城布衣魏文魁的辩论中，徐光启曾对魏文魁所著《历元》一书进行批评，其中有一条就和时差的符号相关，他说：

……其一，言日食午正无时差，非也。时差言距，非距赤道之午中，乃距黄道限东西各九十度之中也。黄道限之中，有距午前后二十余度者，但依午正加减，焉能必合。②

通过前面的讨论，我们看到，中国古代的时差算法虽然缺少黄经这个自变量，但和理论结果还是比较接近的。其中的原因在于，在时差算法的两个自变量中，时角属于强自变量，黄经属于弱自变量，因此，忽略黄经因素对时差的影响不会像忽略时角对时差产生的影响那样明显。中国古代的历法家或许已经认识到这一点，因为从《崇天历》以后的时差算法来看，历法家已经完全放弃了昼长对时差的影响，由于昼长和太阳的黄经密切相关，因此放弃昼长对时差的影响就意味着在计算时差时完全忽略了太阳黄经对日食时差的影响。

第二节　日食食差算法

一、引言

自张子信在公元6世纪发现视差现象，并指出视差会影响日食计算之后，天文学家逐渐认识到视差不仅会影响日食食甚

① （清）张廷玉等.《明史·历一》（卷31）.北京：中华书局.1974.532.

② （清）张廷玉等.《明史·历一》（卷31）.北京：中华书局.1974.533.

时刻，而且也会影响日食的食分。中国古代日食食分算法的基本思路是：首先，计算定朔时刻月亮离开黄白交点的距离，然后对这个距离进行修正得到日食视食甚时刻视月亮离开视黄白交点的距离，最后，用日食视食甚时刻视月亮离开视黄白交点的距离作为自变量，计算出日食食分。[①] 日食食差算法就是历法家为了由定朔时刻月亮离开黄白交点的距离，来推算食甚时刻视月亮到视黄白交点的距离而设计的一个修正算法。这个算法通常分为两个子算法，称为气差和刻差。

作为中国古代视差理论中的重要算法，食差算法很早受到科学史家的重视和关注。在本书的绪论中，我们已经回顾了20世纪以来，科学史家对视差理论的研究进展。就日食食差算法方面的研究工作而言，以薮内清、陈美东和曲安京等人的工作比较重要。

1944年，薮内清在其博士论文《隋唐历法史研究》中，首次利用现代天文学知识建立了日食食差算法的理论模型，并讨论了《宣明历》中食差算法的精度。[②] 薮内清之后，国内的很多学者都曾对日食食差算法进行了一定程度的研究。陈美东研究了《大衍历》中的食差算法及其精度。[③] 曲安京在薮内清的工作基础上，成功地将中国古代日食食差算法简化为以太阳的黄经和时角为自变量的函数，并证明了古代日食食差算法模型和理论模型之间的相似性。[④]

---

① 唐泉．中国古代的日食食分算法．自然科学史研究，2005，24（1）：29～44.

② 薮内清．隋唐历法史研究．东京三省堂，1944；薮内清，中国古代的天文计算方法，《科学史译丛》，1982，No. 4，1～19，杜石然译自薮内清著《中国的天文历法》一书（1969）的第3部分。

③ 陈美东．一行．见：金秋鹏主编．《中国科学技术史・人物卷》．北京：科学出版社．1998. 284～286.

④ 曲安京．中国古代日食食差算法的原理．自然科学史研究，2002，21（2）：97～114.

已有的这些研究成果虽然在很大程度上深化和丰富了中国古代视差算法的研究，但仍然存在一些需要补充和完善的地方，例如：①目前已有的研究基本上局限于某一部或几部历法，通过他们的工作，我们无法了解整个中国古代食差算法的历史。②由于不能将食差算法纳入整个日食计算系统中做通盘考虑，因此关于食差的真实意义以及历法家设计食差算法的目的等这些细节问题，已有的文献论述尚不够充分。③已有的研究成果中，除薮内清、曲安京和陈美东等人讨论过食差的精度之外，其他的学者基本上没有涉及精度问题。由于薮内清等人的讨论只限于午正、日出、日没等一些非常特殊的时刻，因此我们无法从整体上来评价中国古代日食食差算法的精度。④由于食差算法是建立在时差算法的基础之上的，因此在讨论食差算法时我们必须指明它和时差算法之间的关系。

本节试图在前人的研究基础上，全面论述关于中国古代日食食差算法的所有细节问题。这些问题包括：中国古代历法家设计食差算法的目的、食差算法的天文意义、食差算法在日食理论中的重要地位、食差算法的原理、食差算法的历史沿革及分期、食差算法的精度、食差算法与时差算法的关系等。通过对这些问题全面深入的研究，不仅可以客观地评价中国古代日食食差算法的优劣，而且对于客观评价中国古代的日食理论具有重要的参考意义。

二、食差算法的天文意义与理论模型

1. 日食食差的天文意义

在日食计算中，食甚和食分的推求是比较重要的两个项目，这两个项目的推算都受到月亮视差的影响。中国古代的历法家根据视差对日食的影响，将视差算法分为气差算法、刻差算法和时差算法，即所谓的日食三差。历法家设计时差算法的目的，是为了由定朔时刻来推算日食视食甚时刻，这一点我们已在前一节进行了详细的论述。在中国传统历法中，气差和刻差的代数和通常被称为食差，它是历法家为了推求日食食分而专门设计的一个比较复杂的算法，在整个日食理论中占有非常重要的地位。

日食食分，指的是日食食甚时刻太阳视圆面直径被月亮所遮部分与太阳视圆面直径的比值。在古代印度和阿拉伯的数理天文学中，日食食分算法通常以月亮的视黄纬作为自变量，但在中国古代历法中，日食食分算法则以视食甚时刻视月亮到视黄白交点的距离作为自变量。

显然，如果没有月亮视差的影响，则日食食分算法只需以食甚时刻月亮的黄纬或者月亮离开黄白交点的距离入算即可。但由于视差影响，食甚时刻月亮的真黄纬和视黄纬并不相等，真月亮到黄白交点的距离和视月亮到视黄白交点的距离也不相等。

因此，对于古代印度和阿拉伯的天文学家而言，要计算日食食分，需要计算月亮的视黄纬；而对中国古代的历法家而言，要计算日食食分，则需要计算视食甚时刻视月亮到视黄白交点的距离。①

若设定朔时刻真月亮到黄白交点的距离 d，视食甚时刻视月亮到视黄白交点的距离为 d'，中国古代历法中的食差函数 Δe 就是历法家为了修正 d 和 d'之间的差值而专门设计的。如《宣明历》称：

> 应加减差，同名相从，异名相消，各为食差。以

---

① 这个距离在有的历法中以时间来表示，由于月亮离开黄白交点的时间乘以月亮的速度即为月亮离开黄白交点的距离，因此这两种表示方法其实是等价的。

加减去交分，为定分。①

《应天历》亦称：

> 日食差：依黄、赤二差，同名相从，异名相消，为食差。距交分：置交前后分，以黄赤二差加减之，为距交分。②

《宣明历》中的“去交分”和《应天历》中的“交前后分”，指的就是定朔时刻真月亮到黄白交点的距离（或时间）d；《宣明历》中的“去交定分”和《应天历》中的“距交分”指的就是视食甚时刻视月亮到视黄白交点的距离（或时间）d'。其他历法对 d 和 d' 的称谓可能会有所不同，但其含义大体不变。依《宣明历》和《应天历》术文，即有

$$d' = d \pm \Delta e \tag{5-28}$$

上式表明，日食食差的大小等于定朔时刻月亮到黄白交点的距离 d 和日食视食甚时刻视月亮到视黄白交点的距离 d' 之间的差值。

为了更加清楚地理解中国古代的历法家设计日食食差算法的目的，我们以宋代《崇天历》中的相关术文为例，考察《崇天历》中日食食分算法的步骤以及食差算法在日食食分算法中所起的作用。

《崇天历》中的日食食分算法主要包括如下几个步骤：

（1）求“入交汎日”，即平朔时刻月亮离开前面一个降交点的时间或距离。其术文称：

> 推天正十一月经朔加时入交：置天正十一月朔积分，以交终分秒去之，不尽，满枢法为日，不满为分秒，即天正经朔加时入交汎日及余秒。求次朔及望入

---

① （宋）欧阳修，宋祁．《新唐书·历六上》（卷30上）．北京：中华书局．1975. 742.

② （元）脱脱等．《宋史·律历二》（卷69）．北京：中华书局．1985. 1545.

交：因天正经朔加时入交汎日及余秒，求次朔，以朔差日及余秒加之；求望，以望策及余秒加之；满交终日及余秒皆去之，即次朔及望加时所入。①

（2）考虑太阳的不均匀运动，用来修正“入交汎日”得到新的入交时间，称为“入交常日”。其术文称：

求朔望加时入交常日：置经朔、望入交汎日及余秒，以其朔、望入气朓朒定数朓减朒加之，即朔、望入交常日及余秒。②

（3）考虑月亮的不均匀运动，用来修正“入交常日”得到新的入交时间，称为“入交定日”。其术文称：

求朔望加时入交定日：置其朔、望入转朓朒定数，以交率乘之，如交数而一，所得，以朓减朒加入交常日余，满若不足，进退其日，即朔、望加时入交定日及余秒。③

（4）用食差函数修正“入交定日”得到视月亮到视黄白交点的距离，用于判断是否入食限和日食食分的计算。其术文称：

求日入食限：置入交定日及余秒，以气、刻、时三差定数各加减之，如中日及余秒以下为不食；已上者，减去中日及余秒，如后限以下、前限已上为入食限；后限以下为交后分；前限以上覆减中日，余为交前分。

求日食分：置入交前后分，如阳历食限以下者为阳历食定分；已上者，覆减一万一千二百，余为阴历食定分；不足减者，不食。各如阴阳历定法而一，为食之大分，不尽，退除为小分，半已上为半强，半已下为半弱。命大分以十为限，得日食之分。④

---

① （元）脱脱等．《宋史·律历六》（卷 73）．北京：中华书局．1985. 1654.

②③（元）脱脱等．《宋史·律历六》（卷 73）．北京：中华书局．1985. 1655.

④ （元）脱脱等．《宋史·律历六》（卷 73）．北京：中华书局．1985. 1657.

前面的讨论已经表明：中国古代历法中的日食食差Δe，就是d'和d之间的差值。我们可以借助图5-7来阐明该算法的天文意义。在图5-7中，设定朔时刻的真月亮的位置在M_1或者M_2，视食甚时刻真月亮和视月亮的位置分别在M和M'。黄道和白道与视白道的交点分别为O和O'。

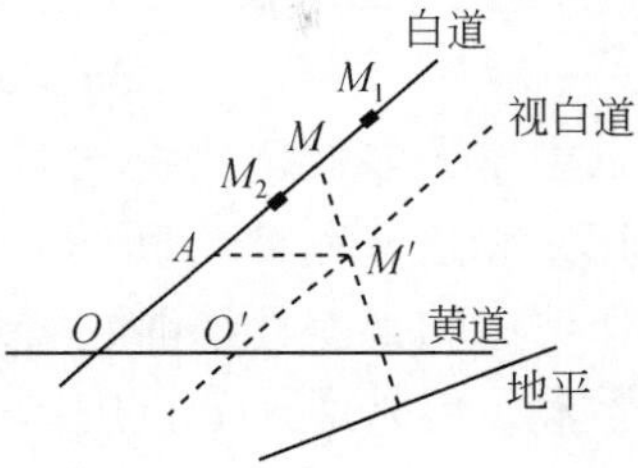

图5-7　食差的天文意义

用Δt、Δq、Δk分别表示时差函数、气差函数和刻差函数。按照中国古代历法家的普遍做法，图5-7中OM_1或OM_2就是定朔时刻月亮离开黄白交点的时间或距离d。事实上，从《宣明历》开始，甚至于从更早的《大衍历》和《麟德历》开始，历法家设立食差算法的目的就是要根据OM_1或OM_2来求出$O'M'$，然后根据$O'M'$的大小来判断是否入食限并计算日食食分的大小。

由于中国古代历法家设计的气差函数和刻差函数均以视食甚时刻的相关数据作为自变量，因此，气差函数和刻差函数的代数和即为

$$MA = \pm\Delta q \pm \Delta k \tag{5-29}$$

从图5-7中容易看出，$O'M'$和MA之间具有如下关系

$$O'M' = OM - MA \tag{5-30}$$

上式中OM即为视食甚时刻月亮离开黄白交点的距离，它和定朔时刻月亮离开黄白交点的距离之间的差就是时差函数Δt，即有

$$OM = OM_1\ (OM_2)\ \pm \Delta t \tag{5-31}$$

又有

$$MA = \pm\Delta q \pm \Delta k \tag{5-32}$$

联合上述各式，即

$$O'M' = OM_1\ (OM_2)\ \pm \Delta t \pm \Delta q \pm \Delta k \tag{5-33}$$

上式中的 $O'M'$ 和 OM_1（OM_2）就相当于我们在前面提到的 d' 和 d，而 $\pm\Delta t\pm\Delta q\pm\Delta k$ 就相当于我们在前文中所提到的 Δe，即

$$\Delta e = \pm\Delta t \pm\Delta q \pm\Delta k \tag{5-34}$$

由于大多数历法将气差和刻差的代数和命名为食差，并将其用于修正 d 和 d' 之间的差值，因此目前学术界在论及中国传统历法中的视差算法时，普遍认为食差算法就是气差和刻差的代数和。但是通过分析中国古代天算学家设计日食食差算法的目的，我们认为食差算法应该是气差、刻差和时差的代数和①，即为

$$\Delta e = \pm\Delta t \pm\Delta q \pm\Delta k \tag{5-35}$$

在宋代的《崇天历》和《观天历》中，食差函数就是气差函数、刻差函数和时差函数三者之间的代数和。《崇天历》在“求日入食限”的术文中称：

> 求日入食限：置入交定日及余秒，以气、刻、时三差定数各加减之，如中日及余秒以下为不食；以上者，减去中日及余秒，如后限以下、前限以上为入食限；后限以下为交后分；前限以上覆减中日，余为交

① 在中国大多数历法中，一般都将气差和刻差的代数和命名为食差。但是这里需要说明的是，我们在本书中所提到的“食差算法”，指的是历法家所设计的由合朔时刻实月亮的去交度计算视食甚时刻视月亮的视去交度的一整套算法。通过我们对各历中相关术文进行详细的解读和分析，我们认为这个算法应该包括气差、刻差和时差三个子算法。但是由于时差算法对“食差算法”的影响不大，因此绝大多数历法在讨论“食差算法”时，一般只考虑气差和刻差，而将时差算法忽略了。现代的学者在论及中国古历中的“食差算法”时，通常的做法都是像古代的历法家那样，只考虑气差和刻差，而完全忽略了时差因素。从算理的角度进行分析，这种做法是不恰当的。因此，为了详细阐明历法家设计该算法的目的，本书中所称的“食差算法”通常指的就是气差、刻差和时差的代数和，但是单纯论及“食差”时，我们一般还是将其看作气差和刻差的代数和。换句话说，狭义的食差指的是气差和刻差的代数和，而广义的食差指的则是气差、刻差和时差的代数和。

前分。①

《观天历》中也有相似的一段术文：

> 求日入食限交前后分：置朔入交定日及余秒，以气、刻、时三差各加减之，如交中日以下为不食；以上去之，如后限以下为交后分；前限以上覆减交中日，余为交前分。②

在上述两段术文中，“时差”指的就是定朔时刻和视食甚时刻之间的时间差 Δt 。但是除了《崇天历》和《观天历》，其他历法在计算 $O'M'$ 时，都忽略了时差函数 Δt ，即这些历法中的食差算法，只是气差函数和刻差函数的代数和，即

$$\Delta e = \pm \Delta q \pm \Delta k \tag{5-36}$$

通过前面的讨论，我们认为《崇天历》和《观天历》中的这一做法，恰恰体现了中国古代日食食差算法的正确意义，而其他历法在修正定朔时刻月亮离开黄白交点的距离时，忽略时差是不可取的。换句话说，从道理上讲，《崇天历》和《观天历》中用气差、刻差和时差的代数和修正“朔入交定日”的做法是对的，其他历法忽略这一点是不对的。

那么，在由定朔时刻月亮到黄白交点的距离 d 推求日食视食甚时刻视月亮到视黄白交点的距离 d' 时，为什么只有《崇天历》和《观天历》考虑了时差函数 Δt 的影响，而其他的历法都忽略了时差函数 Δt 的影响，这其中的原因究竟何在？

通常而言，Δt 的最大值在 2 小时左右，以月亮的平均日行速 13.36875 度/日计算，则月亮在 2 小时内走过的距离为 1.11 度，而当 Δt 在 1 小时左右徘徊的时候，这段距离只有 0.5 度左右。这个距离就相当于图 5-7 中 OM_1 或 OM_2 与 OM 的差值。而 $\pm \Delta q \pm \Delta k$ 的函数值通常在 2 ~ 9 度之间变化，因此，忽略 Δt 而造成

① （元）脱脱．《宋史·律历六》（卷 73）．北京：中华书局．1985．1657.

② （元）脱脱．《宋史·律历十一》（卷 78）．北京：中华书局．1985．1825.

的相对误差一般会达到10% 左右，这个误差对中国古代的历法家是可以接受的，因此中国古代的历法家在实际计算 Δe 时，常常采取忽略 Δt 的做法。尽管在《崇天历》和《观天历》中考虑了 Δt 的影响，但是其他的历法都没有涉及 Δt ，这也从一个侧面表明，中国古代的日食食差算法是一个有缺陷的算法。

这里需要说明的是，食差算法从《纪元历》开始，在气差函数和刻差函数之外，又引入了一个常数 Δe_0 ，至此中国古代日食计算中的食差算法才完全定型，其基本算法可表示为

$$d' = d \pm \Delta t \pm \Delta q \pm \Delta k + \Delta e_0 \quad (5\text{-}37)$$

上式中 d' 和 d 之间的修正项就是我们所谓的更广泛意义上的食差。

2. 日食食差算法的理论模型

利用现代天文学知识，可以建立中国古代日食食差算法的理论模型。由于中国古代的历法家在计算食差时，基本上都忽略了 Δt 的影响，因此历法家仅将气差和刻差的代数和命名为食差，这两个函数的自变量均为日食视食甚时刻的相关数据。为了和历法中的食差结果进行比较，我们建立的食差算法的理论模型也以日食视食甚时刻的相关数据作为自变量。

我们以日食时月亮位于黄白道升交点附近为例，来说明视差对月亮到黄白交点距离的影响。如图5-8所示，黄道和白道交于 O 点，M 为真月亮，由于视差影响，黄道与视白道交于 O' 点，视月亮位于 M' ，分别做 $M'A$ 和 MB 平行于黄道。

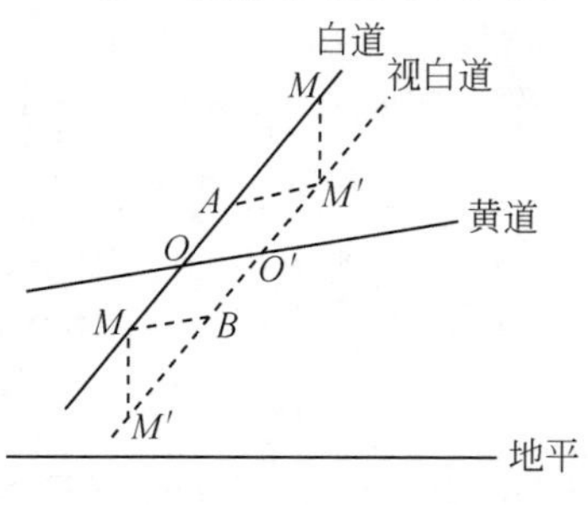

图5-8 食差的理论模型

根据前面的讨论，如果不考虑 Δt 的影响，中国古代日食计算中的食差算法就是历法家为了计算图5-8中的 OM 和

$O'M'$ 之间的差 MA 或者 BM' 而设计的。

显然，当月亮位于黄道北时，OM 和 $O'M'$ 之间的差为 $AM = OM - O'M' = OM - OA$；而当月亮位于黄道南时，OM 和 $O'M'$ 之间的差为 $BM' = O'M' - OM = O'M' - O'B$。

当月亮位于黄道北时，食差会使食甚时刻月亮到黄白交点的距离缩短，而在黄道南，食差则使该距离变长。因此，当月亮位于黄道北时，食差应为负，而当月亮位于黄道南时，食差应为正。但是由于中国古代的历法家所设计的气差函数和刻差函数通常都是正值函数，因此历法家在叙述完气差函数和刻差函数之后，还会给出它们相应的符号法则。

设 z 为月亮的天顶距，p_0 为月球的地平视差，I 表示黄白交角，$\alpha = \angle AM'M$ 表示黄道与过 M 及 M' 的地平经圈的夹角。

根据视差的定义有

$$\widehat{MM'} = p_0 \times \sin z \tag{5-38}$$

在球面三角形 AMM' 中，根据正弦定理有

$$\frac{\sin \widehat{MM'}}{\sin I} = \frac{\sin \widehat{MA}}{\sin \angle MM'A} \tag{5-39}$$

由于球面三角形 AMM' 较小，故可以将其看做平面三角形，又 $\alpha = \angle AM'M$，因此上式可以化简为

$$\frac{\widehat{MM'}}{\sin I} = \frac{\widehat{MA}}{\sin \alpha} \tag{5-40}$$

将 $\widehat{MM'} = p_0 \times \sin z$ 带入上式，可得

$$\widehat{MA} = \frac{p_0 \times \sin z \times \sin \alpha}{\sin I} \tag{5-41}$$

由于 p_0 和黄白交角 I 均为常数，因此只需知道日食食甚时刻月亮的天顶距 z 以及过月亮的地平经圈和黄道的夹角 α，食差 MA 即可求出。由于日食时太阳和月亮均位于黄白交点附近，故它们的天顶距可近似认为相等，因此可以利用太阳的天顶距来代替月亮的天顶距计算食差。

关于食差算法的理论模型，最早由薮内清在《隋唐历法史研究》中给出。① 薮内清建立的模型可表示为如下联立方程组

$$\begin{cases} \sin\delta = \sin\lambda\sin\varepsilon \\ \cos z = \sin\delta\sin\varphi + \cos\delta\cos\varphi\cos h \\ \tan C = (\tan\varepsilon\cos\lambda)^{-1}, 0° \leqslant C \leqslant 180° \\ \sin C' = \dfrac{\sin h\cos\varphi}{\sin z}, -90° \leqslant C' \leqslant 90° \\ \alpha = C - C' \\ \Delta e = \dfrac{p_0 \times \sin z \times \sin\alpha}{\sin I} \end{cases} \tag{5-42}$$

式（5-42）中，λ 和 h 分别为日食食甚时刻太阳的黄经和时角，δ 表示赤纬，φ 表示观测地点的地理纬度，z 表示太阳的天顶距，C' 为星位角，C 为赤经圈和黄道的夹角，α 为黄道和地平经圈的夹角，Δe 即为图 5-8 中的 MA 。

三、日食食差算法的沿革与分期

1.《宣明历》之前的食差算法

公元6世纪中叶，天文学家张子信在研究交食时指出：“合朔在日道里则日食，若在日道外，虽交不亏。月望值交则亏，不问表里。”② 张子信的发现是月亮视差对日食影响的一种直观反映。

经过长期的观测和推算，隋唐时期的历法家发现，有时候根据推算会发生日食却并未观测到日食；有时候根据推算不会发生日食但实际却观测到了日食。由于天文学家的推算均以地心立算，而人在地面进行观测，因此二者之间的差异不可避免。隋唐时期的历法家显然无法合理解释这种现象，但是他们经过

① 薮内清．隋唐历法史研究．东京：三省堂．1944. 107 ~ 126.

② （唐）魏徵．《隋书·天文志中》（卷 20）．北京：中华书局．1973. 561.

长时期的归纳和总结，得出了一些具有浓厚经验色彩的判断日食的方法，称为“应食不食术”和“不应食而食术”。例如，《大业历》在步交会术中就给出了6种判断外道日食的方法和4种内道日食当食不食的判断方法，如表5-6和表5-7所示。①

表5-6　《大业历》外道日食法②

序号	朔日位置	去交时数	合朔加时	食否
1		1时以内		食
2	夏	2时以内	南方3辰	食
3	分至前后12时内	6时以内		食
4	春分前后3日内	后交2时以内		食
5	秋分前后3日内	先交2时以内		食
6	星伏如前	去交3时内		食

表5-6中的“星伏如前”，指的是《大业历》在此之前提到的有星伏的情形，共三种，即木土去见十日外、火去见四十日外和金星伏去见二十二日外。

表5-7　《大业历》内道日不食法

序号	朔日位置	去交时数	合朔加时	食否
1	5月	先交13时外	南方三辰	不食
2	6月	后交13时外	南方三辰	不食
3	启蛰至谷雨	先交13时外	值缩加时在未以西	不食
4	处暑至霜降	后交13时外	值盈加时在巳以东	不食

① （唐）魏徵.《隋书·律历志中》（卷17）. 北京：中华书局. 1973. 454.

② 在中国古代历法中，通常将1日分为12辰，记为子、丑、寅、卯、辰、巳、午、未、申、酉、戌、亥。其中亥、子、丑为北方三辰，寅、卯、辰为东方三辰，巳、午、未为南方三辰，申、酉、戌为西方三辰。此处南方三辰即指巳、午、未三辰，南方四辰即指辰半至酉半共四辰，以此类推。

据刘洪涛研究，这些判断方法大体和实际情况相符。① 但是在刘洪涛的分析中，没有涉及视差的影响，这是不对的。

《皇极历》认为：“其月在日道里，日应食而有不食者；月在日道表，日不应食而有食者。”② 为此，《皇极历》也列出了 9 种应食不食和 8 种不应食而食的判别条件，如表 5-8 和表 5-9 所示。

表 5-8 《皇极历》应食不食表

序号	朔日所在节气	去交辰数	合朔加时
1	夏至 10 日内	12.25 辰	南方 3 辰
2	夏至 20 日内	12.5 辰	南方 3 辰
3	夏至 20 日内	13 辰	辰半至申半南 4 辰
4	闰 4 月，闰 6 月	13 辰以上	南方 3 辰
5	闰 4 月，闰 6 月	13.5 辰以上	南方 4 辰
6	夏至前后 1 月内	12.75 辰	南方 3 辰
7	谷雨后处暑前	13.5 辰以上	南方 3 辰
8	清明后白露前	13.5 辰以上	巳半以西未半以东南 2 辰
9	春分后秋分前	13.5 辰以上	加午 1 辰

表 5-9 《皇极历》不应食而食表

序号	朔日所在节气	去交辰数	合朔加时
1	夏至前后 1 月	2 辰	2 辰
2	夏至前后 1 月	1.5 辰	3 辰
3	夏至前后 1 月	0.5 辰	4 辰
4	夏至前后 46 日	1.5 辰	2 辰
5	夏至前后 46 日	0.5 辰	3 辰
6	谷雨后处暑前	0.5 辰以下	巳少后未太前
7	清明后白露前	0.5 辰以下	2 辰
8	春分后秋分前	0.5 辰以下	1 辰

① 刘洪涛. 古代历法计算法. 天津：南开大学出版社. 2003. 457 ~ 458.

② （唐）魏徵.《隋书 · 律历志下》（卷 18）. 北京：中华书局. 1973. 486.

与《大业历》所给判别条件相比，《皇极历》的条件更为具体一些。据陈美东研究，《皇极历》中给出的这些判别条件都定性地与月亮视差对日食的影响的原理相符合。① 王应伟在《中国古历通解》中也认为，这些判断条件和视差也有几分暗合。②

《大业历》和《皇极历》中所列举的判别应食不食术和不应食而食的条件均和节气、合朔加时和去交辰数等三个因素相关。《大业历》和《皇极历》中给出的这些判别条件，可以视为隋代天文学家自觉研究视差算法的开始，以后的历法家正是在这些带有浓厚经验总结色彩的基础上，不断取得进步，最终比较成功地解决了视差对日食的影响问题，从而极大地提高了日食计算的水平。

隋唐时期的历法家在提出“应食不食术”和“不应食而食术”的同时，开始有意识地设计具体的算法来修正月亮到黄白交点的距离，得到视月亮到视黄白交点的距离，并将其用于日食食分的计算。

张胄玄在《大业历》中首先设计了一个算法，称为“气差算法”，用于计算“朔入交定余”。③ 根据“入交定余”的大小，确定月亮在交道内外以及先交后交等位置关系。在《大业历》中，月亮在定朔时离开黄白交点的距离称为“朔入交余”，视月亮离开视黄白交点的度距称为“朔入交定余”，它们二者之间的关系为

$$\text{朔入交定余} = \text{朔入交余} \pm \text{气差} \qquad (5\text{-}43)$$

根据《大业历》术文，上式中的气差算法可列为下表（表5-10）。（《大业历》将一日分为391 248分）

① 陈美东. 古历新探. 沈阳：辽宁教育出版社. 1998. 380.

② 王应伟. 中国古历通解. 沈阳：辽宁教育出版社. 1998. 404.

③ （唐）魏徵.《隋书 · 律历志中》（卷17）. 北京：中华书局. 1973. 452～453.

表 5-10　《大业历》中气差算法

朔望位置	气差函数	气差符号
小寒—启蛰	1380 × 去小寒日数	正
启蛰—谷雨	63600	正
谷雨—芒种	1380 × 去芒种日数	正
小暑—白露	900 × 去小暑日数	负
白露—立冬	55000	负
立冬—大雪	1770 × 去大雪日数	负

可以看出，《大业历》中的气差函数在冬至—小寒、芒种—小暑和大雪—冬至等三个区间内没有函数值。在做了这种大体的修正后，《大业历》又以小字注的形式进行了新的修正，二次修正的判别条件较为繁琐，且带有浓厚的经验色彩。①

《戊寅元历》中的气差算法，在表述方式上和《大业历》有些类似，但在节气的划分上则有所差异。②《戊寅元历》中的气差算法可列为表 5-11。

表 5-11　《戊寅元历》中的气差算法

朔望位置	气差函数	气差符号
入冬至气内	0（依平为定）	正
小寒—立春	1650 × 去小寒日数	正
启蛰—清明	76100	正
清明—小满	76100 − 1380 × 去清明日数	正
芒种—夏至	0（依平为定）	正
小暑—处暑	1200 × 去小暑日数	负
白露—霜降	95820	负
立冬—小雪	63300 − 2110 × 去立冬日数	负
入大雪气内	0（依平为定）	负

① 刘洪涛对此有较为详细的论述。

② （后晋）刘昫．《旧唐书 · 历志一》（卷32）．北京：中华书局．1975. 1161 ~ 1162.

《皇极历》中虽然没有提出明确的“气差函数”，但在求日食食分的算法[①]中，给出了一个修正去交余的法则，这个法则的作用和《大业历》中的气差函数相当。[②]《皇极历》中的修正法则是以表格的形式给出的，因此可称之为一个“准食差表”。

张胄玄的“气差算法”仅仅考虑了节气的因素，那么在刘焯的《皇极历》“准食差表”中，已经同时考虑了节气和时角的影响。[③] 因此，就自变量的完备性来看，《皇极历》中的算法较《大业历》算法确实有明显的进步。

但是就总体来看，《皇极历》中的“准食差表”仍然存在许多问题。例如，刘焯设计的“准食差表”在每个节气的午前午后都是对称的，这和实际情况显然不符，因为我们知道食差只有在二至才关于午正对称，而在其他节气则没有这种规律性；另外，当月亮运行在黄道北时，视差的影响总会使月亮下降，从而导致视月亮到视黄白交点的距离变小，进一步使日食的食分变大，但是刘焯的“准食差表”并未反映出这种规律性。

《皇极历》中的“准食差表”虽然将影响食差的最主要的两个因素考虑了进去，但由于该“准食差表”仍然存在着许多问题，因此它对正确推求食分基本起不到任何有益的作用。不过刘焯明确指出，食差的影响效果在黄道南北是不同的，这一点则是非常难能可贵的。

刘焯的思想被李淳风的《麟德历》所继承，《麟德历》中的日食食分算法也分月在黄道北（内道）和月在黄道南（外道）两种情形分别讨论，而且《麟德历》在《皇极历》“准食差表”的基础上，给出了一个比较简洁的算法，并将其称为

---

① （唐）魏徵等.《隋书·律历志下》（卷18）. 北京：中华书局. 1973. 487～488.

② 陈美东. 古历新探. 沈阳：辽宁教育出版社. 1995. 375.

③ 此表采自：陈美东. 古历新探. 沈阳：辽宁教育出版社. 1995. 378.

“食差”。其术文称：

> 朔交，月在内道，入冬至毕定雨水，及毕秋分毕大雪，皆以五百五十八为食差。入春分，日损六分，毕芒种，入夏至，日益六分，毕白露，以食差减去交分；不足减者，返减食差，为不食分。其不食分，自小满毕小暑，加时在午正前后七刻外者，皆减一时；三刻内者，加一时。大寒毕立春交前五时外，大暑毕立冬交后五时外者，皆减一时；五时内者，加一时。诸加时食差应减者，交后减之，交前加之；应加者，交后加之，交前减之。不足减者，皆既；加减入不食限者，或不食。
>
> 月在外道，冬至初日，无食差。自后日益六分，毕于雨水。入春分，毕白露，皆以五百二十二为差。入秋分，日损六分，毕大雪。以差加去交分，为食分。以减后准，余为不食分。十五约食差，以减百四，为定法。其不食分，如定法得一，以减十五，余得曰食分。①

由术文可以看出，《麟德历》中食差函数总体来说只随节气变化，尽管当月亮在黄道北时，所做的二次修正和去交时数与距午加时有关，但没有形成明确的算法。通过分析《麟德历》中的食分算法，容易发现《麟德历》中的食差改正和距午加时改正项对日食食分的影响和前述视差对日食的影响效果基本吻合，但是去交改正项则是一项没有科学根据的改正项。

《麟德历》规定食差的符号在黄道北为负，在黄道南为正，这种认识是正确的，这也是《麟德历》食差算法较以前各历进步的主要表现。但是《麟德历》中的食差算法只在部分节气内讨论了距午加时对去交分的影响，而且其中还涉及一项和去交前后有关的改正，所有这些都是《麟德历》中食差算法存在的弊端。

---

① （宋）欧阳修，宋祁．《新唐书·历二》（卷26）．北京：中华书局．1975．573～574.

毫无疑问，自张子信发现视差现象以后，他的两个主要追随者张胄玄和刘焯各自在其历法著作中都开始自觉地关注这一课题，尽管他们的工作较为粗糙，并且带有很大的经验色彩，但他们的工作无疑是对张子信重大发现的深化和丰富。

唐代僧一行《大衍历》（公元729~761年）在《麟德历》的思路下，更加明确了月行阴阳历的思想，并首次提出了阴历食限和阳历食限的概念，不仅如此，《大衍历》还首次以表格的形式给出了一张食差表，称为差积表（表5-12）。

表5-12　《大衍历》差积表

定气	增损差	差积	定气	增损差	差积	定气	增损差	差积
冬至	增10	0	谷雨	增50	220	处暑	损45	220
小寒	增15	10	立夏	增55	270	白露	损40	175
大寒	增20	25	小满	增60	325	秋分	损35	135
立春	增25	45	芒种	增65	385	寒露	损30	100
雨水	增30	70	夏至	增65	450	霜降	损25	70
惊蛰	增35	100	小暑	损60	385	立冬	损20	45
春分	增40	135	大暑	损55	325	小雪	损15	25
清明	增45	175	立秋	损50	270	大雪	损10	10

一行设计该表的用途就是为了修正定朔时刻月亮的去交分，以用于判断是否有日食发生和日食食分大小的计算。下面的术文交代了这种用途：

> 阴历蚀差千二百七十五，蚀限三千五百二十四，或限三千六百五十九。阳历蚀限百三十五，或限九百七十四。以蚀朔所入气日下差积，阴历减之，阳历加之，各为朔（蚀）定差及定限。朔在阴历，去交定分满蚀定差已上者，为阴历蚀。不满者，虽在阴历，皆类同阳历蚀。其去交定分满定限已下者，的蚀。或限

已下者，或蚀。①

术文中，阴历蚀限3524和阴历或限3659分别指的是月亮在黄道北时日食的必偏食限和可偏食限，而阳历蚀限135和阳历或限974分别指的是月亮在黄道南时日食的必偏食限和可偏食限。这几个数据的单位均为日分，其实就是用定朔时刻月亮离开黄白交点的时间来表示日食的食限，若要将其化为相应的度数，只需除以日法3040化为日，再乘以月亮在一日内走过的距离即可。但是在《大衍历》中是用另外的方法将去交分化为相应的度数的，这个方法就是“十一乘之，二千六百四十三除”。②按照这种算法，我们可以得到朔在阴历时的不偏食限和必偏食限分别是15.23度和14.67度，朔在阳历时的不偏食限和必偏食限分别是4.05度和0.56度。从《大衍历》所给日食食限来看，一行显然已经认识到视差会对日食食限产生很大的影响。这种影响最突出的表现就是，月亮运行在黄道北时，食限较大，而运行在黄道南时，食限较小。

术文中阴历蚀差1275为一个常数，将其化为相应的度数为5.31度。由差积表中，冬至气下的差积为0，可知1275就是冬至的食差。若设某气的食差为Δe，该气相应的差积为Δc，则根据术文有

$$\Delta e = 1275 - \Delta c \tag{5-44}$$

上式中Δc可通过查《大衍历》差积表（表5-12），利用二次内插法求得。

按理，决定食差大小的因素，除了节气以外，时角也是一个重要的因素，而且时角对食差大小的影响比黄经更为强大，

① （宋）欧阳修，宋祁．《新唐书·历四下》（卷28下）．北京：中华书局. 1975. 671～672.

② （宋）欧阳修，宋祁．《新唐书·历四下》（卷28下）．北京：中华书局. 1975. 668.

但是在《大衍历》所给出的食差算法中，我们并没有发现我们所希望看到的时角因素。当然，如果在时角给定的情况下，冬至的食差会大一些，而离夏至越近，食差渐小，《大衍历》中的食差表也确实较好地反映了这一点。

陈美东通过对《大衍历》差积表的研究，认为大衍历日食食分算式和24节气食差表是大体正确地反映了月亮视差对日食食分的影响[①]，他通过将《大衍历》中食差表与午正时的理论结果比较，发现其误差在靠近冬至时较大，而靠近夏至时较小，其平均误差为2°.01。[②] 王应伟则指出，在计算食差时不去考虑时角因素，是《大衍历》美中不足之处。[③]

虽然《大衍历》的食差表格没有考虑时角因素，但是一行首次指出，不同地理纬度的地方，食差是不同的，他在《大衍历》中所建立的九服[④]食差算法就是为了求纬度不同的地方的食差而设计的，其术文称：

> 九服之地，食差不同。先测其地二至及定春、秋分中晷长短，与阳城每日中晷常数较取同者，各因其日食差为其地二至及定春、秋分食差。[⑤]

这段术文是说，要求九服之地的食差，必须先定该地二分二至的食差，其方法就是实测该地二分二至的中午晷影的长度，与阳城[⑥]每日午中晷影比较，取晷影相同之日的食差即为九服之地二分二至的食差，然后利用等间距二次内插法来求出各气各

---

① 陈美东．中国科学技术史·天文学卷．北京：科学出版社．2003．382．

② 陈美东．一行．见：金秋鹏主编．中国科学技术史·人物卷．北京：科学出版社．1998．286．

③ 王应伟．中国古历通解．沈阳：辽宁教育出版社．1998．285．

④ 古代天子所占疆域之外，有候服，甸服，要服等名称，谓之九服，因其沿用久之，于是唐代在阳城以外地，均称九服。

⑤ （宋）欧阳修，宋祁．《新唐书·历四下》（卷28下）．北京：中华书局．1975．673．

⑥ 阳城在河南洛阳的东南，纬度为北纬34°26′。

日的食差。一行的方法显然是比较粗糙的，但是他能够认识到“九服之地，食差不同”这一点还是非常难能可贵的。

《五纪历》[①] 在历术方面的法数及术文，几乎和《大衍历》全同。《新唐书》对此有较为详细的说明，并记载了《五纪历》改革《大衍历》的九个方面，即所谓的“其与大衍小异者九事”。但在交会术一章，特别是食差对去交分的修正上，二历表现出截然不同的风格。《大衍历》的做法是，以差积表格的形式间接给出了二十四气的食差表，然后用食差修正去交分，将所得结果用于食分的计算。而《五纪历》并未采用《大衍历》的做法，而是给出了一个函数，[②]《五纪历》用“太阳每日蚀差定数”修正去交分时，其大体思路和《大衍历》一样，即月在阴历时，食差的符号为负，月在阳历时，食差的符号为正。但除此而外，还加进了另外一些因素，这些因素包括月在阴历或阳历、所值节气、交前或交后、去交辰数、距午加时等几个方面。很明显，《五纪历》的做法和隋代历法中的做法比较类似。《五纪历》所设计的方案虽然没有形成明晰的算法，并且带有很大的经验色彩，但是它再一次给以后的历法家提供了一个全新的思路：蚀差除了跟季节（黄经）有关，还和其他一些因素相关，例如距午加时等。

除小有改革外，《正元历》[③] 几乎完全沿袭《五纪历》，因此，《新唐书·历五》不载其术文而仅载法数。从蚀差的构造思路来看，二历术文几乎完全相同，其差异仅在二历所取数值略有差异。

---

① 《五纪历》，唐郭献之制成于公元762年，行用年代公元762～783年，见载于《新唐书历志》。

② （宋）欧阳修，宋祁．《新唐书·历五》（卷29）．北京：中华书局．1975. 706.

③ 唐徐承嗣作于公元783年，行用年代为公元784～806年，见载于《新唐书·历五》。

2. 从《宣明历》到《崇天历》之前的食差算法

经过历法家二百余年不断的探索和努力，唐代中叶的历法家徐昂终于在其《宣明历》中第一次给出了食差的公式化算法。

《宣明历》基本是《大衍历》的沿袭，“其气朔、发敛、日躔、月离，皆因大衍旧术；晷漏、交会，则稍增损之；更立新数，以步五星。”① 但是《宣明历》首创的日食三差算法开创了中国古代日食计算的新篇章。徐昂在《宣明历》中，设计了气差算法和刻差算法，并将二者的代数和称为食差。《新唐书·历六上》记载了《宣明历》的气差算法和刻差算法：

> 凡日食，有气差，有刻差，有加差。二至之初，气差二千三百六十六。距二至前后，每日损二十六，至二分而空。以日出没辰刻距午正刻数，约其朔日气差，以乘食甚距午正刻数。所得，以减气差，为定数。春分后，阴历加之，阳历减之；秋分后，阴历减之，阳历加之。
>
> 二至初日，无刻差。自后每日益二，小分十。起立春至立夏，起立秋至立冬，皆以九十四分有半为刻差。自后日损差分二，小分十，至二至之初损尽。以朔日刻差乘食甚距午正刻数，为刻差定数。冬至后食甚在午正前，夏至后食甚在午正后，阴历以减，阳历以加；冬至后食甚在午正后，夏至后食甚在午正前，阴历以加，阳历以减。
>
> 又立冬初日后，每气增差十七。至冬至初日，得五十一。自后，每气损十七，终于大寒，损尽。若食甚在

---

① （宋）欧阳修，宋祁．《新唐书·历六上》（卷30上）．北京：中华书局．1975．739．

午正后，则每刻累益其差，阴历以减，阳历以加。①

设朔日距离冬至或夏至的日数为 x ，朔日昼刻为 d 刻，将其折半即为日出或日没辰刻距离午正的刻数，食甚距午正刻数为 w^* 刻，并设气差定数和刻差定数分别为 Δq 和 Δk ，则依术文

$$\Delta q = (2366 - 26x) \times (1 - \frac{w^*}{d/2}) \tag{5-45}$$

$$刻差 = \begin{cases} 2.1x, x < 45 \\ 94.5, x = 45 \end{cases} \tag{5-46}$$

$$\Delta k = 刻差 \times w^* \tag{5-47}$$

《宣明历》气差算法和刻差算法对后世历法家产生了深远的影响，随后的历法家纷纷仿效。在《应天历》② 中，气差称为“黄道定分”，刻差称为“赤道定分”，其自变量均为距离二至日数和食甚距午正刻数。在《乾元历》中，气差被称为晷差，刻差被称为离差。在《仪天历》中，气差被称为赤道食差，刻差被称为黄道食差。

3. 从《崇天历》到《纪元历》之前的食差算法

气差算法和刻差算法是在《崇天历》中定型的，此后的算法在形式上基本和《崇天历》相同，没有任何实质的变化。

《崇天历》中的气差算法称：

> 置其朔中积，满二至限去之，余在一象限以下为在初；以上，覆减二至限，余为在末；皆自相乘，进二位，满二百三十六除之，用减三千五百三十三，为气差；以乘距午定分，半昼分而一，所得，以减气差，为定数。春分后，交初以减，交中以加；秋分后，交

① （宋）欧阳修，宋祁.《新唐书·历六上》（卷30上）. 北京：中华书局. 1975. 742.

② （元）脱脱等.《宋史·律历二》（卷69）. 北京：中华书局. 1985. 1544.

初以加，交中以减。①

设朔日距离二至中较近的一个日数为 x，则有

$$\Delta q = 气差 - \frac{气差 \times 距午定分}{半昼分}$$

$$= \left(3533 - \frac{100x^2}{236}\right) \times \left(1 - \frac{2w^*}{d}\right) \quad (5\text{-}48)$$

若记 a 为一个象限的度数，则上式可以化简为

$$\Delta q \approx \frac{1}{3} \times \left(1 - \frac{x^2}{a^2}\right) \times \left(1 - \frac{2w^*}{d}\right)(日) \quad (5\text{-}49)$$

《崇天历》中的刻差算法称：

求刻差：置其朔中积，满二至限去之，余，列二至限于下，以上减下，余以乘上，进二位，满二百三十六除之，为刻差；以乘距午定分，四因之，枢法而一，为定数。冬至后食甚在午前，夏至后食甚在午后，交初以加，交中以减；冬至后食甚在午后，夏至后食甚在午前，交初以减，交中以加。②

依术文有

$$\Delta k = \frac{刻差 \times 4 \times 距午定分}{枢法}$$

$$= \frac{400x \times (2a - x) \times w^*}{236 \times 10590}$$

$$\approx \frac{x(2a - x)}{3a^2} \times 4w^*(日) \quad (5\text{-}50)$$

此后各历气差算法和刻差算法在形式上完全同于《崇天历》，基本上没有任何实质的变化。《观天历》③ 中的算法就其

① （元）脱脱等．《宋史·律历六》（卷73）．北京：中华书局．1985. 1656.

② （元）脱脱等．《宋史·律历六》（卷73）．北京：中华书局．1985. 1656～1657.

③ 宋皇居卿撰，历成年代1092年，行用年代1094～1102，见载于《宋史律历志》。

表述方式而言，虽和《崇天历》略有不同，就算法模型和构造而言，和《崇天历》完全一样。二者之间的一个细微差别是，《崇天历》以象限来衡量，而《观天历》则以盈初缩末限衡之，然大体无异。

4.《纪元历》及其以后的食差算法

《纪元历》中气差算法和刻差算法跟《崇天历》中的完全一样，只是由于二历的日法不同而导致算法中一些系数不同。限于篇幅，我们不详细引录原文，只将其算法罗列如下。

设 x 为朔日距离冬至或夏至的日数，a 为一象限之度数，则《纪元历》中的气差算法和刻差算法可分别表示如下

$$\Delta q = \left(2430 - \frac{100x^2}{343}\right) \times \left(1 - \frac{2w^*}{d}\right)$$

$$\approx 2430 \times \left(1 - \frac{x^2}{a^2}\right) \times \left(1 - \frac{2w^*}{d}\right) \qquad (5\text{-}51)$$

$$\Delta k = \frac{200x(2a - x) \times w^*}{343 \times 7290/2}$$

$$\approx \frac{x(2a - x)}{3a^2} \times 4w^* \qquad (5\text{-}52)$$

《纪元历》是宋代一部非常具有代表性的历法。《纪元历》中的食差算法影响了南宋几乎所有的历法。这些历法在叙述气差算法和刻差算法的时候，均称“法同前历，此不载”，这里所说的前历，即指《纪元历》。

不仅南宋的历法如此，元代《授时历》中的气差算法和刻差算法，就其本质而言，也同于《纪元历》。唯一不同的是，《纪元历》中的气差函数和刻差函数用来修正时间，其单位为日分，而《授时历》中的气差函数和刻差函数用来修正距离，其单位为度。由于二者的这一差别，我们将《授时历》中与气差

算法和刻差算法相关的术文引录如下。① 在《授时历》中，气差被称为“南北差”，其术文称：

视日食甚入盈缩历定度，在象限已下，为初限；已上，用减半岁周，为末限；以初末限度自相乘，如一千八百七十而一，为度，不满，退除为分秒；用减四度四十六分，余为南北凡差；以距午定分乘之，以半昼分除之，所得，以减凡差，为定差。(凡差不及减者，反减之为定差，应加者减之，应减者加之。)②

设 x 为朔日距离二至中较近的一个日数，w^* 为距午定分，则有

$$\begin{aligned}\Delta q &= \text{南北凡差} - \frac{\text{南北凡差} \times w^*}{d/2} \\ &= \left(4.46 - \frac{x^2}{1870}\right) \times \left(1 - \frac{2w^*}{d}\right)(\text{度}) \\ &\approx 4.46\left(1 - \frac{x^2}{a^2}\right) \times \left(1 - \frac{2w^*}{d}\right)(\text{度}) \\ &\approx \frac{1}{3}\left(1 - \frac{x^2}{a^2}\right) \times \left(1 - \frac{2w^*}{d}\right)(\text{日}) \qquad (5\text{-}53)\end{aligned}$$

在实际情况中，若出现凡差不及减的情形，则上式需变号，但此时，符号规则和前一情形相反，即如术文中所言“应加者减之，应减者加之。”不难看出，《授时历》这样处理的目的，无非是想让南北定差成为一个正值函数而已。

《授时历》中，刻差被称为“东西差”，其术文称：

求东西差：视日食甚入盈缩历定度，与半岁周相减相乘，如一千八百七十而一，为度，不满，退除为

① 由于以时间为单位的气差和刻差乘以月亮每日的运行度数，即可将其换算为相应的度距，因此，以时间或者度距作为气差和刻差的单位，其本质是没有任何差别的。

② （明）宋濂等．《元史·历四》（卷55）．北京：中华书局．1976. 1239.

分秒，为东西凡差；以距午定分乘之，以日周四分之一除之，为定差（若在凡差已上者，倍凡差减之，余为定差，依其加减）。①

依术文意，若设半岁周之度数为 $2a$ ，a 为一象限之度数，则有

$$\Delta k = \frac{\text{东西凡差} \times w^*}{1870} = \frac{x(2a - x) \times w^*}{1870 \times 2500}$$
$$\approx 4.46 \times \frac{x(2a - x) \times w^*}{2500a^2} = \frac{x(2a - x)}{3a^2} \times 4w^* \tag{5-54}$$

一般来说，总有 $w^* < 2500$ ，若 $w^* > 2500$ ，则刻差函数可表示如下

$$\text{东西定差} = 2 \times \text{东西凡差} - \frac{\text{东西凡差} \times w^*}{2500}$$
$$= 4.46 \times \frac{x(2a - x)}{a^2} \times (\frac{5000 - w^*}{2500}) \tag{5-55}$$

明代行用的《大统历》，见载于《明史》，该历求南北差和东西差的术文基本上同于《授时历》，只在符号选择的叙述方式上，有一点差异，但本质完全相同。限于篇幅，此处不再赘述。

这里特别值得一提的是，《纪元历》及其以后的历法中的气差算法和刻差算法虽然模型均同于《崇天历》中的算法，但是食差算法从《纪元历》开始，又发生了一个重大的转折，这就是《纪元历》在修正定朔时刻月亮离开黄白交点的距离时，在气差函数和刻差函数之外，又附加了一个食差常数。其术文称：

求朔入交定日：置朔入交常日及余秒，以气刻差定数各加减之，交初加三千一百，交中减三千，为朔入交定日及余秒。②

① （明）宋濂等.《元史·历四》（卷55）. 北京：中华书局. 1976. 1239.

② （元）脱脱等.《宋史·律历十三》（卷80）. 北京：中华书局. 1985. 1882.

术文中，“朔入交常日及余秒”指的就是定朔时刻月亮离开黄白道降交点或升交点的时间，“朔入交定日及余秒”指的就是视食甚时刻月亮离开黄白道降交点或升交点的时间。“交初加三千一百，交中减三千”的意思，就是说如果合朔发生在黄白道降交点附近，则需要在气差函数和刻差函数的代数和之外，再加上3100，如果合朔发生在黄白道升交点附近，则需要在气差函数和刻差函数的代数和之外，再减去3000。这里的3100和3000是两个常数，其单位为日分。按《纪元历》日法为7290，若设月亮的平均运动速度为13.36875度/日，则这两个常数对应的度距分别为5.68度和5.50度。

由于《纪元历》中的食差算法完全被南宋的历法所沿袭，因此南宋诸历中所采用的食差常数应和《纪元历》中的相同。但在《授时历》中，食差常数变为6.15度，由于该常数会随地理纬度的增大而增大，因此《授时历》中所采用的食差常数大于《纪元历》中的常数，应该是情理中的事。

从某种意义上说，《纪元历》中食差常数的引入，标志着中国古代日食食差算法的真正成熟。此后，中国古代日食计算中的食差算法才算完全定型。若设定朔时刻月亮离开黄白交点的时间为T，视食甚时刻视月亮离开视黄白交点的时间为T'，则T和T'之间的关系可以表示如下：

$$T' = T \pm \Delta t \pm \Delta q \pm \Delta k + \Delta e_0 \tag{5-56}$$

上式中Δe_0表示食差常数，T和T'之间的修正项就是我们所谓的更广泛意义上的食差。需要指明的是，上式中的Δt在绝大多数历法中被忽略，但是在《观天历》和《崇天历》中我们看到了这一项修正。另外，上式中的食差常数Δe_0只在《纪元历》及其以后的历法中才出现，以前的历法均没有涉及该常数。

四、食差算法中的符号

由于历法家所设计的气差函数和刻差函数均为正值函数，

因此他们在叙述完气差算法和刻差算法之后，通常都要给出相应的符号，这个符号通常和所值节气（和黄经相关）、午前或午后（和时角相关）以及在降交点还是升交点等因素有关。由于食差是气差函数和刻差函数的代数和，因此，气差函数和刻差函数的符号选择将直接影响到食差的大小，并进而影响到日食食分的计算。

在最初的《麟德历》和《大衍历》中，就已经开始讨论食差的符号，并给出了大体正确的法则。《麟德历》规定，气差在阴历为“-”，在阳历为“+”。由于《麟德历》中的去交分意为月亮离开黄白交点的距离，并不具有矢量意义，因此当日食时月在阴历，气差的效果将会使去交分变小，而当月在阳历时，则使去交分增大，这和食差对月亮去交分的影响是完全一致的。换句话说，《麟德历》所给的法则大体是正确的。

《大衍历》则称：

> 以蚀朔所入气日下差积，阴历减之，阳历加之，各为朔（蚀）定差及定限。①

可见，《大衍历》中关于食差的符号也是阴历为“-”，阳历为“+”，这和《麟德历》中的符号法则是一致的。

自徐昂在《宣明历》中首创完整的日食三差算法之后，其气差函数和刻差函数的符号法则也相应发生了很大的变化。《宣明历》在叙述完气差和刻差算法以后，给出了气差函数和刻差函数的符号。其术文称：

> ……所得，以减气差，为定数。春分后，阴历加之，阳历减之；秋分后，阴历减之，阳历加之。
>
> ……为刻差定数。冬至后食甚在午正前，夏至后食甚在午正后，阴历以减，阳历以加；冬至后食甚在

---

① （宋）欧阳修，宋祁．《新唐书·历四下》（卷28下）．北京：中华书局，1975. 671～672

午正后，夏至后食甚在午正前，阴历以加，阳历以减。①

上述这两段术文给出了气差函数和刻差函数的符号，根据术文，我们可以将其列为表5-13和表5-14。

表5-13　《宣明历》中气差函数符号

	阴历	阳历
春分后	+	−
秋分后	−	+

表5-14　《宣明历》中刻差函数符号

		阴历	阳历
夏至后	午正前	+	−
	午正后	−	+
冬至后	午正前	−	+
	午正后	+	−

《宣明历》在叙述完气差函数和刻差函数的符号之后，又给出了利用它们来修正月亮的去交分的具体方法：

应加减差，同名相从，异名相消，各为食差。以加减去交分，为定分。月在阴历，不足减，反减食差。交前减之，余为阳历交后定分；交后减之，余为阳历交前定分：皆不食。阳历不足减，亦反减食差。交前减之，余为阴历交后定分；交后减之，余为阴历交前定分：皆食。②

这段术文是说，气差和刻差的代数和称为食差，食差就是

① （宋）欧阳修，宋祁，《新唐书·历六上》（卷30上）．北京：中华书局．1975. 742.

② （宋）欧阳修，宋祁．《新唐书·历六上》（卷30上）．北京：中华书局．1975. 742.

用来修正月亮去交分的。即：

$$去交定分 = 去交分 \pm \Delta e \tag{5-57}$$

其中，Δe 总为正值函数。术文又说，如果月在阴历，出现食差为负，但是其绝对值大于去交分的时候，这时候月亮的视位置应在阳历；如果月在阳历，而出现这种情形，则月亮的视位置在阴历。显然这是不正确的，因为月在阴历时，视差的影响可能会使月亮的视位置落在阳历，但是月在阳历时，视差的影响不会使它的视位置落在阴历。

《宣明历》中气差函数和刻差函数的符号被《应天历》所继承，但是《应天历》中的表述方式稍有差别。在《应天历》中，气差和刻差分别被称为赤道差和黄道差。其赤道差符号为“盈初缩末内减外加，缩初盈末内加外减”。其黄道差的符号为“入盈，以定分午前内减外加，午后内加外减；入缩，以定分午前内加外减，午后内减外加”。由于在中国古代历法中，“春分后”指的就是缩初盈末，“秋分后”指的就是盈初缩末，而阴历和内道都是指月亮运行在黄道北，阳历和外道都是指月亮运行在黄道南，因此《应天历》和《宣明历》中的气差符号和刻差符号，本质上是一致的。《应天历》之后的《乾元历》和《仪天历》中对气差和刻差的称谓都有所不同，其符号法则的表述方式也略有差异，但是就气差函数和刻差函数的符号法则是完全一致的，此处不再赘述。

从《崇天历》开始，气差函数和刻差函数的符号规则，在表达方式上发生了很大的变化。在叙述完气差算法后，其术文称：

> 春分后，交初以减，交中以加；秋分后，交初以加，交中以减。①

在叙述完刻差算法后，其术文称：

> 冬至后食甚在午前，夏至后食甚在午后，交初以

① （元）脱脱等．《宋史·律历六》（卷73）．北京：中华书局．1985. 1656.

加，交中以减；冬至后食甚在午后，夏至后食甚在午前，交初以减，交中以加。①

依之，可将《崇天历》中气差函数和刻差函数的符号列表如表 5-15 和表 15-16。

表 5-15　《崇天历》中的气差函数符号

	交初	交中
春分后	−	+
秋分后	+	−

表 5-16　《崇天历》中的刻差函数符号

		交初	交中
冬至后	午前	+	−
	午后	−	+
夏至后	午前	−	+
	午后	+	−

《观天历》之气差函数符号和刻差函数符号完全同于《崇天历》,《纪元历》中的刻差函数符号也和《崇天历》中的一致，但气差函数的符号稍有差别，其术文称：

在冬至后末限，夏至后初限，交初以减，交中以加。夏至后末限，冬至后初限，交初以加，交中以减。②

由于在中国古代历法中，所谓的“秋分后”指的就是冬至后初限夏至后末限，亦称盈初缩末限；“春分后”指的就是冬至后末限夏至后初限，亦称盈末缩初限。因此，《崇天历》、《观天历》和《纪元历》中气差函数和刻差函数的符号，与《宣明历》中的符号是完全一致的，由于南宋诸历中的食差算法皆沿袭《纪

① （元）脱脱等．《宋史・律历六》（卷 73）．北京：中华书局．1985. 1657.

② （元）脱脱等．《宋史・律历十三》（卷 80）．北京：中华书局．1985. 1882.

元历》中的算法，因此这些历法中气差函数和刻差函数的符号都和《纪元历》中的一致。《授时历》中气差和刻差函数的符号叙述方式和《纪元历》等历法虽有很大区别，但其本质还是一样的。《大统历》中气差函数和刻差函数的符号和《授时历》一致，但《大统历》中的叙述要比《授时历》简洁一些。

为了更清楚地了解气差和刻差函数的符号，我们以比较具有代表性的《纪元历》中的符号为例，来分析气差和刻差的符号。《纪元历》和大多数传统历法一样，也以“交初”为降交点，“交中”为升交点。但是《纪元历》在叙述气差和刻差函数时所称的“交初”和“交中”并不是单纯指降交点和升交点，而分别指的是降交点和升交点附近。这一点，我们可以从《纪元历》和《崇天历》的相关术文中得到验证，《纪元历》中对“交初”和“交中”的解释如下：

> 近交初为交初，在二十六日、二十七日为交初；近交中为交中，在十三日、十四日为交中。①

《崇天历》在求“月行入阴阳历”的术文中对“交初”和“交中”也有一个明确的说明：

> 求月行入阴阳历：视其朔入交定日及余秒，在中日及余秒以下者为月在阳历；如中日及余秒以上者，减去之，为月在阴历。凡入交定日，阳初阴末为交初，阴初阳末为交中。②

从上述所引两段术文，我们可以明确如下事实：《纪元历》在叙述气差和刻差函数时所称的“交初”指的是降交点附近，“交中”指的是升交点附近。因此，《纪元历》术文中所称“交

---

① （元）脱脱等.《宋史·律历十三》（卷80）. 北京：中华书局 . 1985. 1880.

② （元）脱脱等.《宋史·律历十三》（卷80）. 北京：中华书局 . 1985. 1655.

初以减”的意思是说，当合朔时月亮运行在黄白道降交点附近的时候，气差或刻差的符号为“－”；“交中以加”的意思是说，当合朔时刻月亮在黄白道升交点附近，气差或刻差的符号取“＋”。也就是说，术文中所谓的“交初”指的是阴历交前和阳历交后两种情形，此时月亮并不一定运行在黄道下方；“交中”指的是阴历交后和阳历交前两种情形，此时月亮也并不一定运行在黄道上方。

按照我们对“交初以减”和“交中以加”的解释，可以列出《纪元历》中当月亮运行在降交点附近和升交点附近时气差函数和刻差函数的符号，见表5-17。

表5-17　《纪元历》中合朔在黄白道降交点附近（交初）的气差和刻差符号表

太阳的黄经	春分—夏至	夏至—秋分	秋分—冬至	冬至—春分
λ	0°～90°	90°～180°	180°～270°	270°～360°
夜半—日出	$\Delta q+\Delta k$	$\Delta q-\Delta k$	$-\Delta q-\Delta k$	$-\Delta q+\Delta k$
日出—正午	$-\Delta q+\Delta k$	$-\Delta q-\Delta k$	$\Delta q-\Delta k$	$\Delta q+\Delta k$
正午—日落	$-\Delta q-\Delta k$	$-\Delta q+\Delta k$	$\Delta q+\Delta k$	$\Delta q-\Delta k$
日落—夜半	$\Delta q-\Delta k$	$\Delta q+\Delta k$	$-\Delta q+\Delta k$	$-\Delta q-\Delta k$

当合朔时月亮运行在黄白道升交点附近时，气差函数和刻差函数的符号刚好和上表中所给出的法则相反。

五、食差算法精度

中国古代历法家设计的食差算法是否合理？其精度有多高？这是我们评价日食食差算法时最关心的两个问题。从中国古代日食食差算法的历史沿革来看，《宣明历》首创了完整的食差算法，在《崇天历》中气差函数和刻差函数的形式已经基本上定型，但没有涉及食差常数，《纪元历》设计了食差常数以后，食差算法才完全定型。因此，我们选择《宣明历》、《纪元历》以及传统历法中推步精度最高的《授时历》这三部历法来分别讨论它们设计的食差算法的精度。

1. 中国古代日食食差算法的合理性

曲安京曾对中国古代的日食食差算法的原理进行过详细的探讨，他的工作是迄今为止这方面最深刻的结果。① 为了比较理论算法和历法算法的相似性，曲安京分别将理论算法和历法算法进行了化简。他对理论算法进行化简后得到如下结果

$$p(h,\lambda) = k_0 + k\sin(h-\lambda) \tag{5-58}$$

式中，$p(h,\lambda)$ 为食差，$k_0 = \frac{p_0}{\sin I} \times \sin\varphi\cos\varepsilon$，$k = \frac{p_0}{\sin I} \times \sin\varepsilon\cos\varphi$ 是两个常数。

对于历法中的算法，曲安京也分别将气差函数和刻差函数化为以太阳的黄经和时角作为自变量的函数，其化简的结果分别如下

$$\Delta_q(h,\lambda) = \frac{1}{3}\left(2-\frac{\lambda}{90^\circ}\right)\frac{\lambda}{90^\circ} \times \left(1-\frac{h}{90^\circ}\right) \tag{5-59}$$

$$\Delta_k(h,\lambda) = \frac{1}{3}\left[1-\left(\frac{\lambda}{90^\circ}\right)^2\right] \times \frac{h}{90^\circ} \tag{5-60}$$

由于 $\frac{h}{90^\circ} \approx \sin h\ (0^\circ \leqslant h \leqslant 90^\circ)$，$1-\left(\frac{\lambda}{90^\circ}\right)^2 \approx \cos\lambda\ (0^\circ \leqslant \lambda \leqslant 90^\circ)$，故当 $0^\circ \leqslant \lambda \leqslant 90^\circ$ 时，中国古代的日食食差算法可以表示为如下形式

$$p(h,\lambda) \approx \Delta e_0 + k\sin(h-\lambda) \tag{5-61}$$

其中，Δe_0 就是中国古代历法中的食差常数，这个常数在《纪元历》中为 5.68 度，合现代度值为 $5^\circ.60$；在《授时历》中，这

① 曲安京．中国古代日食食差算法的原理．自然科学史研究，2002，21（2）：97～114.

个常数为6.15度，合现代度值为6°.06。$k = v_m/3$ 为一个常数，若取 $v_m = 13.36875$ 度/日，则 $k = 4.46$ 度，将其化为现代的度值则为 $k = 4°.39$，这个常数在《纪元历》和《授时历》中是一样的。

比较理论算法和历法中的算法，二者的形式是完全相同的。下面我们来看看理论算法和历法算法中各自选取的常数。按《纪元历》所采用的地理纬度计算，理论算法中所选取的 k_0 和 k 分别为5°.48和3°.49，而《纪元历》中相应的常数为5°.60和4°.39；若按《授时历》所采用的地理纬度计算，理论算法中所选取的 k_0 和 k 分别为6°.23和3°.25，而《授时历》中所采用的相应常数为6°.06和4°.39。两相比较，历法中所选择的食差常数和理论常数较为接近，其误差小于0°.20，而另外一个常数和理论结果则相差较大，其误差已经超过了1°。

前面的讨论已经表明，中国古代数理天文学中的食差算法和理论算法是相似的。但是由于选择的常数之间有所差异，按照理论算法和历法算法得出的食差结果将会产生不可避免的误差。下面我们来讨论中国古代日食食差算法的精度。

2.《宣明历》食差算法精度

通常而言，冬至、春秋分和夏至的昼长为0.4日、0.5日、0.6日，但在不同的地方，这几个数值可能会有微小的变化。而在不同的历法中，所取的昼长也会有些微的差异。如在《宣明历》中，冬至、春秋分和夏至的昼长为0.35日、0.46日、0.58日。

在理论算法中，《宣明历》地理纬度取34°.43，黄白交角 $I = 5°.15$，黄赤交角 $\varepsilon = 23°.60$，地平视差 $p_0 = 0°.95$。

在实际的计算中，我们严格按照三部历法中所记载的原始算法，而不是我们前面经过化简后的算法，对于理论算法，我们也是一样。我们这样处理的目的，主要是考虑到食差算法

(包括理论算法和历法算法) 在化简为较为简单模型时，中间有许多近似的步骤，这将会影响我们讨论问题的精度。

我们选择春分、秋分、冬至、夏至四个特殊节气，时角以 1 小时作为间隔，然后将按《宣明历》中食差算法计算出来的结果和按照理论算法计算出来的结果列表如表 5-18 和表 5-19 中。根据表中的数据，可以绘出相应的曲线（图 5-9 至图 5-12）。

表 5-18　《宣明历》食差算法精度（阴历，午前）

黄经 \ 食差 \ 时角		0°	15°	30°	45°	60°	75°	90°	105°
0°（春分）	历法值	0	-0°.52	-1°.04	-1°.56	-2°.08	-2°.60	-3°.12	
	理论值	-5°.48	-6°.39	-7°.23	-7°.95	-8°.51	-8°.86	-8°.98	
	历法值 - 理论值	5°.48	5°.87	6°.19	6°.39	6°.43	6°.26	5°.86	
90°（夏至）	历法值	3°.71	3°.18	2°.65	2°.12	1°.59	1°.06	0°.53	0
	理论值	-1°.99	-2°.11	-2°.46	-3°.01	-3°.74	-4°.58	-5°.48	-6°.39
	历法值 - 理论值	5°.70	5°.29	5°.11	5°.13	5°.33	5°.64	6°.01	6°.39
180°（秋分）	历法值	0	0°.52	1°.04	1°.56	2°.08	2°.60	3°.12	
	理论值	-5°.48	-4°.58	-3°.74	-3°.01	-2°.46	-2°.11	-1°.99	
	历法值 - 理论值	5°.48	5°.10	4°.78	4°.57	4°.54	4°.71	5°.11	
270°（冬至）	历法值	-3°.71	-2°.83	-1°.95	-1°.07	-0°.19	0°.69		
	理论值	-8°.98	-8°.86	-8°.51	-7°.95	-7°.23	-6°.39		
	历法值 - 理论值	5°.27	6°.03	6°.56	6°.88	7°.04	7°.08		

表 5-19　《宣明历》食差算法精度（阴历，午后）

黄经＼食差＼时角		0°	15°	30°	45°	60°	75°	90°	105°
0°（春分）	历法值	0	0°.52	1°.04	1°.56	2°.08	2°.60	3°.12	
	理论值	-5°.48	-4°.58	-3°.74	-3°.01	-2°.46	-2°.11	-1°.99	
	历法值-理论值	5°.48	5°.10	4°.78	4°.57	4°.54	4°.71	5°.11	
90°（夏至）	历法值	3°.71	3°.18	2°.65	2°.12	1°.59	1°.06	0°.53	0
	理论值	-1°.99	-2°.11	-2°.46	-3°.01	-3°.74	-4°.58	-5°.48	-6°.39
	历法值-理论值	5°.70	5°.29	5°.11	5°.13	5°.33	5°.64	6°.01	6°.39
180°（秋分）	历法值	0	-0°.52	-1°.04	-1°.56	-2°.08	-2°.60	-3°.12	
	理论值	-5°.48	-6°.39	-7°.23	-7°.95	-8°.51	-8°.86	-8°.98	
	历法值-理论值	5°.48	5°.87	6°.19	6°.39	6°.43	6°.26	5°.86	
270°（冬至）	历法值	-3°.71	-2°.83	-1°.95	-1°.07	-0°.19	0°.69		
	理论值	-8°.98	-8°.86	-8°.51	-7°.95	-7°.23	-6°.39		
	历法值-理论值	5°.27	6°.03	6°.56	6°.88	7°.04	7°.08		

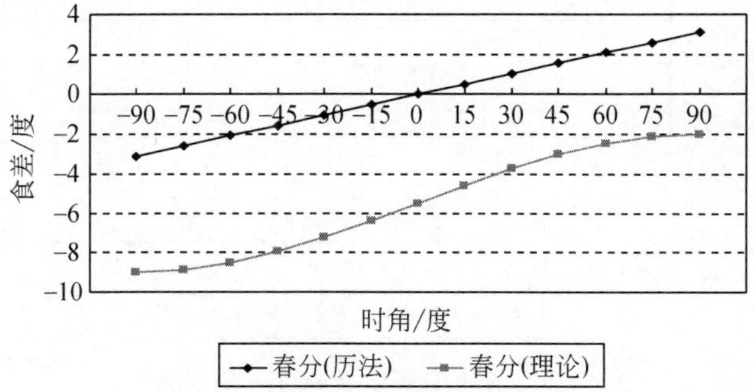

图 5-9　《宣明历》春分食差精度曲线

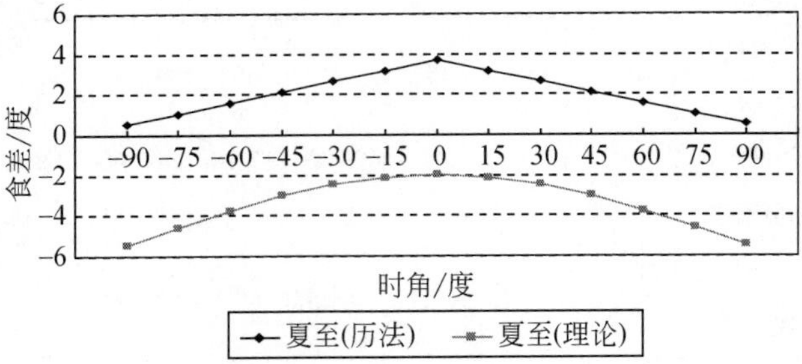

图 5-10《宣明历》夏至食差精度曲线

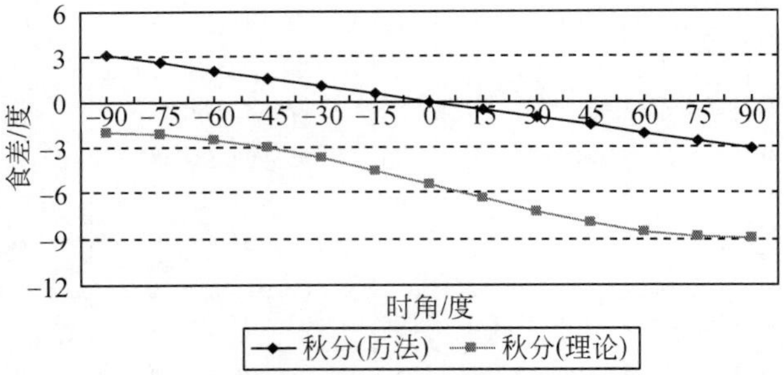

图 5-11　《宣明历》秋分食差精度曲线

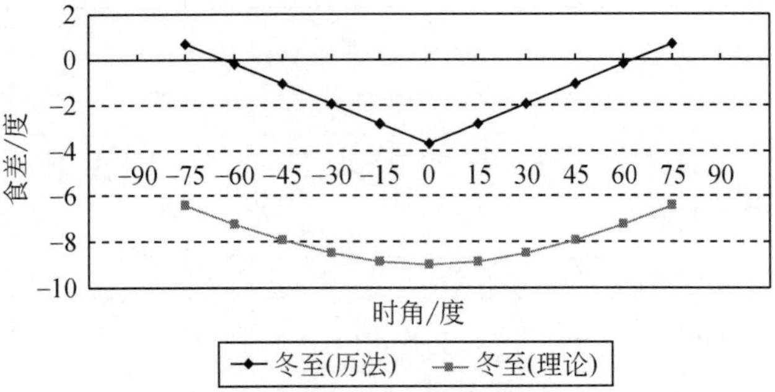

图 5-12　《宣明历》冬至食差精度曲线

3.《纪元历》食差算法精度

在《纪元历》中，冬至，春秋分和夏至的昼长分别为0.4日、0.5日、0.6日；在理论算法中，地理纬度 $\varphi = 34°.43$ 。黄白交角 $I = 5°.15$ ，黄赤交角 $\varepsilon = 23°.60$ ，地平视差 $p_0 = 0°.95$。我们选择春分、秋分、冬至、夏至四个特殊节气，时角以1小时作为间隔，然后将按《纪元历》中的食差算法计算出来的结果和按照理论算法计算出来的结果列表（表5-20和表5-21）。《纪元历》中降交点附近的附加常数取为5°.60 。根据表中的数据，可以绘出相应的曲线（图5-13至图5-16）。

表5-20　《纪元历》食差算法精度（降交点附近，午前）

黄经＼食差＼时角		0°	15°	30°	45°	60°	75°	90°	105°
0°（春分）	历法值	5°.60	6°.33	7°.06	7°.80	8°.53	9°.26	9°.99	
	理论值	5°.48	6°.39	7°.23	7°.95	8°.51	8°.86	8°.98	
	历法值－理论值	0°.12	−0°.06	−0°.17	−0°.15	0°.02	0°.40	1°.01	
90°（夏至）	历法值	1°.21	1°.82	2°.43	3°.04	3°.65	4°.26	4°.87	5°.48
	理论值	1°.99	2°.11	2°.46	3°.01	3°.74	4°.58	5°.48	6°.39
	历法值－理论值	−0°.78	−0°.29	−0°.03	−0°.03	−0°.09	−0°.32	−0°.61	−0°.91
180°（秋分）	历法值	5°.60	4°.87	4°.14	3°.40	2°.67	1°.94	1°.21	
	理论值	5°.48	4°.58	3°.74	3°.01	2°.46	2°.11	1°.99	
	历法值－理论值	0°.12	0°.29	0°.40	0°.39	0°.21	−0°.17	−0°.78	
270°（冬至）	历法值	9°.99	9°.07	8°.15	7°.23	6°.31	5°.39		
	理论值	8°.98	8°.86	8°.51	7°.95	7°.23	6°.39		
	历法值－理论值	1°.01	0°.21	−0°.36	−0°.72	−0°.92	−1°.00		

表 5-21　《纪元历》食差算法精度（降交点附近，午后）

黄经 \ 食差 \ 时角		0°	15°	30°	45°	60°	75°	90°	105°
0°（春分）	历法值	5°.60	4°.87	4°.14	3°.40	2°.67	1°.94	1°.21	
	理论值	5°.48	4°.58	3°.74	3°.01	2°.46	2°.11	1°.99	
	历法值－理论值	0°.12	0°.29	0°.40	0°.39	0°.21	－0°.17	－0°.78	
90°（夏至）	历法值	1°.21	1°.82	2°.43	3°.04	3°.65	4°.26	4°.87	5°.48
	理论值	1°.99	2°.11	2°.46	3°.01	3°.74	4°.58	5°.48	6°.39
	历法值－理论值	－0°.78	－0°.29	－0°.03	－0°.03	－0°.09	－0°.32	－0°.61	－0°.91
180°（秋分）	历法值	5°.60	6°.33	7°.06	7°.80	8°.53	9°.26	9°.99	
	理论值	5°.48	6°.39	7°.23	7°.95	8°.51	8°.86	8°.98	
	历法值－理论值	0°.12	－0°.06	－0°.17	－0°.15	0°.02	0°.40	1°.01	
270°（冬至）	历法值	9°.99	9°.07	8°.15	7°.23	6°.31	5°.39		
	理论值	8°.98	8°.86	8°.51	7°.95	7°.23	6°.39		
	历法值－理论值	1°.01	0°.21	－0°.36	－0°.72	－0°.92	－1°.00		

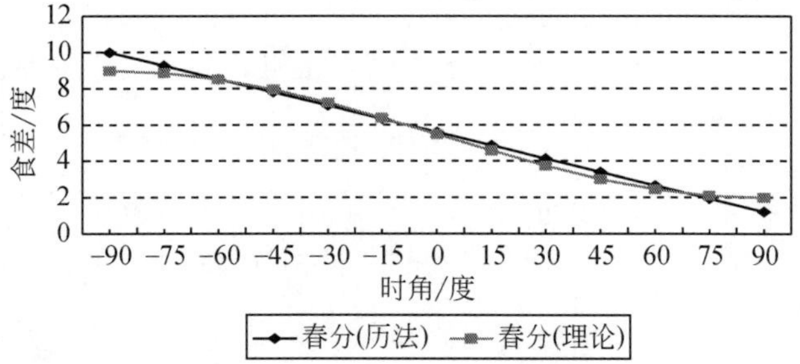

图 5-13　《纪元历》春分食差精度曲线

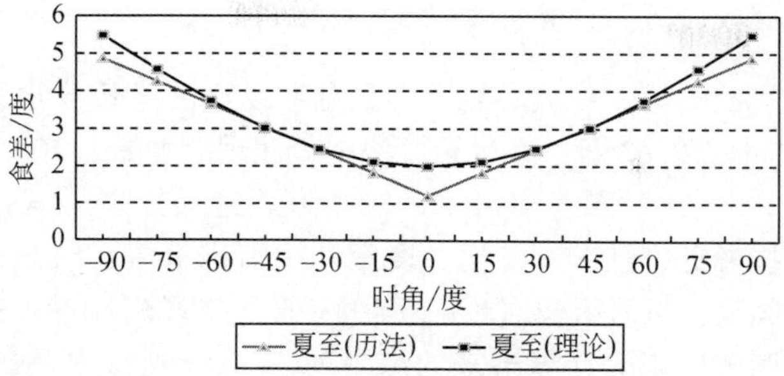

图 5-14　《纪元历》夏至食差精度曲线

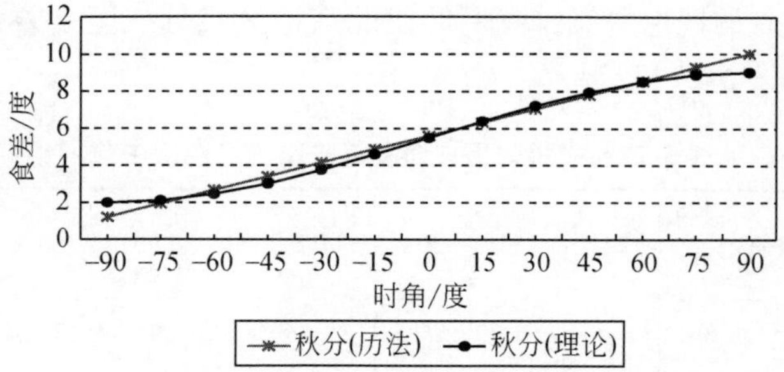

图 5-15　《纪元历》秋分食差精度曲线

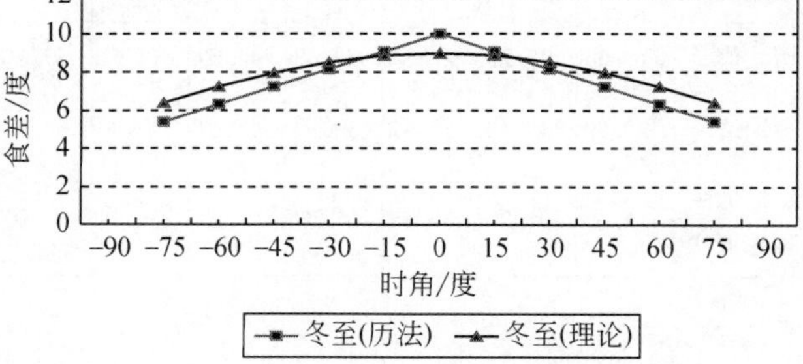

图 5-16　《纪元历》冬至食差精度曲线

4.《授时历》食差算法精度

在《授时历》中，冬至，春秋分和夏至的昼长分别为0.38日、0.5日、0.62日；在理论算法中，地理纬度 $\varphi = 40°$，黄白交角 $I = 5°.15$，黄赤交角 $\varepsilon = 23°.60$，地平视差 $p_0 = 0°.95$。我们选择春分、秋分、冬至、夏至四个特殊节气，时角以1小时作为间隔，然后将按《授时历》中的食差算法计算出来的结果和按照理论算法计算出来的结果列表（表5-22和表5-23）。根据表中的数据，可以绘出相应的曲线（图5-17至图5-20）。《授时历》中食差常数为6.15度，合6°.06。为了更直观地了解日食食差的理论曲线，我们绘出北京地区二分二至食差理论曲线图（图5-21）。

表5-22 《授时历》食差算法精度（阴历午前）

黄经	食差＼时角	0°	15°	30°	45°	60°	75°	90°	105°
0°（春分）	历法值	6°.06	6°.79	7°.53	8°.26	8°.99	9°.72	10°.46	
	理论值	6°.23	7°.07	7°.86	8°.53	9°.04	9°.37	9°.48	
	历法值－理论值	－0°.17	－0°.28	－0°.33	－0°.27	－0°.05	0°.35	0°.98	
90°（夏至）	历法值	1°.66	2°.25	2°.84	3°.43	4°.02	4°.61	5°.20	5°.79
	理论值	2°.99	3°.10	3°.42	3°.94	4°.61	5°.39	6°.23	7°.07
	历法值－理论值	－1°.33	－0°.85	－0°.58	－0°.51	－0°.59	－0°.78	－1°.03	－1°.28

续表

黄经 \ 食差 \ 时角		0°	15°	30°	45°	60°	75°	90°	105°
180°（秋分）	历法值	6°.06	5°.33	4°.59	3°.86	3°.13	2°.40	1°.66	
	理论值	6°.23	5°.39	4°.61	3°.94	3°.42	3°.10	2°.99	
	历法值－理论值	－0°.17	－0°.06	－0°.02	－0°.08	0°.29	0°.70	－1°.33	
270°（冬至）	历法值	10°.46	9°.50	8°.53	7°.57	6°.60	5°.64		
	理论值	9°.48	9°.37	9°.04	8°.53	7°.86	7°.07		
	历法值－理论值	0°.98	0°.13	－0°.51	－0°.96	－1°.26	－1°.26		

表5-23　《授时历》食差算法精度（阴历午后）

黄经 \ 食差 \ 时角		0°	15°	30°	45°	60°	75°	90°	105°
0°（春分）	历法值	6°.06	5°.33	4°.59	3°.86	3°.13	2°.40	1°.66	
	理论值	6°.23	5°.39	4°.61	3°.94	3°.42	3°.10	2°.99	
	历法值－理论值	－0°.17	－0°.06	－0°.02	－0°.08	－0°.29	－0°.70	－1°.33	
90°（夏至）	历法值	1°.66	2°.25	2°.84	3°.43	4°.02	4°.61	5°.20	5°.79
	理论值	2°.99	3°.10	3°.42	3°.94	4°.61	5°.39	6°.23	7°.07
	历法值－理论值	－1°.33	－0°.85	－0°.58	－0°.51	－0°.59	－0°.78	－1°.03	－1°.28
180°（秋分）	历法值	6°.06	6°.79	7°.53	8°.26	8°.99	9°.72	10°.46	

续表

黄经	食差＼时角	0°	15°	30°	45°	60°	75°	90°	105°
180°（秋分）	理论值	6°.23	7°.07	7°.86	8°.53	9°.04	9°.37	9°.48	
	历法值－理论值	－0°.17	－0°.28	－0°.33	－0°.27	0°.05	0°.35	0°.98	
270°（冬至）	历法值	10°.46	9°.50	8°.53	7°.57	6°.60	5°.64		
	理论值	9°.48	9°.37	9°.04	8°.53	7°.86	7°.07		
	历法值－理论值	0°.98	0°.13	－0°.51	－0°.96	－1°.26	－1°.26		

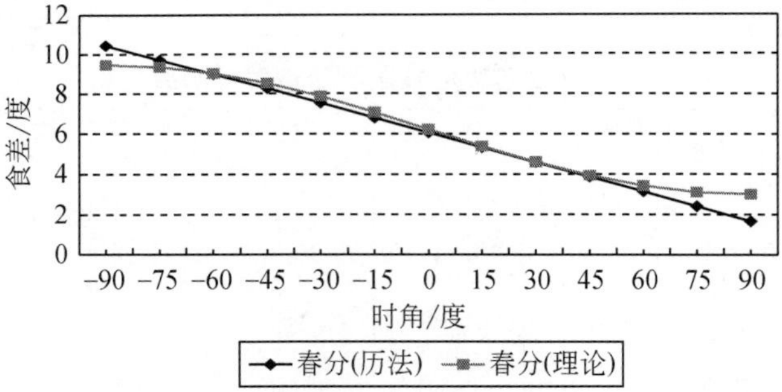

图 5-17　《授时历》春分食差精度曲线

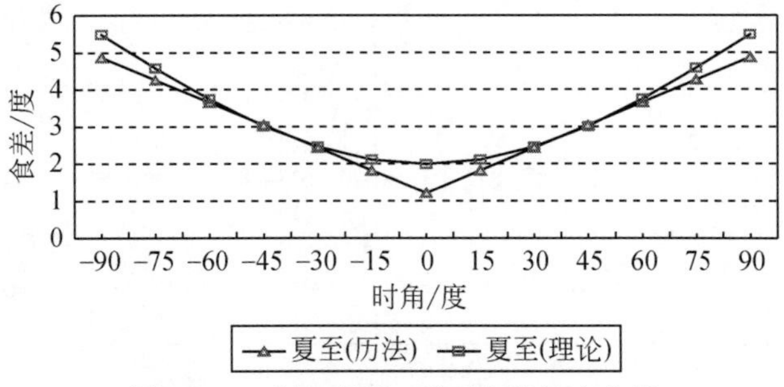

图 5-18　《授时历》夏至食差精度曲线

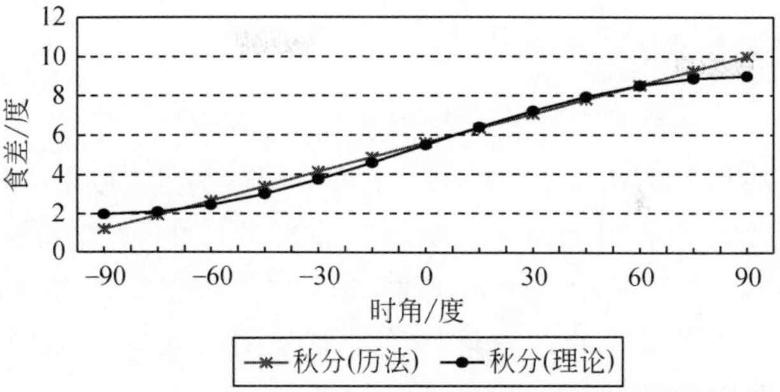

图 5-19　《授时历》秋分食差精度曲线

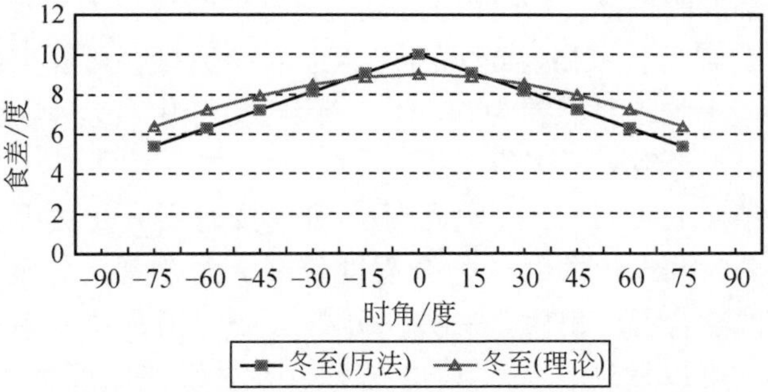

图 5-20《授时历》冬至食差精度曲线

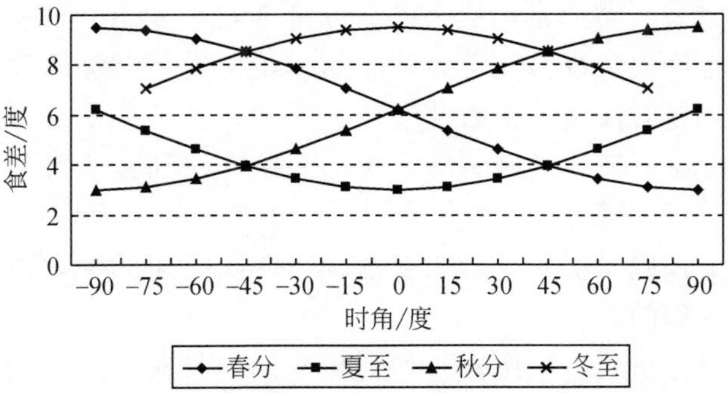

图 5-21　北京地区二分二至食差理论曲线

5. 食差算法精度分析

通过与理论结果比较，我们发现，《宣明历》食差算法的绝对误差基本上都在 6°左右徘徊，其平均值为 5°. 72 ，这个误差是相当大的。事实上，《宣明历》食差算法的精度水平代表了《宣明历》之后《纪元历》之前的所有历法中食差算法的精度水平，之所以造成如此大的误差，就是因为这些历法中没有引入食差常数的缘故。

自从《纪元历》引入食差常数以后，食差算法的精度才获得了大幅度的提高，《纪元历》食差算法的最大误差已经基本上控制在 1°以内，根据《纪元历》食差表中数据，可算出《纪元历》食差平均绝对误差为 0°. 41 ，《授时历》中食差平均绝对误差为 0°. 64 ，略逊于《纪元历》。

从精度曲线来看，《纪元历》和《授时历》中的食差曲线在春秋分时和理论曲线的吻合程度较好，而在夏至冬至时和理论曲线的吻合程度稍微差一些。分析《授时历》中食差表和误差曲线，可以发现在大多数情况下，历法值都比理论值稍小。在前面对食差算法的天文意义的论述中，我们已经指出中国古代历法中的食差应该是气差、刻差和时差的代数和，但是除了在《崇天历》等个别历法中，在计算食差时考虑了时差的代数和，其他绝大多数历法都忽略了这一项，由于时差的效果总是使食差的绝对值增大，因此忽略时差导致的结果就是食差的绝对值会变小。考察《授时历》中的食差算法和食差表以及食差曲线，可以发现历法值多数情形下小于理论值，而且一般来说，时角越大其绝对误差也越大，这和时差随时角的增大而增大的效果是一致的。

通过分析《宣明历》、《纪元历》和《授时历》中的食差算法的精度，我们已经对中国古代的日食食差算法的精度有了一个整体的把握。总体来说，在没有引入食差常数的历法中，食差算法的绝对误差的平均值应该和《宣明历》中的精度相当。当《纪元历》中引入食差常数以后，食差算法的精度得到了大幅度的提高，《纪元历》和《授时历》中食差算法的精度很好地说明了这一点。

从算法角度分析，从《纪元历》到《授时历》所有历法中食差算法的绝对误差的平均值都应该保持在这个水平。从《纪元历》和《授时历》中的食差的误差曲线来看，中国古代历法中的日食食差算法是一个比较优良的算法。这里我们必须明白，我们在前面讨论日食食差算法的精度时，我们均以日食视食甚时刻的相关数据入算，也就是说我们已经假定日食视食甚时刻的推求是准确无误的。但在实际计算中，由于日食时差算法的精度会影响日食视食甚时刻的推求，因此我们在讨论历法中的食差值时，其绝对误差的绝对值应该比我们前面得出的结果要大一些。

六、分析及结论

根据现代视差理论，日食食差主要和太阳的黄经、时角以及观测地点的地理纬度有关。对某一确定的观测地点而言，则主要与黄经和时角有关。自从张子信发现视差现象以后，隋代的历法家就已经开始设计食差算法用于日食计算，并且尝试给出一些带有经验色彩的判断应食不食和不应食而食的方法。隋代以后的历法家在刘焯和张胄玄等人的工作基础上，不断改进食差算法，一直到《纪元历》中该算法才最后定型。

现在让我们来简要回顾一下中国古代的日食食差算法从初创到定型所经历的曲折历程。这个历程大致以《宣明历》、《崇天历》和《纪元历》作为分界点，分为如下四个阶段。

第一阶段从张子信发现视差现象开始到《宣明历》之前。这个时期的历法家通过长期的观察，提出了判断日食是否发生的“应食不食术”和“不应食而食术”，这些判断方法实际上包含了食差算法的萌芽。该时期的历法家设计的食差算法基本都是节气的函数，在对食差所做的修正项中，虽然也涉及其他一些因素，如交前交后、去交远近和距午加时等，但是历法家还没有认识到时角是影响食差最主要的因素。此外，该时期的食差算法还没有形成明确的公式化算法。

第二阶段从《宣明历》开始到《崇天历》之前。徐昂在《宣明历》中所首创的日食三差算法在中国古代视差算法史上具有里程碑式的意义，该算法作为《宣明历》中最突出的创造而被后世的学者所称道。徐昂所设计的气差算法和刻差算法已经完全公式化，其表达形式不仅简洁，而且已经认识到太阳的黄经和时角是影响到视差的最主要的因素。目前有许多学者认为，中国古代的交食计算和预报水平从《宣明历》开始，得到了很大的提高。但是我们的论述表明，《宣明历》中的食差算法的精度非常低，该算法对提高日食预报精度所起的作用是极其有限的。当然，无论如何我们都应该肯定《宣明历》的首创之功。《宣明历》之后的一些历法中所设计的气差算法和刻差算法都以公式化，但各历中的算法尚未统一。

第三阶段从《崇天历》开始到《纪元历》之前。气差算法和刻差算法在《崇天历》中已经基本定型，此后各历中的算法基本沿袭了该算法，但在表述方法上有些差异。该时期的气差算法和刻差算法可以统一表示为

$$\Delta q \approx \frac{1}{3} \times \left(1 - \frac{x^2}{a^2}\right) \times \left(1 - \frac{2w^*}{d}\right)(\text{日}) \tag{5-62}$$

$$\Delta k \approx \frac{x(2a - x)}{3a^2} \times 4w^*(\text{日}) \tag{5-63}$$

第四阶段开始于《纪元历》。《纪元历》中的气差算法与刻差算法和《崇天历》以后各历中的算法都是一致的，但是《纪元历》在《崇天历》等历法中气差算法和刻差算法的基础上，又引入了一个食差常数。《纪元历》中食差常数的引入不仅标志

着中国古代日食食差算法的最后定型，而且也极大地提高了食差算法的精度。《纪元历》以后各历中的食差算法就算法模型而言完全和《纪元历》一样，其算法模型可表为

$$\Delta e = \pm \Delta t \pm \Delta q \pm \Delta k + \Delta e_0 \tag{5-64}$$

从上面的论述可以看出，中国古代的日食食差算法，沿着一条明确的路线逐渐向真理靠近。这个漫长而曲折的历程中凝聚着一代又一代天文学家的艰辛努力和不懈奋斗。与托勒密的视差算法的复杂程度相比，中国古代日食食差算法模型的简洁与精炼是不言而喻的。通过前面的分析，我们可以看出在《纪元历》将食差常数引入食差算法之后，中国古代的日食食差算法模型和理论模型不仅是近似的，而且也达到了相当高的精度。中国古代的天文学家通过精密的天文观测与敏锐的数学分析，成功地将日食食差的两个独立的自变量——太阳的黄经和时角——分离了出来，他们在处理这个复杂问题时所表现出来的智慧是令人叹服的。可以说，中国的日食食差算法不仅是中国传统日食计算中一个堪称完美的算法，也是古代各文明视差算法中的一个精彩范例。

第三节　视差与食分

在本章的前面两节，我们研究了中国古代日食时差算法和食差算法的造术原理、历史沿革、算法精度以及这两个算法存在的缺陷。我们知道，中国古代的日食时差算法与食差算法，都是历法家为了消除月亮视差的影响而设计的算法，其中时差算法主要和日食食甚时刻的计算有关，食差算法主要和日食食分算法有关。

中国古代日食食分算法的基本思路是：先设计相应的算法求出食差，用求得的结果修正实月亮到实黄白交点的度距，求出视月亮到视黄白交点的度距，然后以视月亮到视黄白交点的

度距为自变量，构造日食食分算法。因此，食差算法在日食食分算法中占有非常重要的地位。本节我们主要从日食食分的模型出发，探讨日食食差算法对日食食分计算的影响。

一、日食食分的算法模型

按照现代天文学的定义，日偏食的食甚时刻，太阳圆面视直径被月球遮住的部分（n）与日面视直径（m）的比值，称为食分；对中心食而言，食分等于月球与太阳视直径的比值。若令 g 表示日食的食分，c 表示日面直径的总分数，则

$$g = \frac{n}{m} \times c \tag{5-65}$$

即为日食的食分。若取太阳视直径为单位 $c=1$，则日偏食和日环食的食分小于1，日全食的食分大于或等于1。①

如图5-22所示（由于黄白交角较小，故可将球面三角形近似看作平面三角形），O 为视黄白交点，OCD 为视白道，OAB 为黄道，C 和 A 分别表示食甚时刻视月亮和视太阳的中心、D 为月面中心，B 为太阳中心，二者相切于 H、E 和 G 、F 和 H 、C 和 K 分别为三组等黄纬点。

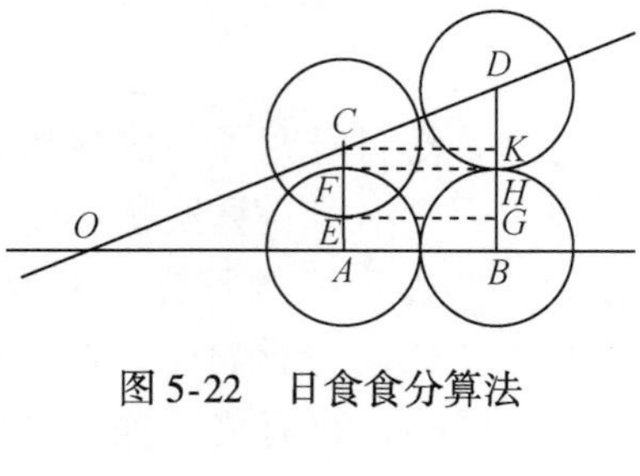

图5-22　日食食分算法

① 在中国古代历法中，《崇玄历》之前，通常令 $c=15$ 分，从《崇玄历》开始，令 $c=10$ 分。

若记食分为 g（以下皆同此），则根据食分的定义有 $g = \frac{EF}{2BH}$。由于太阳和月亮的视直径基本相等，故 $g = \frac{EF}{2BH} \approx \frac{EF}{BD}$。又由于 $AC = BK$，$EF = HG$，$AC + EF = BD$，得 $DK = EF$。又由于 三角形 DCK 和 三角形 DOB 相似，故有下式关系成立

$$\frac{DK}{BD} = \frac{CK}{OB} = \frac{CD}{OD} \tag{5-66}$$

亦即：

$$\frac{EF}{BD} = \frac{OB - OA}{OB} = \frac{OD - OC}{OD} = \frac{BD - BK}{BD} \tag{5-67}$$

显然，若设日食的黄道食限为 λ，白道食限为 α，黄纬食限为 β，日食视食甚时刻太阳到视黄白交点的度距为 λ'，视月亮到视黄白交点的度距为 α'，月亮的视黄纬为 β'，则日食食分可通过下式求出

$$g = \frac{\alpha - \alpha'}{\alpha} = \frac{\lambda - \lambda'}{\lambda} = \frac{\beta - \beta'}{\beta} \tag{5-68}$$

上式揭示了日食食分和三种日食食限之间的关系，这里需要指出，上式中的食限均是对视白道而言的。

二、《大业历》之前的日食食分算法

我国古代的日食食分算法，最早出现在北魏张龙祥《正光历》（公元 523 ~ 565 年）中。《正光历》“推蚀分多少术”称：

置入交限十五度，以朔望去交日数减之，余则蚀分。①

按太阳在黄道上日行一度，《正光历》实际上给出了如下的食分算法：

$$g = 15 - x \tag{5-69}$$

其中 x 表示太阳距离黄白交点的度距。按《正光历》取日食不

① （北齐）魏收.《魏书·律历上》（卷 107 上）. 北京：中华书局. 1974. 2669.

偏食限为15度，且将日面视直径等分为15份，可将上式做如下变形：

$$g = \frac{15 - x}{15} \times 15 \tag{5-70}$$

不难看出，上式中$\frac{15 - x}{15}$实际上是为以黄道食限15度和食甚时刻太阳到黄白交点的度距“去交度数”x表示的食分，即$\frac{15 - x}{15}$实际和式（5-68）中的$\frac{\lambda - \lambda'}{\lambda}$相当。

东魏李业兴《兴和历》（公元540～550年）的日食食分算法完全继承了《正光历》算法，二者之间的差别在于，《正光历》取日食不偏食限为15度，而《兴和历》取为$14\frac{159588.5}{208530}$度。①

由于月亮视差的影响，日食食分和月食食分计算有本质上的区别。但是隋唐以前的历法，均未考虑月亮视差对日食计算的影响，再加之中国古代计算交食时并不注重日月及地影视直径的大小，因此，该时期天文学家设计的食分算法既适用于日食，也适用于月食。

三、从《大业历》到《正元历》的日食食分算法

自北齐天算学家张子信发现视差对日食计算的影响后，隋唐历法家开始在日食食分计算中考虑月亮视差的影响，最先对这一课题进行探索的是隋代张胄玄《大业历》（公元597～618年）。

张胄玄首先认识到食分的大小与节气有关，他以夏至、秋分和启蛰三气作为节点将一个回归年分做三段，并在各段上分

---

① （北齐）魏收.《魏书·律历上》（卷107上）. 北京：中华书局. 1974. 2670.

别讨论了食分算法。[1] 根据《大业历》术文，其日食食分算法可统一为下式

$$g = 15 - \frac{15 \times \text{去交余}^*}{\text{望差}^*} = \frac{\text{望差}^* - \text{去交余}^*}{\text{望差}^*} \times 15 \tag{5-71}$$

式中，去交余*表示修正后的去交余，望差*表示修正后的望差。《大业历》中的去交余和《正光历》中的去交度数相当，《大业历》中的望差和《正光历》中的食限相当。可见，张胄玄在计算日食食分时，已经有意识地去修正去交余和望差，试图将实白道转化为视白道。但是，《大业历》日食食分算法中的改正项涉及的因素包括节气、日食时差和先交后交。[2] 这表明张胄玄的修正法则是非常粗疏的。其中关键的一点，在于他没有认识到节气对食分的影响和月亮在黄道南或黄道北有关。不过，张胄玄首次将日食食分和月食食分计算区分开来，毕竟算是迈出了可贵的第一步。

隋代刘焯《皇极历》（公元604年修成，未用）的日食食分算法，在修正项方面较《大业历》有一些改进。根据《皇极历》术文，其日食食分算法可表为下式

$$g = \frac{\text{望差} - (\text{去交分} + \Delta)}{96} \tag{5-72}$$

按该历望差 $= 1\dfrac{197\dfrac{4205.5}{5923}}{1242}$ 日 ≈ 1440 分 $= 96 \times 15$ 分，故上式可变为

[1] （唐）魏征等.《隋书·律历志中》（卷17）. 北京：中华书局. 1973. 455.

[2] 事实上，视差对日食食分计算的影响与发生日食时太阳和月亮在交点之前还是交点之后均无多大关系。

$$g = \frac{望差 - (去交分 + \Delta)}{96} = \frac{望差 - (去交分 + \Delta)}{望差} \times 15 \tag{5-73}$$

上式中的改正项 Δ 主要与节气、日食距离午正远近和月在黄道南和黄道北等因素有关。关于 Δ 的合理性，陈美东已有详细的论述。[①] 从《皇极历》日食食分算法可以看出，刘焯已经认识到日食距离午正远近和日食时月在内道或月在外道对食分计算会产生一定影响，这实际上找出了影响日食食分最重要的两个因素。

初唐傅仁均《戊寅元历》（公元 619 ~ 664 年）的食分算法基本沿袭《大业历》。[②] 和张胄玄的做法类似，傅仁均也将一年分做若干段，然后在各段上分别讨论食分算法。和张胄玄一样，傅仁均对食分受季节的影响认识也只是经验性的、模糊不清的。

李淳风在《麟德历》（公元 665 ~ 728 年）中，指出视差对日食食分食限的影响效果在黄道南北是截然不同的，因此他分了月在黄道北（内道）和月在黄道南（外道）两种情形分别来讨论食分算法[③]，这是《麟德历》较以前诸历进步的地方。

唐代僧一行《大衍历》（公元 729 ~ 761 年）在《麟德历》的思路下，更加明确了月行阴阳历的思想，并首次提出了阴历食限和阳历食限的概念，食差算法也较以前诸历更加合理。在计算日食食分时，《大衍历》以前诸历的思路，都是设计一些改正项来修正月亮的去交分，然后再以修正后的去交分作为自变量，设计食分算法，而《大衍历》的思路则是：用设计的修正项来修正食限，然后以月亮的去交分作为自变量，设计食分算

① 陈美东. 古历新探. 沈阳：辽宁教育出版社. 1995. 374 ~ 384.

② （宋）欧阳修，宋祁，等.《新唐书 · 历一》（卷 25）. 北京：中华书局. 554.

③ （宋）欧阳修，宋祁，等.《新唐书 · 历二》（卷 26）. 北京：中华书局. 573 ~ 574.

法。当月在黄道北时，视差使食限变大，当月在黄道南时，视差使食限变小。依《大衍历》食定限（视白道上食限）和食限（实白道上食限）的关系，易知《大衍历》对月在阴历和月在阳历时食限的修正的思路是正确的，但食限修正的幅度，按差积表中数值，在冬至最小，夏至最大，似乎恰和视差对食限的影响相反。同时，《大衍历》在设计食分算法时，没有考虑到到日食距午正的时刻多少对交食计算的影响，这不能不说是一行的失误所在。

四、从《宣明历》到《观天历》的日食食分算法

事实上，一直到徐昂《宣明历》（公元822～892年）之前，中国古代的食差算法都仍然处于摸索阶段。在《宣明历》中，徐昂创造性地设计了完整的日食三差算法用于日食计算，从而在很大程度上提高了日食计算水平。《宣明历》设计的日食三差算法包括气差、刻差和时差。其中气差和刻差的代数和合称为食差，是专门为修正月亮到黄白交点的距离而设计的。

徐昂《宣明历》求日食食分算法称：

> 应加减差，同名相从，异名相销，各为蚀差。以加减去交分，为定分。
>
> 凡去交定分，如阳历蚀限已下，为阳历蚀。以阳历定法约，为蚀分。已上者，以阳历蚀限减之，余为阴历蚀。以阴历定法约之，以减十五，余为蚀分。①

《宣明历》中，阴历蚀限为6060，阴历定法为404，阳历蚀限为2640，阳历定法为176。若设去交分为 x ，去交定分为 x' ，日食食差为 Δe ，则根据《宣明历》算法，x 、x' 和 Δe 三者之间的关系为

① （宋）欧阳修，宋祁等.《新唐书·历六上》（卷30上）. 北京：中华书局. 743.

$$x' = x \pm \Delta e \tag{5-74}$$

根据术文，《宣明历》日食食分算法可表示为如下的分段函数

（1）若 $x < 2640$，算作阳历食

$$g_{阳} = \frac{x}{176} \tag{5-75}$$

（2）若 $x > 2640$，算作阴历食

$$g_{阴} = 15 - \frac{x - 2640}{404} \tag{5-76}$$

中国古代的食差算法至《宣明历》始见端倪，用食差修正去交分的思路也日趋合理。在《宣明历》中，徐昂首次提出了日食的阴历食限和阳历食限的明确概念和数值。然而在设计日食食分算法时，徐昂没有将月亮运行在黄道南和黄道北区分开来，这使得他的食分算法不是以月在阴历或阳历来划分，而是以去交定分的大小来划分，这可以说是徐昂日食食分算法一个很大的失误。尽管如此，徐昂日食食分算法对后世历法影响非常大，《应天历》、《乾元历》、《仪天历》、《崇天历》、《明天历》、《观天历》等历法中的日食食分算法基本上都沿袭了徐昂的算法。

例如，宋行古《崇天历》(1024～1064 年，1068～1074 年）日食食分算法亦可表示为如下的分段函数

若 $x < 4200$，算作阳历食

$$g_{阳} = \frac{x}{420} \tag{5-77}$$

若 $4200 < x < 11200$，算作阴历食

$$g_{阴} = \frac{11200 - x}{700} \tag{5-78}$$

纵观北宋诸历法，从《应天历》到《观天历》，其日食食分算法基本沿袭唐《宣明历》日食食分算法。该时期食分算法

的特点是以去交分的大小作为划分阴历食和阳历食的依据，从而设计分段函数来计算食分，该分段函数在《崇天历》之前皆不连续，而自《崇天历》开始，则都变为连续函数。

五、《纪元历》以后的日食食分算法

南宋以后各历的日食食分算法日趋成熟，并形成了固定的算法。这种算法以《纪元历》作为发端，一直到元代《授时历》，基本没有发生大的变化。

北宋末姚舜辅《纪元历》（1106～1127 年，1133～1135 年）称：

> 求日食分：以交前、后分各减阴阳历食限，余如定法而一，为日食之大分；不尽，退除为小分。命大分以十为限，即得日食之分。①

《纪元历》中和日食食分算法相关的法数如下：日食阳历限为3400，定法为340；日食阴历限为4300，定法为430。设交前后分为 x，则根据术文，其食分算法可表示如下

$$g_{阴} = \frac{4300 - x}{430} \tag{5-79}$$

$$g_{阳} = \frac{3400 - x}{340} \tag{5-80}$$

《纪元历》之后，陈得一《统元历》（1136～1167 年），刘孝荣《乾道历》（1168～1176 年），以及《淳熙历》（1177～1190 年）、《会元历》（1191～1198 年），杨忠辅《统天历》（1199～1207 年），鲍瀚之《开禧历》（1208～1251 年）和陈鼎《成天历》（1271～1276 年）等历法中均不载日食食分算法，仅言“法同前历，此不载”。这里所称的前历，指的即为《纪元

---

①（元）脱脱等．《宋史·律历十三》（卷 80）．北京：中华书局．1985．1883．

历》。根据这些历法所载阴阳历蚀限和阴阳历定法数据，以及《纪元历》食分算法的造术方法，很容易写出这些历法中的日食食分算法。

这里需要指出的是，《乾道历》、《淳熙历》、《会元历》中的阴历定法和《会元历》中的阳历定法，原历均未载，但根据阴历食限 = 10 × 阴历定法、阳历食限 = 10 × 阳历定法的关系，不难将以上数据补全。

元代郭守敬《授时历》（1280～1644 年）所给求“日食分秒”的术文如下：

> 视去交前后度，各减阴阳历食限，（不及减者不食。）余如定法而一，各为日食之分秒。①

该历阳历食限为 6 度，定法为 60 分；阴历食限为 8 度，定法为 80 分。依术文，若设去交前后度为 x，则可得《授时历》食分计算公式如下：

$$g_{阴} = \frac{8 - x}{0.8} \tag{5-81}$$

$$g_{阳} = \frac{6 - x}{0.6} \tag{5-82}$$

六、分析及结论

从上面的讨论我们看到，中国古代日食食分算法的自变量是月亮的去交定分、去交定分和去交分之间的修正量，就是日食的食差。

中国古代的日食食分算法，根据各段时期的算法特点，大致可分为初创、探索、发展、完善四个阶段。

我国古代的日食食分算法，始于张龙祥所造《正光历》。此前，东汉刘洪所造《乾象历》率先提出日月食食限概念和数值，

① （明）宋濂等．《元史·历四》（卷 55）．北京：中华书局．1976. 1240.

之后曹魏杨伟《景初历》提出日月食食分概念却无具体的算法。北魏张龙祥《正光历》给出了第一例日食食分计算公式。随后《兴和历》完全继承了《正光历》的算法。由于没有认识到视差对交食的影响，隋唐以前的历法均将日食计算和月食计算不加区别，这是该时期食分算法的特点，也是食分算法初创阶段所无法避免的。此为我国古代日食食分算法的初创阶段。

张子信发现视差现象之后，隋代张胄玄《大业历》和刘焯的《皇极历》开始在日食计算中考虑了视差因素，并设计了一些改正项用于日食食分的计算，从而将日食食分算法和月食食分算法区别开来。张胄玄和刘焯计算日食食分的造术方法和《正光历》一脉相承，但是他们的日食食分算法中的望差（其含义和食限相当）和去交分已经经过了一些修正。继《皇极历》和《大业历》之后，唐初李淳风的《麟德历》、傅仁均的《戊寅元历》、僧一行的《大衍历》等历法都在设计相关改正项以用于日食食分计算方面做出了不懈努力。事实上，一直到中唐徐昂《宣明历》设计了完备的日食三差算法用于日食食分算法之前，这种努力都始终没有停止过。该段时期由于对视差的认识还不够明确，因此食分算法中的改正项有合理的成分，也有不合理的成分。该时期系日食食分算法的探索阶段。

自中唐徐昂《宣明历》设计了完备的日食三差算法用于日食食分算法之后，一直到姚舜辅《纪元历》之前，诸历之食差算法和食分算法基本沿袭《宣明历》算法，就算法模型和表现形式来说，均无实质性的突破。该段时期属于食分算法的发展阶段，其特点是：先用食差修正去交分，得去交定分，然后根据去交定分的大小，判断何为阴历食，何为阳历食，再设计相应的分段函数来求食分，而该分段函数在《崇天历》之前皆不连续，而自《崇天历》开始，则都变为连续函数。

日食食分算法的完善阶段始于《纪元历》。可以说，日食食分算法从《纪元历》开始基本成熟并定型，南宋诸历一直到元代《授时历》之食分算法均完全承袭《纪元历》。

第四节　视差与食限

中国古代历法中的日食食限和视月亮到视黄白交点的距离有关，它是历法家为了判断日食和计算食分而给出的数值。在《大衍历》以后的历法中，通常会给出阴历食限和阳历食限，分别用于阴历和阳历的日食判断和食分计算。本节我们将通过构造中国古代日食食限的理论模型，较为详细地讨论中国古代日食食限的定义方式，以及阴历食限和阳历食限的关系。

一、引言

“阴历食限”和“阳历食限”的概念最早出现于唐代《大衍历》，此后的历法在计算日食时，一般都设有这两个常数。在《大衍历》以后诸历中，阴历食限和阳历食限通常是不相等的，如《纪元历》中阴历食限为4300，阳历食限为3400，《授时历》中阴历食限为8度，阳历食限为6度，等等。

中国古代历法中阴阳历食限不等问题，早被科学史家所关注。王应伟在论及《大衍历》中阴阳历食限时，认为日食的阴历食限和或限大于阳历食限和或限的原因，是因为视差在阴历小而在阳历大的缘故，他考虑视差因素后，得到冬至时日食的阴历食限和阳历食限分别为9.36度和5.87度，他指出，在视白道上所生食限应无甚大差，而《大衍历》阴阳历食限相差较大，说明《大衍历》是比较粗梳的。[①] 陈遵妫在论及《大衍历》和《宣明历》日食计算时，也指出了这两部历法中的阴阳历食限不等问题，不过，他对造成阴阳历食限不等的原因并未进行深入

① 王应伟．中国古历通解．沈阳：辽宁教育出版社．1998. 284～285.

讨论。[①] 薄树人在论及《纪元历》的日食计算时也明确指出，日食食限对视交点的前后相差较小，而对真交点则相差很大，《纪元历》阴阳历食限分别为4300和3400，相差较大，是存在问题的。[②] 曲安京在论及这一问题时，亦称："按理，阴、阳历日食食限应该是一样的，但中国古代历法均给出不同的数值，原因不详。"[③]

科学史家对中国古代历法中阴阳历食限不等问题的关注，充分表明了该问题在日食计算中的重要性。那么，中国古代历法家在计算日食时，为什么要设立阴历食限和阳历食限这两个常数？中国古代历法中的阴历食限和阳历食限为什么不相等？学术界对中国古代历法家设立阴阳历食限的做法所给的批评是否公允？本节试图就这些问题给出我们的回答。

二、中国古代历法中的日食食限

现代天文学中的日食食限，通常以月亮和黄白交点的黄经差 λ 来度量。根据现代天文学原理，当 $\lambda > 18°.6$ 时，不可能有日偏食，而当 $\lambda < 15°.3$ 时，一定发生日偏食，这两个数据，也称为日食的不偏食限和必偏食限。

中国古代历法中的"食限"这个概念，至迟在《乾象历》中即已出现。不过，在《大衍历》之前的历法中，历法家尚未将月亮视差用于食限，这些历法中的食限是通常是按照月亮到黄白交点的距离或时间来度量的，由于时间乘以月亮的运行速度，可以化为相应的度距，因此，这两种表示食限的方法实际上是等价的。而且，由于当时的交食计算比较粗疏，这些历法中所给食限对日月食均适用。

① 陈遵妫．中国天文学史（中）．上海：上海人民出版社．2006. 549～551.

② 薄树人．薄树人文集．合肥：中国科学技术大学出版社．2003. 447.

③ 曲安京．中国数理天文学．北京：科学出版社．2008. 480.

下面我们给出《大衍历》之前部分历法中的日食食限：《乾象历》14.77 度，《景初历》14.77 度，《大明历》15.50 度，《正光历》14.77 度，《兴和历》14.77 度，《大业历》15.50 度，《皇极历》15.50 度，《戊寅历》15.50 度，《麟德历》15.50 度。[①] 可以看出，这一时期的历法采用的日食食限，基本上限于 14.77 和 15.50 这两个数值。

《大衍历》、《五纪历》和《正元历》三部历法均取 15.50 度为日月食的食限，不过，从《大衍历》开始，历法家开始考虑视差因素对日食计算的影响，并给出了视白道上的日食食限，其数值通常以视月亮离开视黄白交点的时间或度距来表示，这个数值远远小于现代天文学中所给的不偏食限和必偏食限。《大衍历》率先给出了视白道上的阴历食限和阳历食限，其数值分别为：阴历食限 2524，阳历食限 135，阴历食差 1275。《大衍历》以后的历法基本都给出了相应的阴历食限和阳历食限(表 5-24)。

表 5-24　中国古代历法中的阴历食限和阳历食限

历名	日法	阴历食限	阳历食限	阴历食限	阳历食限	阴阳历食限之和
宣明历	8 400	6 060	2 640	9.64	4.20	13.84
仪天历	10 100	7 286	3 174	9.64	4.20	13.84
崇天历	10 590	7 000	4 200	8.84	5.30	14.14
观天历	12 030	7 900	4 900	8.78	5.45	14.23
纪元历	7 290	4 300	3 400	7.89	6.24	14.13
统元历	6 930	4 585	2 745	8.84	5.30	14.14

① 这些历法中的食限大多数以月亮离开黄白交点的时间来表示，单位为日，将其乘以月亮的平均速度 13.368 75 度/日，即可得到以度距表示的日食食限。

续表

历名	日法	阴历食限	阳历食限	阴历食限	阳历食限	阴阳历食限之和
乾道历	30 000	18 000	14 400	8.02	6.42	14.44
淳熙历	5 640	3 240	2 630	7.68	6.23	13.91
会元历	38 700	22 500	18 000	7.77	6.22	13.99
统天历	12 000	7 100	5 600	7.91	6.24	14.15
统天历	12 000	6 700	5 680	7.46	6.33	13.79
开禧历	16 900	9 740	7 890	7.70	6.24	13.94
成天历	7 420	4 280	3 470	7.71	6.25	13.96
知微历	5 230	3 100	2 400	7.92	6.13	14.05
授时历	10 000			8	6	14

表5-24中第2栏、3栏、4栏数据来源于《历代天文律历等志汇编》中各历所给常数，其单位均为日分；第5栏、6栏数据的单位为度，其值系笔者根据月亮平均运动速度 $v = 13.36875$ 度/日乘以相应的时间换算所得，第7栏为第5栏和第6栏数据之和，其单位均为中国古度。

三、交前后分的意义——以《纪元历》为中心的考察

科学史家普遍认为，中国古代历法中的日食食限是按照视月亮到视黄白交点的距离来度量的，其中已经考虑到视差因素，因此阴阳历食限应该关于视黄白交点对称，换言之，阴历食限应该等于阳历食限。然而表5-24中的数据表明，《大衍历》之后的绝大多数历法中都给出了阴历食限和阳历食限这两个不同的常数。那么，究竟是科学史家误解了古代历法家的做法，还是历法家设立阴阳历食限的做法本身存在问题？下面我们试图从中国古代历法家对日食食限的定义方式入手，来揭示阴阳历

食限不相等的原因。

《纪元历》是北宋末年行用的一部历法，这部历法中的交食算法，包括视差算法都已经成熟并且定型。因此，我们选择《纪元历》这部具有代表性的历法，来分析中国古代日食食限的含义，其他历法中对阴阳历食限的定义方式基本和《纪元历》相同。

《纪元历》设立阴阳历食限这两个常数，主要有如下两个用途：

其一，判断是否入食限。《纪元历》“求入食限交前后分”称：

> 视其朔、望月行入阴阳历，不满日者为交后分，在十三日上下者覆减交中日，为交前分；视交前、后分各在食限已下者为入食限。①

其二，计算日食食分。《纪元历》“求日食食分术”称：

> 以交前、后分各减阴阳历食限，余如定法而一，为日食之大分；不尽，退除为小分。命大分以十为限，即得日食之分。②

从上面两段术文可以看出，在《纪元历》中，判断日食是否入食限和计算日食食分都和“交前后分”这个概念密切相关，因此，理解“交前后分”的含义是理解日食食限含义及数源的关键所在。在《纪元历》中，“交前后分”的计算涉及如下五个算法，它们依次是：

(1) 求经朔入交泛日；“经朔入交泛日”指的是按照“交终”（交点月长度）和朔策（朔望月长度）推算出的经朔时刻离前面最近一个月过降交点时刻的时间间距，这是传统历法中计算日月食的第一个算法。《纪元历》计算“经朔望入交泛日”的基本思路是，先计算天正十一月经朔加时入交泛日及余秒，

---

①② 历代天文律历等志汇编（八）. 北京：中华书局. 1976. 2830.

然后以“朔差”（朔望月与交点月常数之差）累加之，即得所求“经朔入交泛日”。

（2）求定朔入交泛日；“定朔入交泛日”指的是定朔时刻平月亮离前面最近一个月过降交点时刻的时间间距。《纪元历》“求定朔望加时入交”算法称：

> 置经朔望加时入交泛日及余秒，以入气、入转朓朒定数朓减朒加之，即得定朔加时入交泛日及余秒。①

显然，“定朔入交泛日”和“经朔入交泛日”之间的时间差，即为定朔时刻和平朔时刻的时间差。因此，对“经朔入交泛日”实行太阳改正和月亮改正，即可得到“定朔入交泛日”。

若设经朔入交泛日为 r，定朔入交泛日为 r^*，太阳改正和月亮改正分别为 C_S 和 C_M，则 r^* 和 r 之间有如下关系：

$$r^* = r + C_S + C_M \tag{5-83}$$

（3）求朔加时入交常日；“朔加时入交常日”指的是定朔时刻真月亮离开最近一个真黄白降交点的时间间距。《纪元历》“求朔望加时入交常日”算法称：

> 置其月经朔、望加时入交泛日及余秒，以其月入气朓朒定数，朓减朒加之，满与不足，进退其日，即得朔望加时入交常日及余秒。②

设定朔加时入交常日及余秒为 r^{**}，则有：

$$r^{**} = r + C_S = r^* - C_M \tag{5-84}$$

由上式可以看出，对“定朔入交泛日”减去月亮改正，即得“朔加时入交常日”。事实上，《纪元历》在计算“朔加时入交常日”之前，还设计了与之相关的两个算法，其一为“求定朔望加时月行入交积度”，其二为“求定朔望加时月行入交定积

① 历代天文律历等志汇编（八）．北京：中华书局．1976. 2827.
② 历代天文律历等志汇编（八）．北京：中华书局．1976. 2828.

度”。这两个项目计算所得的结果分别与“定朔入交泛日”和“朔入交常日”相对应，“定朔入交泛日”和“朔入交常日”分别乘以月亮的平均运动速度 v = 13.36875 度/日，即可得到“定朔望加时月行入交积度”和“定朔望加时月行入交定积度”。

（4）求朔入交定日。“朔入交定日”指的是定朔时刻视月亮和视黄白道降交点的时间间距。《纪元历》“求朔入交定日”算法称：

> 置朔入交常日及余秒，以气、刻差定数各加减之，交初加三千一百，交中减三千，为朔入交定日及余秒。[①]

若设朔入交定日为 r^{***}，气差、刻差定数分别为 Δq, Δk，食差常数为 Δe_0，则有：

$$r^{***} = r^{**} + \Delta q + \Delta k + \Delta e_0 \qquad (5\text{-}85)$$

这里需要指出，《纪元历》在计算“朔入交定日”时，没有涉及黄白交点的退行，而在计算“望入交定日”时则考虑了黄白交点的退行，并设计了相应的算法。其中的原因，可能是由于黄白交点的退行比较微小，相比日食三差而言，完全可以忽略。

（5）求月行入阴阳历。《纪元历》“求月行入阴阳历”算法称：

> 视其朔、望入交定日及余秒，如在中日及余秒以下为月在阳历；如中日及余秒以上，减去中日，为月在阴历。[②]

中国古代历法家通常将月亮运行在黄道以北，称为月入阴历，月亮运行在黄道以南称月入阳历。“月行入阴阳历”指的就是视月亮在阴历或阳历运行的时间。与之相对应的度数，《纪元历》称为“定朔望加时月行入阴阳历积度”，“月去黄道度”的计算，就会用到这个数据。

---

①② 历代天文律历等志汇编（八）. 北京：中华书局. 1976. 2830.

根据《纪元历》“求入食限交前后分”算法，如果“月行入阴阳历”不满一日，即称为“交后分”，如果“月行入阴阳历”在十三日上下，则以中日（半个交点月）减去该数值，所得结果称为“交前分”。

至此，我们看到，根据前述一系列算法，不难将“朔入交定日”r^{***}换算为“交前后分”x，而所谓的“交前后分”指的其实就是定朔时刻视月亮离最近的一个视黄白交点的距离，其单位为日分。

四、阴历食限和阳历食限为何不等

通过前面的讨论，我们已经彻底搞清楚了“交前后分”的含义。显然，按照历法家对日食食限的定义方式，日食食限指的就是能够发生日食的“交前后分”的最大值。那么这个最大值应该是多少？在阴历和阳历，这两个数值是否相等？

按理，日食食分的大小，决定于日食视食甚时刻的相关数据，特别是日食视食甚时刻视月亮和视黄白交点的距离x^*。但是，《纪元历》中日食食分算法的自变量却是“交前后分”x。那么，x^*和x之间的关系是什么？根据中国古代视差理论及算法，定朔时刻和日食视食甚时刻之间有一个时间差，这个时间差被命名为时差。显然，若设日食时差为Δt，则有

$$x \pm \Delta t = x^* \tag{5-86}$$

由于中国古代的日食食限指的是能发生日食的x的最大值，因此，我们可将上式变形为

$$x = x^* \pm \Delta t \tag{5-87}$$

显然，当日食时差Δt取最大值Δt_0时，x可取得两个极值，分别为$x^* + \Delta t_0$和$x^* - \Delta t_0$。这里的$x^* + \Delta t_0$和$x^* - \Delta t_0$其实就是中国古代历法中所谓的阴历食限和阳历食限，二者之差即为$2\Delta t_0$。下面我们以《纪元历》、《知微历》和《授时历》等三部历法为例，来考察阴阳历食限之差是否近似等于时差最大值的

2 倍。

《纪元历》中阴历食限和阳历食限分别为 4300 和 3400，二者之差为 900。《纪元历》中时差由下式求出[①]

$$\Delta t = \frac{(3645 - w) \times w}{7290} \tag{5-88}$$

式中，w 表示距午分，即定朔时刻距离正午的日分。据此可求出时差的最大值为 456，它的 2 倍为 912，非常接近 900。

《知微历》阴历食限和阳历食限分别为 3100 和 2400，二者之差为 700。《知微历》中时差由下式求出[②]

$$\Delta t = \frac{(2615 - w) \times w}{5000} \tag{5-89}$$

据此可求出时差的最大值为 342，它的 2 倍为 684，非常接近 700。

《授时历》阴历食限和阳历食限分别为 8 度和 6 度，二者之差为 2 度。《授时历》中时差由下式求出[③]

$$\Delta t = \frac{(5000 - w) \times w}{9600} \tag{5-90}$$

据此可求出时差的最大值为 651，它的 2 倍为 1302。若依《授时历》所取月亮的最大速度入算，则可将该数值换算为相应的度数 $14.7154 \times 1302/10000 = 1.92$，这个数值非常接近 2 度。

以上讨论表明，中国古代历法中的阴历食限和阳历食限并不相等，二者之间的差值非常接近于日食时差最大值的 2 倍。

五、结语

通过前面的讨论，我们可以得出如下一些结论：

---

① 历代天文律历等志汇编（八）. 北京：中华书局 . 1976. 2828.

② 历代天文律历等志汇编（九）. 北京：中华书局 . 1976. 3258.

③ （明）宋濂等 .《元史 · 历四》（卷 55）. 北京：中华书局 . 1976. 1238.

（1）《大衍历》以后诸历中的日食食限，是按照定朔时刻视月亮到视黄白交点的距离来度量的，按照中国古代历法家对日食食限的这种定义方式，阴历食限确实不等于阳历食限，二者之间的差值近似等于日食时差最大值的 2 倍。因此，科学史家对这一问题的批评是有失公允的。事实上，如果中国古代历法家按照视食甚时刻视月亮到视黄白交点的距离来定义日食食限，则日食食限只需设立一个数值即可①，因为以这种方式定义的阴历食限和阳历食限是相等的，这样一来，日食食分算法的模型也会变得非常简单。遗憾的是，中国古代的历法家并没有这样做。

（2）根据前面的分析，我们已经指出，按照历法家对日食食限的定义方式，阴历食限和阳历食限确实不相等。然而，在中国古代所有给出阴历食限和阳历食限的历法中，阴历食限总是大于阳历食限，这是存在很大问题的。因为按照中国古代的日食时差算法，定朔时刻有时早于视食甚时刻，有时则晚于视食甚时刻。以月亮过降交点为例，若定朔时刻早于视食甚时刻，则阴历食限大于阳历食限，若定朔时刻晚于视食甚时刻，则阴历食限反小于阳历食限。月亮过升交点的情形可类此得出阴历食限和阳历食限的大小关系。可见，阴历食限并不总大于阳历食限，在约有一半的日食计算中，阳历食限反大于阴历食限。在实际的日食计算中，历法家不可能注意不到这一点，因为这直接会影响到日食食分的计算，但是为什么他们给出的阴历食限总大于阳历食限，这也许是一个值得我们继续思考的问题。

（3）中国古代历法家设计的阴历食限和阳历食限之和近似等于 14 度，这相当于日食的视食甚时刻视月亮到视黄白交点的距离小于 7 度时刻发生日食，该数值的理论值约为 6 度。

① 在中国古代历法家的心目中，这个数值大概为 7 度。

《授时历》中阴历食限为 8 度，阳历食限为 6 度，这两个数值应是郭守敬等人参照以前各历中阴阳历食限的相关数据，并按照阴阳历食限之差近似等于日食时差的 2 倍这个关系调整出来的。

第五节　视差与日食起讫算法

在日月食持续过程中，初亏、食甚和复满是三个重要的时间关节点，中国古代的历法家将其称为日月食三限①，初亏与复满时刻通常被称为日月食起讫时刻。中国古代的日月食起讫算法，就是由日月食食甚时刻推求初亏和复满时刻的算法。②③ 该算法在不同的历法中有不同的称谓，如《皇极历》（公元 604 年）称为“推日月食起讫辰术”，《戊寅历》（公元 619 年）称为“求亏初复满术”，等等。

中国古代的日月食起讫算法最早出现在隋代刘焯的《皇极历》中，以后的历法均有设计。该算法通常分为如下三个步骤：首先，计算食甚时刻；其次，求出食甚到初亏和食甚到复满的时间；最后，求出初亏和复满时刻。

由于月亮视差影响，日食起讫算法比月食起讫算法复杂。二者的本质区别在于，月食的初亏和复满时刻关于食甚时刻对称，而日食则不然。《麟德历》（公元 665 年）、《五纪历》（公元 762 年）、《钦天历》（公元 956 年）等历法在计算日食的起讫时刻时，已经认识到日食的初亏和复满关于食甚时刻不对称，

① 对于月食而言，通常将初亏、食既、食甚、生光和复满等五个时刻称为月食五限。

② 曲安京. 中国古代历法与印度及阿拉伯的关系——以日月食起讫算法为例. 自然辩证法通讯，2000，22（3）：58～68.

③ 王应伟. 中国天文学史（中）. 上海：世纪出版集团，上海人民出版社. 2006. 547.

并设计了相应的算法来计算日食的起讫时刻。但是，其他历法在计算日食的起讫时刻时，均忽略了这一点。那么，《麟德历》、《五纪历》、《钦天历》等历法中的日食起讫算法是否合理？中国古代日食起讫算法的精度如何？本节试图通过详细梳理中国古代日食起讫算法的历史沿革，并与日食起讫算法的理论模型进行比较，来回答这些问题。

一、日月食起讫算法原理

在中国古代历法中，日月食起讫算法通常是放在一起进行讨论的。下面我们按照中国古代历法家的思路，给出日月食起讫算法的理论模型。

以月食为例，如图 5-23 所示，假设点 S 表示地影的中心，点 M_0、M_1、M_2 分别表示月食初亏、食甚、复圆时月亮的中心，$\beta = SM_1$ 表示食甚时月亮的黄纬。

令 r_E、r_M 分别表示地影与月亮的视半径，则有 $R = SM_0 = r_E + r_M$，$\overline{M_1M_0}^2 = R^2 - \beta^2$。

若令 v_M 与 v_S 分别表示月亮与太阳的实行速，则可以得到从初亏到食甚时刻的时间函数

$$F(\beta) = \frac{\overline{M_1M_0}}{v_M - v_S} = \frac{\sqrt{R^2 - \beta^2}}{v_M - v_S}$$

在图5-23中，由 $SM_0 = SM_2$ 可推出 $M_0M_1 = M_1M_2$，这表明对月食而言，从复满到食甚的时间等于从初亏到食甚的时间。若设 T_0、T_1、T_2 分别表示月食的初亏、食甚与复满时刻，则显然有

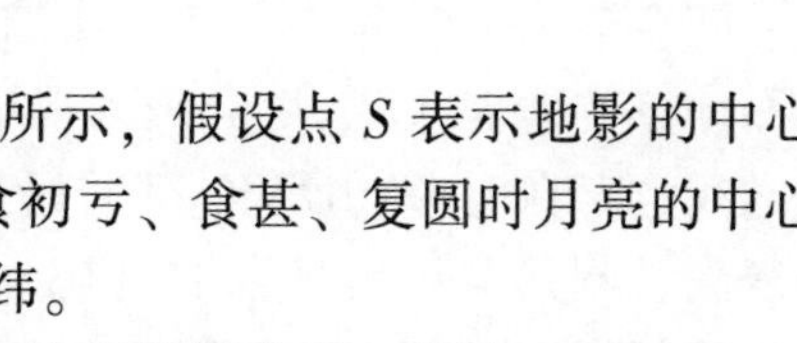

图 5-23　日月食三限

$$T_0 = T_1 - F(\beta) \qquad (5\text{-}91)$$

$$T_2 = T_1 + F(\beta) \tag{5-92}$$

若取月亮和地影的平均视直径分别为 31.5′ 和 83.5′，太阳和月亮的平均日行速为 790′35″ 和 59′8″，则可算出月食的最大持续时间，亦即 $2F(\beta)$ 的最大值约为 3 小时 46 分钟。

对于日食的情形，只需将图 5-23 中的地影换为太阳，地影半径换为太阳半径，我们即可利用和月食相同的算法，计算出日食的食甚时刻到初亏和复满时刻的时间函数，进而由食甚时刻求出初亏和复满时刻。

根据现代天文学理论，月食的视食甚与真食甚没有区别，初亏与复满的情形也是如此。但对于日食而言，视食甚与真食甚之间存在一个时间差，其大小取决于太阳的黄经和时角以及观测地点的地理纬度。① 同理，视初亏与真初亏、视复满与真复满之间也存在时差。因此，我们利用上面三个算式求出的初亏和复满时刻其实只是日食的真初亏和真复满时刻，要计算视初亏和视复满时刻，还需运用时差原理对真初亏和真复满时刻进行修正。

若设 T_0 、T_1 、T_2 分别表示日食的真初亏、真食甚与真复满时刻，T_0^* 、T_1^* 、T_2^* 分别表示日食的视初亏、视食甚与视复满时刻，Δt_0 、Δt_1 、Δt_2 分别表示日食的视初亏与真初亏、视食甚与真食甚、视复满与真复满之间的时差，则它们之间具有如下关系

$$T_0^* = T_0 + \Delta t_0 \tag{5-93}$$

$$T_1^* = T_1 + \Delta t_1 \tag{5-94}$$

$$T_2^* = T_2 + \Delta t \tag{5-95}$$

若设日食的视食甚与视初亏之间的时间为 ΔT_0 ，视食甚与视复满之间的时间为 ΔT_1 ，则可以根据 T_0^* 、T_1^* 、T_2^* 的大小，

① 唐泉. 希腊、印度与阿拉伯传统视差理论研究. 西北大学博士学位论文. 2006.

求出 ΔT_0 和 ΔT_1 的数值

$$\Delta T_0 = T_1 - T_0 + \Delta t_1 - \Delta t_0 \tag{5-96}$$

$$\Delta T_1 = T_2 - T_1 + \Delta t_2 - \Delta t_1 \tag{5-97}$$

前面的讨论表明，日食的真食甚到真初亏和真复满的时间相等，亦即 $T_1 - T_0 = T_2 - T_1$，但是根据影响日食时差大小的因素，Δt_0、Δt_1、Δt_2 并不相等，而且它们的符号可正可负，因此 ΔT_0 和 ΔT_1 并不相等。换言之，日食的视初亏和视复满关于视食甚时刻并不对称，而日食的持续时间即为 ΔT_0 和 ΔT_1 的绝对值之和。

若取太阳的平均视直径为 $32'$，则对于日全食（中心食）而言，真初亏时刻 T_0 到真复满时刻 T_2 之间的持续时间约为 2 小时 5 分钟。若考虑视差影响，则视复满时刻 T_2^* 到视初亏时刻 T_0^* 之间的持续时间可延长至 3 小时 30 分钟。

二、从《皇极历》到《钦天历》之前的日食起讫算法

日月食起讫算法最早出现于刘焯的《皇极历》，称为“推日月食起讫辰术”，其大体思路是以食分为自变量构造一个离散函数，求出从初亏到复满的时间①，然后根据这个时间，由食甚时刻求出日月食的初亏和复满时刻。② 这个思路被随后的一些历法家所继承，如《麟德历》、《大衍历》（公元 728 年）等历法计算日食起讫时刻的思路基本和《皇极历》一致。不过，和《皇极历》相比，这些历法设计的日食起讫算法更加简明。

《戊寅元历》无日食起讫算法，其月食起讫算法的思路和《麟德历》相同。《戊寅元历》指出，月食的食甚到初亏和复满

① 此处所称的初亏和复满即为视初亏和视复满，文中涉及初亏、食甚和复满三个概念时，若不加说明，则均指视初亏、视食甚和视复满。

② 历代天文律历等志汇编（六）. 北京：中华书局. 1976. 1961 ~ 1962.

的时间并不相等，二者的比值为6∶4。① 根据月食起讫算法的理论模型，月食的初亏和复满时刻关于食甚对称，因此，《戊寅元历》提供的方案是错误的。

《麟德历》中的日月食起讫算法称为“求日月食亏初及复末时刻术”，该算法分如下三个步骤：①假定月亮按平均速度运动，根据食分大小给出从初亏到复满的时间，称为刻率；②考虑月亮不均匀运动，对刻率进行修正，得到从初亏到复满的确切时间，称为定用刻数；③由食甚时刻和定用刻数求出月食的初亏和复满时刻。《麟德历》“求日月食亏初及复末时刻术”称：

> 置朔望所蚀大分数为率。四分已上，因增二。五分已上，因增三。九分已上，因增四。十三分已上，因增五。各为汎用刻率，副之。（以乘所入率，副之。）以乘所入变增减率，总法而一，应速增损、减加，应迟依其增减副，讫，为食定用刻数。乃四乘之，十而一，以减食甚辰刻，为亏初。又六乘之，十而一，加食甚辰刻，为复末。②

若设食分为 E ，汎用刻率为 $F'(E)$ ，定用刻数为 $F(E)$ ，入变增减率为 δ_{m} ，则依术文

$$F(E)=F'(E)\pm\frac{F'(E)\times\delta_{\mathrm{m}}}{\text{总法}} \tag{5-98}$$

若设日月食的初亏、食甚与复满时刻分别为 T_0^* ，T_1^* ，T_2^* ，则依术文，《戊寅元历》中月食之初亏和复满时刻可由下式求出

$$T_0^*=T_1^*-0.4F(E) \tag{5-99}$$

$$T_2^*=T_1^*+0.6F(E) \tag{5-100}$$

这表明，《麟德历》认为日月食的食甚到初亏和复末的时间不相

---

① 历代天文律历等志汇编（七）. 北京：中华书局. 1976. 1992 ~ 1993.

② 历代天文律历等志汇编（七）. 北京：中华书局. 1976. 2028.

等，二者之比为4∶6。

和《麟德历》一样，《大衍历》也是先根据食分给出泛用刻率，然后对泛用刻率进行修正，得到定用刻数，其修正方法与《麟德历》完全相同。不过，在《麟德历》中，食分与泛用刻率的对应法则对日月食都适用，而《大衍历》则对日月食泛用刻率分别给出了不同的求法，其中日食泛用刻率和食分的关系为 $F(E) = E + 2$，其最大值为17刻。① 此外，《大衍历》在给出食分和汎用刻率对应关系之后，还对汎用刻率进行了一项微小的修正，当朔望去交定分非常小时，该项修正最大可达1刻，依之，《大衍历》日食定用刻的最大值为18刻。另外，《大衍历》指出，亏初到食甚和食甚到复满之间的时间相等，其术文称：

> ……：为定用刻数。半之，以减食甚辰刻，为亏初；以加食甚辰刻，为复末。②

《宣明历》（公元822年）日食起讫算法基本沿袭了《大衍历》算法。《五纪历》也基本沿用了《大衍历》的算法，但“其与《大衍》小异者九事”，其中这“小异者九事”中的第七条就谈到了《五纪历》和《大衍历》在日食起讫算法方面的一个分歧，其术文称：

> 日蚀定用刻在辰正前者，以十分之四为亏初刻，六为复末刻；未正后者，六为亏初刻，四为复末刻。不复相半。七也。③

根据术文，《五纪历》与《大衍历》争论的问题，其实是各历在计算日食起讫时刻时所关注的基本问题，即：日食的初亏与复圆时刻是否关于食甚时刻对称？《大衍历》认为初亏与复圆到食甚的时间相等，而《五纪历》则认为这取决于日食的时

---

① 历代天文律历等志汇编（七）. 北京：中华书局. 1976. 2248～2252.

② 历代天文律历等志汇编（七）. 北京：中华书局. 1976. 2252.

③ 历代天文律历等志汇编（七）. 北京：中华书局. 1976. 2275.

间。《五纪历》给出的具体方案是：如果日蚀定用刻在辰正前，则初亏到食甚和食甚到复满的时间分别占定用刻的 4/10 和 6/10；如果日蚀定用刻在未正后，则初亏到食甚和食甚到复满的时间分别占定用刻的 6/10 和 4/10。根据视差理论，如果日食发生在午前，则初亏到食甚的时间通常小于食甚到复满的时间；如果如果日食发生在午后，则初亏到食甚的时间通常大于食甚到复满的时间。因此，《五纪历》所给方案可以说和实际情况有几分暗合。《正元历》（公元 783 年）日月食起讫算法及用数皆同《五纪历》。

前面的讨论表明，从《皇极历》到《宣明历》的日食泛用刻分，均是以日食分作为自变量的离散函数。《崇玄历》（公元 893 年）中日食汎用刻以朔时月行定分作为自变量，这种做法对宋代的历法影响很大。除《应天历》（公元 963 年）、《乾元历》（公元 981 年）和《仪天历》（公元 1001 年）等少数几部历法仍以日食分作为自变量计算日食泛用刻分外，其他各历都以月亮的去交分作为自变量来计算日食的泛用刻分。和《大衍历》一样，《崇玄历》也认为初亏与复圆到食甚的时间相等。

如前所述，这些历法在涉及日食过程中食甚到初亏和食甚到复满的时间是否相等这一问题时，都提出了各自的方案。《皇极历》、《大衍历》、《宣明历》和《崇玄历》等历法认为，初亏与复圆关于食甚时刻对称；《戊寅元历》认为月食初亏到食甚与食甚到复圆的时间之比为 6∶4，而《麟德历》认为日食初亏到食甚与食甚到复圆的时间之比为 4∶6。《五纪历》则认为日食若发生在辰正前，则初亏到食甚与食甚到复圆的比例为 4∶6，日食若发生在未正后，则初亏到食甚与食甚到复圆的比例为6∶4。根据第一节的讨论，对月食而言，食甚到初亏和食甚到复满之间的时间相等；但对日食而言，食甚到初亏和食甚到复满之间的时间并不相等，这取决于视食甚、初亏与复满时刻的时差大小。隋唐时期的历法家显然不能合理地解释其中的道理，他们设计的日月食起讫算法很好地说明了这一点。

三、《钦天历》的日食起讫算法

日月食起讫算法在《钦天历》中被称为“日月初末加时定分”，其术文称：

> 各置泛用分，以平离乘之，其日离程而一，为定用分。以减朔望定分，为亏初。加之，为复末。加时常分，如食甚术推之，得亏初、复末定分。①

术文中“平离”指的是月亮的平均日行速 $\bar{v}_M$，离程指的是月亮的真实日行速 v_M。根据术文，日食的泛用分 $F'_S(x)$ 和定用分 $F_S(x)$ 之间具有如下关系

$$F_S(x) = F'_S(x) \times \frac{\bar{v}_M}{v_M} \tag{5-101}$$

《钦天历》中日月食泛用分 $F_S(x)$ 是一个以月亮的去交分作为自变量的函数。这个函数在《崇玄历》等历法中为一次函数，而从《钦天历》开始变为如下的二次分段函数②

$$F'_S(x) = \begin{cases} 647 - \dfrac{(4780 - x)^2}{63272}, x > 1912 \\ 517 - \dfrac{A \times (1912 - x)}{735}, 956 < x < 1912 \\ 387 - \dfrac{x^2}{2362}, x < 956 \end{cases} \tag{5-102}$$

式中 x 称为距食分，其含义和其他历法中的去交定分相当，A 为《钦天历》日法。根据《钦天历》日食食分算法，距食分 x 和食分 E 满足如下关系：$x = 478E$，因此，亦可将日食泛用分 $F'_S(x)$ 表示成以食分 E 作为自变量的函数。

① 历代天文律历等志汇编（七）. 北京：中华书局. 1976. 2423.

② 历代天文律历等志汇编（七）. 北京：中华书局. 2422～2423.

《钦天历》中的日食泛用分 $F'_{\mathrm{S}}(x)$，其实是假定月亮按平均速度运动而求出的由真初亏或复满到真食甚的时间的一个大概数值，而定用分 $F_{\mathrm{S}}(x)$ 则是假定月亮按真实速度运动而求出的由真初亏或复满到真食甚的时间。如果月亮实行速大于平行速，则日食的定用分会小于泛用分，反之亦然。因此，《钦天历》所给日食泛用分 $F'_{\mathrm{S}}(x)$ 和定用分 $F_{\mathrm{S}}(x)$ 之间的修正法则和实际情况大体吻合。

容易看出，《钦天历》计算日月食初亏和复满的方法和以前诸历完全不同。《钦天历》之前的历法在计算初亏和复满时刻时，都是根据视食甚时刻和日月食定用刻分直接计算而得，在这些历法中，日月食定用刻分通常都是以食分或月亮的去交定分为自变量的函数。这实际上是等于默认了食甚、初亏、复满时的时差相等，这显然不符合实际情况。和其他各历不同，《钦天历》不是根据日月食的视食甚时刻来计算日月食初亏和复满时刻，而是根据日月食的真初亏和复满时刻来计算初亏和复满时刻。

《钦天历》术文中的“朔望定分”指的是定朔和定望时刻，“定用分”指的是真食甚与真初亏或真复满之间的时间。由于定朔时刻和真食甚时刻之间的时间差很小，因此中国古代的历法家通常对二者不加区别。因此，“朔望定分”实际上指的是真食甚时刻。若设“朔望定分”为 T_1，“亏初常分”和“复末常分”分别为 T_0 和 T_2，则有

$$T_0 = T_1 - F_{\mathrm{S}}(x) \tag{5-103}$$

$$T_2 = T_1 + F_{\mathrm{S}}(x) \tag{5-104}$$

显然，“亏初常分”和“复末常分”即为真初亏和真复满时刻。《钦天历》中所谓的“亏初定分”和“复末定分”，实际上指的就是视初亏时刻 T_0^* 和视复满时刻 T_2^*。它们和“亏初常分”和“复末常分”之间的关系分别如下

$$T_0^* = T_0 + \Delta t_0 \tag{5-105}$$

$$T_2^* = T_2 + \Delta t_2 \tag{5-106}$$

其中，Δt_0 和 Δt_2 分别表示日食的视初亏与真初亏、视复满与真复满之间的时差。这个算法就是《钦天历》中由定朔时刻推求视食甚时刻的算法，亦即术文中所称的“如食甚术推之”。

综上所述，《钦天历》中的日食起讫算法包括如下四个步骤：①求泛用分；②求定用分；③利用定用分，由朔望定分分别求出真初亏和复满时刻，称为亏初和复末加时常分；④利用日月食时差算法，按照由日月食真食甚计算视食甚的方法，求出视亏初和视复满时刻，称为亏初、复末定分。

《钦天历》将时差算法用于日食起讫时刻的计算，是合理和有效的。但是对于月食来说，这种修正则是不必要的。考察以上诸式，不难看出，《钦天历》计算日食起讫时刻的算法，其原理和理论算法完全一致。

四、《钦天历》之后的日食起讫算法

《钦天历》以后的历法计算日食起讫时刻的基本思路是：首先计算食甚到初亏或复满的时间，称为日食定用分；然后，以视食甚时刻减去定用分为亏初时刻，加上定用分为复满时刻。因此，《钦天历》之后的日食起讫算法的核心是求日食定用分，而日食定用分在部分历法中是通过修正日食泛用分而得到的。

北宋《应天历》、《乾元历》和《仪天历》日食汎用分均以食分为自变量，但三历算法不统一。《崇天历》、《明天历》和《观天历》中的日食汎用分以朔入交定分作为自变量，采用宋代非常流行的相减相乘算法，由日食汎用分求定用分的方法则和《钦天历》全同。《纪元历》日食汎用分算法分阳历和阴历两种情形，由汎用分求定用分的方法和《崇天历》相同。南宋诸历算法皆同《纪元历》，此处不再赘述。

《知微历》和《庚午元历》无日食汎用分算法，其日食定用分直接以食分入算，算法形式非常简单，且二历算法及用数

全同。《授时历》和《大统历》日食定用分算法也以食分入算，但其造术原理和《庚午元历》有所不同。《回回历法》求初亏到食甚时间的算法和中国传统算法有很大差异，但和月食起讫算法的理论模型等价。

在这些历法中，只有《授时历》、《大统历》和《回回历法》等少数几部历法在计算日食定用分时，采用的算法和月食起讫算法的理论模型等价，而其他历法均采用的是中国传统的数值算法。但是，《钦天历》之后的所有历法，都认为日食的初亏和复满时刻关于食甚时刻对称。

例如，《应天历》"求初亏和复末术"称："……为定用分，加食定余，为复末定分；减之，为亏初定分。"① 《崇天历》"求日月食亏初复满小余"称："各以定用分减食甚小余，为亏初；加食甚小余，为复满；即各得亏初、复满小余。"② 《纪元历》"求日月食亏初复满小余"称："置日、月食甚小余，各以定用分减之，为亏初；加之，为复满；……即各得所求小余。"③ 《知微历》"求日食定用分"称"……所得，为定用分。减定余，为亏初定分。加定余，为复圆分。"④ 《授时历》"求日月食定用及三限辰刻"称："……为定用分。以减食甚定余，为亏初；加食甚定余，为复圆。"⑤

五、日食的持续时间

前面的讨论表明，中国古代的日食起讫算法还存在着较大缺陷。由于日食起讫算法和日食持续时间密切相关，因此我们有必要讨论一下中国古代的日食持续时间。

---

① 历代天文律历等志汇编（八）. 北京：中华书局. 1976. 2496.
② 历代天文律历等志汇编（八）. 北京：中华书局. 1976. 2606.
③ 历代天文律历等志汇编（八）. 北京：中华书局. 1976. 2831.
④ 历代天文律历等志汇编（九）. 北京：中华书局. 1976. 3260.
⑤ 历代天文律历等志汇编（九）. 北京：中华书局. 1976. 3420～3421.

根据各历日食起讫算法，可以求出日食的持续时间，下面我们可以通过比较日食继续时间最大值的历法值和理论值，从一个侧面对中国古代历法中的日月食起讫算法精度做出评价。《戊寅历》日食持续时间最大为22刻，《麟德历》和《应天历》20刻，《大衍历》19刻，《宣明历》、《崇玄历》、《钦天历》、《崇天历》、《明天历》18刻，《观天历》和《纪元历》16刻，《庚午元历》14刻，《授时历》10.4刻。而根据第一节的讨论，日食持续时间最大值的理论结果为14.6刻。可见，《庚午元历》中的数据和理论结果最接近，误差只有0.6刻，《观天历》和《纪元历》次之，误差为1.4刻，其他各历误差都超过3.4刻，《戊寅元历》甚至达到7.4刻。显然，这个误差是比较大的。当然，如果发生的是偏食，这个绝对误差要小一些。

六、结语

综上所述，我们可以得出如下一些结论：

(1) 根据我们掌握的史料，中国古代历法中，只有《钦天历》成功地将视差理论应用于日食起讫算法。中国古代对日食起讫时刻的推算，至迟从隋代的《皇极历》即已开始，此后历法均有设计。唐代的历法家已经认识到，日食的初亏到食甚的时间和食甚到复满的时间并不相等，《麟德历》和《五纪历》分别设计了一套方案来讨论这两段时间的比例。这些方案应该是历法家根据长期观测经验总结出来的规律，他们的方案也许和某次日食的情况比较吻合，但都缺乏科学根据。正是在《麟德历》和《五纪历》等历法日食起讫算法的基础上，《钦天历》成功地将视差理论应用于日食起讫算法，从而彻底解决了由日食的视食甚时刻推算视初亏和复满这一长期困扰中国历法家的难题。虽然《钦天历》计算定用分时采用是中国古代历法家常用的数值算法，而忽视了几何模型，但是《钦天历》能成功地将时差应用于视初亏、食甚和复满时刻的计算，的确是非常难能可贵的。

(2) 从总体上来说，中国古代的日食起讫算法还存在着一些缺陷。这些缺陷主要表现为如下两个方面：其一，绝大多数历法中的定用分算法没有采用几何模型，而采用的是传统的数值算法；其二，绝大多数历法都认为日食的初亏和复满时刻关于食甚对称。根据日食起讫算法的理论模型，日食的初亏和复满时刻关于食甚并不对称，这是日食起讫算法和月食起讫算法的本质差别所在。只有成功地运用视差理论，日食起讫算法才算是一个较为完备的算法。《钦天历》的日食起讫算法虽然成功地运用了视差理论，但是《钦天历》算法并未得到后世历法家的沿用。《钦天历》以后的历法在计算日食的起讫时刻时，无一例外都将食甚到初亏和复满的时间看作相等。正是由于中国古代日食起讫算法存在着缺陷，因此，这将会直接影响中国古代日食计算的精度。

和中国古代的日食起讫算法相比，古希腊和古代印度的同类算法似乎更完备一些，因为古希腊的《至大论》和古代印度的《苏利亚历》在计算日食的起讫时刻时，均成功地应用了视差理论。

第六章　结　　语

视差理论在古希腊、古代印度、阿拉伯和中国的日食理论中占有非常重要的地位，日食计算中的许多项目，如日食食分、食限、食甚以及日食起讫时刻的推算都与视差有关。在前面各章，我们依次讨论了古希腊、古代印度、阿拉伯和中国传统日食理论中的视差理论，以及视差对日食计算的影响。

在本章中，我们首先对古希腊、古代印度、阿拉伯和中国的视差理论做一个简单的比较，然后考察古希腊、古代印度、阿拉伯和中国传统日食理论中日食时差算法、食分算法和起讫算法的异同。

一、古希腊、古代印度、阿拉伯和中国传统视差理论比较

通过考察古希腊、古代印度、阿拉伯和中国传统数理天文学中的视差理论，可以看到，不同文明的天文学家设计的视差算法与本民族的数理天文学传统密切相关，其异同主要表现在如下一些方面：

(1) 古希腊、古代印度、阿拉伯和中国这几个主要文明的天文学家很早就注意到视差现象，并设计了相应的视差算法用于日食计算。

作为一种重要的天文现象，视差很早就引起了天文学家的关注。从目前掌握的资料来看，视差现象最早由公元前 2 世纪希腊天文学依巴谷发现，他曾经写过视差方面的著作但没有流传下来，依巴谷关于视差的论述被托勒密所继承。托勒密所撰《至大论》一书，系统总结了古希腊天文学的成就，该书在完整的月球运动理论的基础上，首次给出了完整的视差理论，其中

多处引用了依巴谷的工作。

在古代印度的数理天文学中，对视差的论述最早出现在公元 5 世纪阿耶波多的《阿耶波多历数书》中，此后古代印度所有的历法在计算日食时，都设计了视差算法。《苏利亚历》中的视差算法在印度非常具有代表性，其他绝大多数历法中的视差算法基本都沿袭了《苏利亚历》中的视差算法，只有个别天文学家设计的视差算法与这种主流算法不同。

古希腊天文学和古代印度天文学传入伊斯兰世界后，对伊斯兰天文学产生了很大的影响。早期阿拉伯天文学家，如花拉子米等人设计的视差算法带有明显的古代印度传统，但大多数阿拉伯文献中的视差理论则完全受古希腊视差传统的影响。古希腊天文学通过阿拉伯世界传入欧洲以后也产生了深远的影响，16 世纪哥白尼所著《天体运行论》中的视差算法完全属于古希腊传统。

在中国古代，视差现象最早为公元 6 世纪时的天算学家张子信所发现。从隋代的《皇极历》和《大业历》开始，视差算法成为每一部历法日食理论中的重要组成部分，这种状况一直持续到元代的《授时历》和明代的《大统历》。明朝初年，由中国回汉学者翻译的阿拉伯历法著作《回回历法》中的视差理论，完全属于阿拉伯传统。明代末期，西方天文学大规模传入中国，以西方天文学为基础编译的官方历书《崇祯历书》中的视差理论则完全采用希腊传统。

（2）古希腊、古代印度、阿拉伯和中国的天文学家虽然都设计了视差算法，但是他们建立视差算法的途径和总体思路不同。

由于古希腊天文学，特别是其日月运动理论建立在一套完整的本轮均轮模型之上，因此，古希腊天文学家建立视差算法的途径，是努力寻找天体到地球的距离与视差之间的函数关系，这使得希腊的视差理论更具有普遍意义。古希腊和阿拉伯的数理天文学文献在论述视差算法时，一般都会列出一定地理纬度处的视差表，这些视差表就是按照天体距离和视差之间的函数关系而制定的。

受古希腊天文学的影响，古代印度天文学家也采用本轮均轮模型计算太阳和月球的位置，不过从古代印度天文学家设计的视差算法来看，他们已经基本不去关心天体的距离和视差大小之间的关系了，而且，从古代印度视差算法的造术方法来看，他们基本没有受到古希腊天文学的影响。

中国古代天文学家设计视差算法的出发点，是消除视差对日食的影响，达到提高日食计算和预报水平的目的，他们也同样不去关心视差和天体距离之间的关系。

（3）在消除视差对日食的影响时，不同文明的天文学家根据视差对日食的影响效果不同，将视差分解为不同的分量。

在古希腊、古代印度和阿拉伯的数理天文学中，视差被分解为黄经视差和纬度视差。《回回历法》将视差分解为东西差、南北差和时差，其中东西差和南北差分别相当于黄经视差和纬度视差，而时差则是东西差在时间上的对应。中国古代天文学家将视差分解为气差、刻差和时差，合称日食三差，其中气差和刻差的代数和又称为食差。

这些文明的天文学家之所以会采取不同的视差分解方式，主要与他们计算日食食分和食甚时刻的算法不同有关。

以日食食分算法为例，《苏利亚历》和《回回历法》中的食分算法以月亮的视黄纬入算，因此天文学家需要知道真黄纬和视黄纬之间的差，纬度视差就是为了修正二者之间的差值而设计的。但是，中国古代的日食食分算法以视食甚时刻视月亮离开视黄白交点的距离作为自变量，因此中国古代天文学家设计的食差算法，是用来修正定朔时刻月亮到黄白交点的距离，从而得到视食甚时刻视月亮离开视黄白交点的距离。事实上，由于月亮的视黄纬和视月亮离开视黄白交点的距离是等价的，因此以上两种食分算法本质上是完全等价的。

（4）在古希腊、古代印度和阿拉伯的数理天文学中，视差虽然被分解为黄经视差和纬度视差，但具体算法仍然有很大区别。

托勒密计算黄经视差和纬度视差的基本思路是，先求出月球的总视差，然后进行分解。他给出的月球总视差算法为

$$\sin p(z,R) \approx \tan p(z,R) = \frac{r\sin z}{R - r\cos z} \tag{6-1}$$

式（6-1）中 z 表示地心天顶距，r 表示地球半径，R 表示地月距离，p 表示视差。求出总视差后，托勒密将其分解为两个分量，一个分量平行于黄道，称为黄经视差，另一个分量垂直于黄道，称为纬度视差。

《回回历法》直接将月亮视差和太阳视差的差分解为黄经视差和纬度视差，其思路和希腊视差传统完全一样。

古代印度的视差理论中，并没有设计总视差的算法，而是直接给出了计算黄经视差和纬度视差的算法。以《苏利亚历》为例，其黄经视差和纬度视差分别由下面两个算式求出

$$p_\lambda = \frac{4 \times \sin H_e \times \sin \widehat{TV}}{R^2} \tag{6-2}$$

$$p_\beta = \frac{\sin Z_e \times \overline{V}_M}{15R} \tag{6-3}$$

式（6-2）中的 H_e 表示黄道高度（亦即黄平象限的地平高度），TV 表示太阳和黄平象限的度距，R 表示正弦函数中用到的大圆半径。式（6-3）中的 Z_e 表示黄道天顶距（亦即黄平象限的天顶距），$\overline{V}_M$ 表示月亮的平均运动速度。

中国古代天文学家将视差分为气差、刻差和时差。其中时差是距午分 w 的函数，如《授时历》时差算法为

$$\Delta t = \frac{(5000 - w) \times w}{9600} \tag{6-4}$$

《纪元历》中气差算法和刻差算法分别为

$$\Delta q = \left(2430 - \frac{100x^2}{343}\right) \times \left(1 - \frac{2w^*}{d}\right) \tag{6-5}$$

$$\Delta k = \frac{200x(2a - x) \times w^*}{343 \times 7290/2} \tag{6-6}$$

式（6-5）和式（6-6）中的 x 表示朔日距离冬至或夏至的日数，d 表示朔日昼刻，w^* 表示食甚距午正刻数，a 表示一个象限的度数。

若设 Δe 和 Δe_0 分别表示食差和食差常数，则食差可表示为气差、刻差和食差常数的函数

$$\Delta e = \pm \Delta q \pm \Delta k + \Delta e_0 \tag{6-7}$$

前面的讨论表明，不同文明的天文学家在计算视差时，所使用的方法和手段存在很大差异。

托勒密在《至大论》中处理包含三个自变量的视差函数时，将三个自变量分别分离，然后采用简单的线性内插法进行计算。《苏利亚历》在计算黄经视差和纬度视差时，使用了特殊的三角函数插值算法。《回回历法》中的视差算法虽然继承了希腊的算法传统，但是更加趋于实用和简洁。中国古代的日食三差算法均采用简洁的公式进行计算，其实用传统非常明显。

（5）不同文明的天文学家设计的视差算法都存在着不同程度的缺陷。

总体来说，古希腊、古代印度和阿拉伯的视差算法都属于几何算法，这些算法设计依赖于具体的几何模型，而中国古代的视差算法则属于代数传统，具有强烈的算法化倾向。很明显，这个差异和各个文明数理天文学的特点密切相关。这两种传统虽然不同，但处理的都是同一个天文现象，而且各个文明的天文学家设计的视差算法在提高日食计算水平方面都收到了良好的效果，他们为处理视差这个复杂的问题而设计相应的算法时，都表现出高度的智慧。

然而，由于受时代的局限，不同文明的天文学家设计的视差算法仍然存在着一些缺陷。《至大论》中视差算法的缺陷主要是由托勒密建立的月球运动模型造成的，托勒密的月球模型虽

然可以较好地预报月球在天空中的位置，但由于本轮半径和均轮半径的比值非常大，这使得月球和地球的距离可以在 33 ~ 64 个地球半径这样大的范围内变化，从而导致月球地平视差在 53′;34 ~ 1°;44 之间变化，而月球地平视差的现代度值约为 57′。

由于太阳到地球的距离远比月亮到地球的距离大得多，因此月亮的地平视差比太阳的地平视差要大得多。根据现代天文理论推算，太阳地平视差的平均值为 8″.8。因此在日食计算中，一般只考虑月亮视差，而不考虑太阳视差，这样处理所导致的误差通常可以忽略不计。但是希腊、印度和阿拉伯的天文学家在计算视差时，同时考虑了太阳视差和月亮视差，且其太阳地平视差可达 3′ ~ 4′，这个数值和理论值相比误差太大。这和当时的天文学家对日地距离的认识水平是分不开的。事实上，一直到哥白尼的《天体运行论》中，仍然取太阳的地平视差为 3′。由于中国古代天文学家对视差的成因缺乏科学的认识，因此在他们设计的视差算法中，没有考虑地平视差的概念。

中国古代食差算法比较完备，精度也很高。但是，中国古代的时差算法仅与时角相关，而完全忽视了黄经对时差的影响，而且在时差符号的选择上也过于简单，这样处理的结果，使得中国古代的日食时差算法显得比较粗疏，以中国传统历法中推步精度较高的《授时历》为例，其二分二至时差的平均绝对误差为 22.4 分钟，而《回回历法》中二分二至时差的绝对值平均误差仅为 4.3 分钟。

二、古希腊、古代印度、阿拉伯和中国日食时差算法比较

定朔时刻和日食视食甚时刻之间的时间差，在中国古代被命名为日食时差。这个类似的算法，在古希腊、古代印度和阿拉伯的数理天文学中均有设计。日食时差算法的优劣直接影响着日食视食甚时刻的推算精度，因此，日食时差算法，是传统

日食理论中的一个核心算法。

1. 古希腊时差算法

根据前面的讨论,《至大论》中的日食时差算法可以概括为如下几个步骤:

(1) 求出定朔时刻 T_0 的月球视差 p_M 、太阳视差 p_S 以及二者之差 $\Delta p = p_M - p_S$;求出 Δp 对应的黄经视差 Δp_λ ,并将 Δp_λ 化成相应的时间 Δt ;

(2) 用 Δt 修正定朔时刻 T_0 ,得到视合朔时刻的第一次近似 T_1 。求出 T_1 时刻月球视差 p_{M1} 、太阳的视差 p_{S1} 以及二者之差 $\Delta p_1 = p_{M1} - p_{S1}$,以及 Δp_1 对应的黄经视差 $\Delta p_{\lambda 1}$;

(3) 利用 Δp_λ 和 $\Delta p_{\lambda 1}$ 求出最后的黄经视差 $\Delta p''_\lambda$

$$\Delta p''_\lambda = \Delta p_\lambda + (\Delta p_{\lambda 1} - \Delta p_\lambda) + \frac{(\Delta p_{\lambda 1} - \Delta p_\lambda)^2}{\Delta p_\lambda} \qquad (6\text{-}8)$$

(4) 求出黄经视差 $\Delta p''_\lambda$ 所对应的时差 Δt^*

$$\Delta t^* = \frac{\Delta p''_\lambda + \Delta p''_\lambda/12}{v_M} \qquad (6\text{-}9)$$

上式求出的 Δt^* ,就是日食时差。

2. 古代印度时差算法

根据前面的讨论,《苏利亚历》中的日食时差算法可概括为如下几个步骤:

(1) 求出定朔时刻 T_0 对应的时角 h_0 ,根据定朔时刻的相关数据求出相应的黄经视差 $p_{\lambda 0}$;

(2) 将 $p_{\lambda 0}$ 换算为相应的时角 $h(p_{\lambda 0})$,以时角 $h_1 = h_0 \pm h(p_{\lambda 0})$ 所对应的时刻 T_1 作为视食甚时刻的第一次近似;

(3) 以 T_1 时的相关数据入算,求出该时刻的黄经视差 $p_{\lambda 1}$,将 $p_{\lambda 1}$ 换算为相应的时角 $h(p_{\lambda 1})$,以时角 $h_2 = h_0 \pm h(p_{\lambda 1})$ 所对应的时刻 T_2 作为视食甚时刻的第二次近似;以 T_2 时的相关数据

入算，求出该时刻的黄经视差 $p_{\lambda 2}$ ；

（4）重复上述过程，直到发现某个时刻 T^* ，使得按照 T^* 时刻的相关数据求出的黄经视差 $p_\lambda{}^*$ 刚好等于定朔时刻和视食甚时刻的时间差。这个时刻 T^* 就是所求的视食甚时刻，T^* 和 T_0 之间的时间差就是日食时差。

3. 中国古代时差算法

中国古代日食时差算法的雏形出现在隋代的《大业历》和《皇极历》中，一直到徐昂《宣明历》之前，所有历法中的时差算法基本上都以定朔时刻月亮离开黄白多交点的距离作为自变量。

《宣明历》首先考虑到时差和时角以及太阳的黄经有关，并设计了以时角和朔日昼刻（相当于黄经）为自变量的时差函数。从《崇天历》开始，抛弃了对朔日昼刻的考虑，而将时差算法改为相减相乘的形式，但和以前各历一样，时差算法关于午正不对称。

在《庚午元历》中，午前午后的时差算法统一为一个算式，但其算式仅和时角相关而忽略了黄经对时差的影响。如《授时历》中的时差算法可表示为距午分 w 的函数

$$\Delta t = \pm \frac{(5000 - w) \times w}{9600} \tag{6-10}$$

其符号规则为：午前为“ - ”，午后为“ + ”。

4. 小结

从造术方法来看，古希腊、古代印度、阿拉伯的日食时差算法有很大区别。从时差算法的理论模型来看，时差的自变量应该是定朔时刻的相关数据，但同时要兼顾到视食甚时刻的情形，这是设计时差算法的关键。古希腊、古代印度和阿拉伯的天文学家均已认识到这一点，并给出了相应的近似算法。

《至大论》日食时差以定朔时刻的数据入算，但对该结果进行了二次修正。《苏利亚历》设计的日食时差算法，用到了现代数值计算中的简单迭代法，《苏利亚历》中所求日食时差即为迭代函数的不动点，而定朔时刻的黄经视差 $p_{\lambda 0}$ 就是第一次所取的猜测值 x_0 。

《回回历法》中没有给出时差算法的构造方法，而是直接给出了一张时差表，并给出了查表的方法。《回回历法》虽然没有给出时差算法的造术原理，但通过对其中时差表的结构和精度进行分析，《回回历法》的制定者确实已经很好地掌握了日食时差算法的构造原理。

相比较而言，中国古代天文学家设计的时差算法直接以定朔时刻的相关数据入算，没有做任何修正。而且，中国古代的日食时差算法仅仅考虑了距午分（相当于时角）对时差的影响，而完全忽略了黄经的作用。因此，相对其他文明而言，中国古代的日食时差算法是比较粗疏的。

由于中国古代的时差算法仅与时角相关，而完全忽视了黄经对时差的影响，这样处理的结果，使得中国古代的日食时差算法精度不高，《宣明历》二分二至时差的平均绝对误差为50.5分钟，《纪元历》为29.1分钟，《授时历》为22.4分钟。而《回回历法》中二分二至时差算法的平均绝对误差为4.3分钟。《至大论》中时差算法的平均绝对误差为9分钟，《苏利亚历》中时差算法的平均绝对误差为15分钟。

从时差的精度方面考虑，《至大论》、《苏利亚历》和《回回历法》中的时差算法有一系统误差，这与它们采用的地平视差数值小于理论结果有关。《至大论》中所取地平视差的数值为50′43″，《回回历法》采用的地平视差的数值介于50′与51′之间，比理论结果57′要小一些。《苏利亚历》取时差的最大值为96分钟，同样比理论结果要小。

关于时差的符号，由于古希腊和阿拉伯的天文学家有比较明确的几何模型，因此《至大论》和《回回历法》中的时差符号以黄平象限为分界点，这个法则是正确的。古代印度《苏利亚历》中的时差符号则近似以午正来代替黄平象限，中国古代的时差算法中的符号也一直采用“午前以减，午后以加”的法则，这个法则虽然在大多数情况下和实际情况相符，但仍然存在着一些弊端。事实上，在明末清初西方天文学大规模输入中国之前，任何一部中国的传统历法都没有很好地解决时差的符号问题。

三、古希腊、古代印度、阿拉伯和中国日食食分算法比较

1. 古希腊食分算法

托勒密设计的日食食分算法可概括为如下步骤：

（1）求出视食甚时刻月亮视差 p_M 和太阳视差 p_S 的差值 $\Delta p = p_M - p_S$，并求出相应的纬度视差 Δp_β；

（2）将纬度视差 Δp_β 转化为月球沿白道方向改变的度数 $\Delta\omega$：

$$\Delta\omega = 12\Delta p_\beta \tag{6-11}$$

（3）用求得的 $\Delta\omega$ 修正月球在白道上的位置。

$$l'_M = l_M \pm \Delta\omega \tag{6-12}$$

其中，l_M 表示定朔时刻月球离开黄白交点的度距，l'_M 表示视食甚时刻月球离开黄白交点的度距。

（4）设食分为 m，托勒密将太阳视直径分等为 12 份，并给出了 l'_M 和食分 m 的关系

$$l'_M = 6° \times \left(1 - \frac{m}{12}\right) \tag{6-13}$$

当月球的视半径最小时，将上式中的 6° 变为 6°;24 即可。按照上式，可由 l'_M 求出相应的食分。

2. 古代印度食分算法

根据《苏利亚历》术文，其日食食分算法可以表示为

$$m = (r_S + r_M) - \beta' \tag{6-14}$$

式中 m 表示日食食分，r_S 和 r_M 分别表示太阳和月亮的视半径，$\beta' = \beta \pm p_\beta$ 表示月亮的视黄纬，纬度视差 p_β 的符号由下列规则决定：当月亮位于黄道北时，取“－”，当月亮位于黄道南时，取“＋”。

3. 阿拉伯食分算法

若设太阳和月亮的视半径分别为 r_S 和 r_M，$\beta' = \beta \pm p_\beta$ 表示月亮的视黄纬，则根据《回回历法》术文，有

$$\Delta\beta = r_M + r_S - \beta' \tag{6-15}$$

式中的 $\Delta\beta$，在《回回历法》中被称为日食食限，因为《回回历法》是利用 $\Delta\beta$ 的大小来判断日食的：①若 $\Delta\beta < 0$，不发生日食；②若 $\Delta\beta = r_M + r_S$，即 $\beta' = 0$ 时，发生日全食；③若 $\Delta\beta = r_M + r_S$，即 $\beta' = 0$，且 $r_S > r_M$，发生日环食。

设日食食分为 g，太阳的视直径，即太阳径分为 d_S，则《回回历法》中日食食分算法为

$$g = \frac{\Delta\beta}{d_S} \times 10 \tag{6-16}$$

4. 中国古代食分算法

中国古代的日食食分算法是以视月亮到视黄白交点的距离作为自变量的，而且食分算法在阴历和阳历是不同的。以《纪元历》为例，其日食食分算法可分别表示如下

$$g_{阴} = \frac{4300 - x}{430} \tag{6-17}$$

$$g_{阳} = \frac{3400 - x}{340} \tag{6-18}$$

上面两个算式中，x 称为交前后分，其意为视月亮到视黄白交点的距离，4300 和 3400 分别称为阴历食限和阳历食限，430 和 340 分别称为阴历定法和阳历定法。

《纪元历》之后的历法构造的日食食分算法均同于《纪元历》，但在阴历食限和阳历食限的数据上有些细微差别。元代郭守敬《授时历》构造的日食食分算法和《纪元历》相同，所不同的是，《授时历》将阴历食限、阳历食限以及自变量均由日分换算为度。《授时历》所取阴历食限为 8 度，阳历食限为 6 度，自变量 x 表示去交前后度，即视月亮到视黄白交点的度距。

5. 小结

考察古希腊、古代印度、阿拉伯和中国的日食食分算法，不难看出，古代印度历法和《回回历法》中的食分算法均以月亮的视黄纬入算，但《苏利亚历》将食分定义为日月视圆面半径之和减去月亮的视纬度，而《回回历法》则将食分定义为太阳视圆面被遮部分除以太阳视圆面直径，再乘以 10，显然二者在本质上是完全相同的。

古希腊的日食食分算法以视食甚时刻视月亮离开视黄白交点的距离作为自变量，因此托勒密在计算日食食分时，首先计算月亮的视黄纬，然后将其转化为视月亮和视黄白交点的距离。中国古代的日食食分算法也是以视食甚时刻视月亮到视黄白交点的距离作为自变量，为了得到这个距离，中国古代的天文学家设计了食差算法，用于修正定朔时刻月亮到黄白交点的距离，从而得到视食甚时刻视月亮离开视黄白交点的距离。因此，古希腊和中国古代的日食食分算法思想其实是相通的，二者的一个差别是，《至大论》取最大食分为 12，而中国古代一般取最大食分为 10。

事实上，由于月亮的视黄纬和视月亮离开视黄白交点的距离是等价的，因此以上两种食分算法也是完全等价的。

四、古希腊、古代印度、阿拉伯和中国日食起讫算法比较

1. 古希腊日食起讫算法

《至大论》日食起讫算法的基本思路是：首先，计算真初亏到真食甚或真食甚到真复圆时月球走过的距离和时间，然后进行视差修正，求出视初亏和视复圆时间。

利用简单的几何模型，《至大论》首先计算从初亏到食甚月亮走过的距离，设这个距离为 d_e，则

$$d_e = \frac{1}{12}(r_M + r_S)\ \sqrt{m(24 - m)} \tag{6-19}$$

式中，m 表示日食食分，r_M 和 r_S 分别表示月亮和太阳视圆面。若用 t_e 表示从初亏到复圆的时间，则 t_e 和 d_e 的关系为

$$t_e = \frac{d_e + d_e/12}{v_M} \tag{6-20}$$

式中，v_M 表示月球的速度，$d_e/12$ 表示太阳运动的距离约为月球运行距离的1/12。

上述算法求出的 t_e，实际上没有考虑视差因素。为了由 t_e 求出视初亏和视复圆时刻，托勒密设计了如下算法：

（1）求出食甚时刻月亮的天顶距 z 和视差 $p(z)$；

（2）将 t_e 转化为相应的度数，记为 Δz，求出天顶距为 $z - \Delta z$ 和 $z + \Delta z$ 时的视差，记为 $p(z - \Delta z)$ 和 $p(z + \Delta z)$；

（3）求出 $p(z) - p(z - \Delta z)$ 所对应的时间 Δt_1 和 $p(z + \Delta z) - p(z)$ 所对应的时间 Δt_2；

（4）如果初亏、食甚和复圆均发生在午前或午后，则将 Δt_1 和 Δt_2 中较大的一个加到靠近子午线的一段，而将较小的一个加到靠近地平的一段。

2. 古代印度日食起讫算法

《苏利亚历》日食起讫算法的基本思路是：首先，计算真初亏到真食甚或真食甚到真复圆的时间，然后进行视差修正，求出视初亏和视复圆时间。

如果不考虑视差，则利用简单的几何模型，即可求出初亏到食甚的时间或食甚到复圆的时间，设这个时间为 t ，《苏利亚历》给出的算法为

$$t = \frac{60 \times \sqrt{(r_M + r_S)^2 - \beta'^2}}{v_M - v_S} \tag{6-21}$$

式中，r_S 和 r_M 分别表示太阳和月亮的视半径，β' 为月亮的视黄纬。

为了利用上式求出的 t ，得到日食的视初亏和视复圆时刻，《苏利亚历》设计了如下算法：

（1）由真食甚时刻求出真初亏时刻和真复圆时刻。设真食甚时刻为 T_1 ，真初亏时刻和真复圆时刻分别为 T_0 和 T_2 ，则显然有 $T_0 = T_1 - t$, $T_2 = T_1 + t$ 。

（2）若日食的三个食相均发生在东半球或西半球，设初亏和复圆时的黄经视差分别为 $p_{\lambda 0}$ 和 $p_{\lambda 2}$ ，食甚时的黄经视差为 $p_{\lambda 1}$ ，则有 $\Delta t_1 = p_{\lambda 1} - p_{\lambda 0}$, $\Delta t_2 = p_{\lambda 2} - p_{\lambda 1}$ 。若设视初亏、视食甚和视复圆的时刻分别为 $T_0{}^*$ ，$T_1{}^*$ 和 $T_2{}^*$ ，则有 $T_0{}^* = T_0 + \Delta t_1$ ，$T_2{}^* = T_2 + \Delta t_2$ 。

（3）若初亏和食甚发生在不同半球，记 $\Delta t_1 = p_{\lambda 1} + p_{\lambda 0}$ ，则视初亏时刻 $T_0{}^* = T_0 + \Delta t_1$ ；若食甚和复圆发生在不同半球，记 $\Delta t_2 = p_{\lambda 1} + p_{\lambda 2}$ ，则视复圆时刻 $T_2{}^* = T_2 + \Delta t_2$ 。

3. 阿拉伯日食起讫算法

《回回历法》中，初亏到食甚和食甚到复圆时刻之间的时间

差称为时差，由于时差是以食甚太阴纬度β'的函数，因此不妨设时差函数为$F(\beta')$，则根据《回回历法》术文有

$$F(\beta') = \frac{24 \times \sqrt{(r_M + r_S)^2 - \beta'^2}}{v_M - v_S} \tag{6-22}$$

由于日食的食甚时刻已知，因此，日食的食甚时刻减去$F(\beta')$即为初亏时刻，食甚时刻加上$F(\beta')$即为复圆时刻。

4. 中国古代日食起讫算法

对日食而言，食甚到初亏和食甚到复满之间的时间并不相等，这取决于视食甚、初亏与复满时刻的时差大小。隋唐时期的历法家显然不能合理解释其中的道理，《皇极历》、《大衍历》、《宣明历》和《崇玄历》等历法认为，初亏与复圆关于食甚时刻对称；《戊寅历》认为初亏到食甚与食甚到复圆的时间之比为6∶4，而《麟德历》认为初亏到食甚与食甚到复圆的时间之比为4∶6。《五纪历》则认为日食若发生在辰正前，则初亏到食甚与食甚到复圆的比例为4∶6，日食若发生在未正后，则初亏到食甚与食甚到复圆的比例为6∶4。

在中国古代所有历法中，只有《钦天历》设计的日食起讫算法比较合理。《钦天历》日食起讫算法的基本思路是：首先，利用定用分，由朔望定分分别求出真初亏和复满时刻，然后利用日食时差算法，按照由日食真食甚计算视食甚的方法，求出视亏初和视复满时刻，称为亏初、复末定分。

《钦天历》之后的所有历法，都认为日食的初亏和复满时刻关于食甚时刻对称。在这些历法中，只有《授时历》、《大统历》和《回回历法》等少数几部历法在计算日食定用分（初亏到食甚的时间）时，采用的算法和月食起讫算法的理论模型等价，而其他历法均采用的是中国古代传统的数值算法，即定用分都是以日食食分为自变量的函数。

5. 小结

托勒密设计的日食起讫算法虽然考虑了月亮视差的影响，但从整个算法设计来看，还是显得比较粗疏。从《回回历法》设计的日食起讫算法来看，《回回历法》虽然借助日食三限图推导出初亏到食甚之间的时间，但由于《回回历法》在日食起讫算法中没有考虑日食时差的影响，因此，按照《回回历法》中的算法求得的初亏到食甚之间的时间，通常要小于视食甚到视初亏之间的时间。而且一般来说，视食甚和视初亏与视食甚和视复圆之间的时间并不相等，但《回回历法》设计的算法并未体现出这种差别。《苏利亚历》中的日食起讫算法不仅考虑了视差影响，而且就算法模型而言，和理论模型非常接近。在中国古代历法中，除《钦天历》设计的日食起讫算法比较合理外，其他历法中的算法均比较粗疏，在隋唐时期的历法中，有的历法将初亏到食甚和食甚到复圆的时间之比定为4∶6，有的则定为6∶4，宋代以后的历法中，初亏到食甚和食甚到复圆的时间通常被认为是相等的。

参 考 文 献

一、西文文献

西文著作

Bentley J. 1981. A Historical View of the Hindu Astronomy. New Delhi：Cosmo Publications

Brennand W. 1988. Hindu Astronomy. Delhi：Caxton Publications

Burgess R E. 1989. The Surya Siddhanta（A Text- Book of Hindu Astronomy）：Translated with Notes and Appendix. Delhi：Motilal Banarsidass Publishers Private Limited

Datta B，Singh A N. 1935. History of Hindu Mathematics（part one）. Lahore：Motilal Banarsi Das

Datta B，Singh A N. 1938. History of Hindu Mathematics（part two）. Lahore：Motilal Banarsi Das

Gillispie C C. 1978. Dictionary of Scientific Biography，Vol. 15，Supplement 1. New York：the United States of America Library of Congree

Kennedy E S. 1956. A Survey of Islamic Astronomical Tables. Philadelphia：The Americal Philosophical Society

Kennedy E S. 1983. Studies in the Islamic Exact Science. Beirut：American University of Beirut

King Da A. 1986. Islamic Mathematical Astronomy. London ：Variorum Reprints

Nakayama S. 1969. A History of Japanese Astronomy—Chinese Background and Western Impact. Cambridge，Mass：Harvard University Press

Neugebauer O. 1975. A History of Ancient Mathematical Astronomy（Part 1，Part 2，Part 3）. Berlin，Heidelberg，New York：Springer- Verlag

Neugebauer O. 1983. Astronomical Cuneiform Texts（Babylonian ephemerides of the Seleucid period for the motion of the sun，the moon，and the planets）. New York：Springer- Verlag

Pedersen O. 1974. A Survey of the Almagest. Odense ：Odense University Press

Ptolemy C. 1984. Ptolemy's Almagest. London：Duckworth

Shukla K S，Litt D. 1957. The Surya Siddhanta with the commentary of Paramesvara. Lucknow : Department of Mathematics and Astronomy, Lucknow University

Shukla K S, Sarma K V. 1976. Aryabhatiya of Aryabhata (critically edited with Introduction, English Translation, Notes, Comments and Indexes) . New Delhi: Indian National Science Academy

Subbarayappa B V, Sarma K V. 1985. Bombay, Indian Astronomy (A Source Book Based Primarily on Sanskrit Texts) . Bombay: Nehru Centre

西文论文

Cullen C. 2007. Huo Rong's observation programme of AD 102 and the Han li solar table. Journal for the History of Astronomy, 38 (1): 75 ~ 98

Han Yanben. 1994. A Japanese Record of an Annular Solar Eclipse and Variation of the Earth's Rotation, Chinese Science Bulletin, (23), 2023 ~ 2024

Hu Tiezhu. 2002. The Accuracy of Dayanli's Calculation of the Solar Eclipse. Alan K. L. CHAN et al, ed. Historical Perspectives on East Asian Science, Technology and Medicine. Singapore: Singapore University Press and World Scientific, 431 ~ 437

Kennedy E S. 1983. Parallax Theory in Islamic Astronomy. E. S. Kennedy, Studies in the Islamic Exact Science , Beirut: American University in Beirut, 165 ~ 184

Liu Ciyuan, Li Jianke, Zhou Xiaolu. 1999. Study on double dawn, Science in China, Ser. A (11): 1224 ~ 1232

Siebert H. 2005. The Early Search for Stellar Parallax: Galileo, Castelli, and Ramponi. Journal for the History of Astronomy, 36 (3): 251 ~ 271

Yabuuti K. 1997. Translated and partially revised by Benno Van Dalen, Islamic Astronomy in China during the Yuan and Ming Dynasties, Historia Scientiarum, Vol. 7-1: 11 ~ 43

Zhang Peiyu, Han Yanben. 1996. Variation of the earth's rotation derived from timing records of solar eclipse in ancient China, Chinese Science Bulletin, (6): 525 ~ 526

二、中文原始文献

薄树人. 1993. 中国科学技术典籍通汇·天文卷. 郑州：河南教育出版社

林文照. 1993. 中国科学技术典籍通汇·综合卷. 郑州：河南教育出版社

(后晋) 刘昫等. 1975. 旧唐书. 北京：中华书局

马明达，陈静辑注. 1996. 中国回回历法辑丛. 兰州：甘肃民族出版社

(唐) 瞿昙悉达. 1989. 开元占经. 北京：中国书店影印

(宋) 欧阳修，宋祁. 1975. 新唐书. 北京：中华书局

（明）宋濂等 . 1976. 元史 . 北京：中华书局
（元）脱脱等 . 1985. 宋史 . 北京：中华书局
（唐）魏徵等 . 1973. 隋书 . 北京：中华书局
（清）张廷玉等 . 1974. 明史 . 北京：中华书局
中华书局 . 1976. 历代天文律历等志汇编（1～10 册）. 北京：中华书局

三、中文研究文献

中文著作

薄树人 . 2003. 薄树人文集 . 合肥：中国科学技术大学出版社
薄树人 . 1996. 中国天文学史 . 台北：文津出版社
勃拉日哥 C H. 1954. 球面天文学教程 . 易照华，杨海寿译 . 北京：高等教育出版社
陈载璋，胡中为，尹素英 . 1983. 天文学导论 . 北京：科学出版社
陈久金 . 1993. 陈久金集 . 哈尔滨：黑龙江教育出版社
陈久金 . 1996. 回回天文学史研究 . 南宁：广西科学技术出版社
陈美东 . 1994. 自然科学发展大事记・天文学卷 . 沈阳：辽宁教育出版社
陈美东 . 1995. 古历新探 . 沈阳：辽宁教育出版社
陈美东 . 2003. 中国科学技术史・天文学卷 . 北京：科学出版社
陈遵妫 . 1955. 中国古代天文学简史 . 上海：上海人民出版社
陈遵妫 . 1980，1982，1984，1989. 中国天文学史 . 第 1～4 册 . 上海：上海人民出版社
邓可卉 . 2005. 托勒密《至大论》研究 . 西北大学博士学位论文
邓可卉 . 2009. 希腊数理天文学溯源——托勒玫《至大论》比较研究 . 沈阳：辽宁教育出版社
伏古勒尔 G de. 1959. 天文学简史 . 李晓舫译 . 罗玉君校 . 上海：上海科学技术出版社
高平子 . 1987. 高平子天文历学论著选 . 台北：台湾研究院数学研究所
胡中为 . 2003. 普通天文学 . 南京：南京大学出版社
吉蒂・弗格森 . 2005. 量天——人类探索宇宙边界的历程 . 孙宏涛，晏凯亮译 . 北京：北京大学出版社
姜丽蓉 . 2002. 中国科学技术史・论著索引卷 . 北京：科学出版社
江晓原 . 1991. 天学真原 . 沈阳：辽宁教育出版社
江晓原 . 1999. 天学外史 . 上海：上海人民出版社

江晓原，钮卫星．1998. 中华文化通志，第7典，科学技术，天文志．上海：上海人民出版社
江晓原，钮卫星．2001. 天文学西学东渐集．上海：上海书店
杰克·B. 齐克尔．2002. 日全食．傅承启译．上海：上海科技教育出版社
金秋鹏．2001. 中国科学技术史·人物卷．北京：科学出版社
金祖孟．1997. 地球概论．北京：高等教育出版社
李勇．1997. 中国元明历法中朔望和交食的推算研究．南京大学博士学位论文
李约瑟．1975. 中国科学技术史，第四卷第二分册（天学）．北京：科学出版社
刘次沅．2006. 从天再旦到武王伐纣——西周天文年代问题．北京：世界图书出版公司
刘次沅，马莉萍．2006. 中国历史日食典．北京：世界图书出版公司
刘洪涛．2003. 古代历法计算法．天津：南开大学出版社
吕凌峰．2002. 明末及清代交食记录研究．中国科学技术大学博士学位论文
马莉萍．2007. 中国古代交食的宿度记录及其算法．中国科学院国家授时中心博士学位论文
米歇尔·霍斯金．2003. 剑桥插图天文学史．江晓原，关增建，钮卫星译．济南：山东画报出版社
钮卫星．2004. 西望梵天——汉译佛经中的天文学源流．上海：上海交通大学出版社
曲安京．2005. 中国历法与数学．北京：科学出版社
曲安京．2008. 中国数理天文学．北京：科学出版社
曲安京，纪志刚，王荣彬．1994. 中国古代数理天文学探析．西安：西北大学出版社
（清）阮元．1935. 畴人传．上海：商务印书馆
石云里．1996. 中国古代科学技术史纲·天文卷．沈阳：辽宁教育出版社
薮内清．1994. 隋唐历法史研究．东京：三省堂版，临川书店增订版，1989
斯克伏尔错夫．1955. 天文学．萧云，康民译．北京：高等教育出版社
孙锦龙，李德范．2005. 大学天文学．郑州：河南大学出版社
陶培培，2002. 回回历的版本及其精度研究，中国科学技术大学硕士论文
王辉．2001. 托勒密体系之数学基础研究．西北大学博士学位论文
王应伟．1998. 中国古历通解．沈阳：辽宁教育出版社
文采尔 M K. 1958. 球面天文学．朱裕栋，张先觉译．北京：高等教育出版社
伍拉德 E W，克莱门斯 G M. 1984. 球面天文学．全和钧等译．北京：测绘出版社
席泽宗．1990，1994. 世界著名科学家传记·天文学家（1~2）．北京：科学出版社
新城新藏．1929. 东洋天文学史．东京：弘文堂
徐振韬．1978. 日历漫谈．北京：科学出版社

宣焕灿 . 1992. 天文学史 . 北京：高等教育出版社
严敦杰 . 1986. 中国古代科技史论文索引 . 南京：江苏科学技术出版社
袁敏 . 2001. 古代中印数理天文学比较 . 西北大学博士学位论文
张培瑜 . 1997. 三千五百年历日天象 . 郑州：大象出版社
张培瑜，陈美东，薄树人等 . 2000. 中国天文学史大系 . 中国古代历法 . 石家庄：河北科学技术出版社
中国大百科全书在编辑部 . 1980. 中国大百科全书 · 天文卷 . 北京，上海：中国大百科全书出版社
中国科学院紫金山天文台 . 1983. 中国天文年历 . 北京：科学出版社
中国天文学史整理研究小组 . 1981. 中国天文学史 . 北京：科学出版社

中文论文

车一雄 . 1984.《授时》、《大统》预推日食方法的原理 . 中国天文学史文集（3）. 北京：科学出版社，89 ~ 96
陈静 . 1992. 元回回天算家及其天文工作考论 . 回族研究，(2)：36 ~ 42
陈静 . 1994. 明政府对回回天算人才的任用 . 回族研究，(3)：35 ~ 38
陈静 . 1994. 明朝回回天算家天文工作考述 . 兰州大学学报（社会科学版），22（1）：45 ~ 51
陈久金 . 1983. 中国古代日食时刻记录的换算和精度分析 . 自然科学史研究，2（4）：303 ~ 315
陈久金 . 1985. 瞿昙悉达和他的天文工作 . 自然科学史研究，4（4）：321 ~ 327
陈久金 . 1989. 马德鲁丁父子和回回天文学 . 自然科学史研究，8（1）：28 ~ 36.
陈久金 . 1989. 回历日月位置的计算及其运动的几何模型 . 自然科学史研究，8（3）：219 ~ 229
陈久金 . 1990. 回历日月食原理 . 自然科学史研究，9（2）：119 ~ 131
陈久金，马肇曾 . 1989. 回人马依泽对宋初天文学的贡献 . 中国科技史料，10（2）：3 ~ 11
陈美东 . 1984. 日躔表之研究 . 自然科学史研究，3（4）：330 ~ 340
陈美东 . 1986. 回回历法中若干天文数据之研究 . 自然科学史研究，5（1）：11 ~ 21
陈美东 . 1986. 刘洪的生平、天文学成就和思想 . 自然科学史研究，5（2）：129 ~ 142
陈美东 . 1986. 我国古代的中心差算式及其精度 . 自然科学史研究，5（4）：289 ~ 296
陈美东 . 1991. 中国古代的月食食限及食分计算法 . 自然科学史研究，10（4）：297 ~ 314

邓可卉 . 2004. 关孝和对《授时历》中弧矢割圆术的研究 . 西北大学学报（自然科学版），34（3）：364 ~ 368
邓可卉 . 2006. 托勒玫《至大论》的方法论基础 . 内蒙古师范大学学报（哲学社会科学版），35（5）：5 ~ 9
邓可卉 . 2007.《授时历》中的弧矢割圆术再探 . 自然科学史研究，26（2）：155 ~ 164
邓可卉 . 2007. 明代末期《至大论》在中国的流传和影响——以《崇祯历书》为例 . 内蒙古师范大学学报（自然科学汉文版），36（6）：666 ~ 671
丁川 . 1995. 日月食限的计算，陕西师范大学学报（自然科学版），（S1）：46 ~ 48
冯时 . 1992. 殷卜辞乙巳日食的初步研究 . 自然科学史研究，11（2）：139 ~ 150
傅健，李志超 . 1992. 宋历步交会术中“三差”的计算方法 . 自然科学史研究，11（4）：307 ~ 315
关增建 . 1995. 日食观念与传统礼制 . 自然辩证法通讯，17（2）：47 ~ 55
韩延本 . 1995. 日本古代中心日食记录在地球自转研究中的可能作用，地球物理学进展，10（4）：94 ~ 98
韩延本 . 1997. 由一次西周日食记载得到的地球自转变化 . 地球物理学进展，12（3）：90 ~ 93
韩延本 . 1997. 由日本古代中心日食记载得到的地球自转速率变化 . 地球物理学报，40（2）：285 ~ 288
韩延本 . 1999. 中国古代中心日食记载与地球自转速率的变化 . 地球物理学报，42（S1）：18 ~ 23
韩延本，李启斌 . 1995. 古代日月食观测记载和地球自转变化研究 . 地球物理学进展，10（3）：40 ~ 50
韩延本，乔琪源 . 2000. 由公元 1361 年一次日全食的记载得到的高精度 ΔT 值 . 地球物理学进展，15（1）：108 ~ 110
韩延本，乔琪源 . 2002. 日本古代的一次可能的日全食与地球自转变化 . 地球物理学进展，17（2）：353 ~ 355
韩延本，李致森，林柏森，杨希虹 . 1984. 利用中国古代中心食记录得到的地球自转速率变化参数 . 天体物理学报，4（2）：107 ~ 113
胡铁珠 . 1990. 大衍历与苏利亚历的五星运动计算 . 自然科学史研究，9(3)：219 ~ 231
胡铁珠 . 2001.《大衍历》交食计算精度 . 自然科学史研究，20（4）：312 ~ 319
贾小勇，王鹏云 . 2007. 古代巴比伦塞琉古王朝时期的定朔算法 . 自然辩证法通讯，29（6）：91 ~ 95
江晓原 . 1988. 从太阳运动理论看巴比伦与中国天文学之关系 . 天文学报，29（3）：272 ~ 277

江晓原.1990. 巴比伦与古代中国行星运动理论. 天文学报, 31 (4): 342~348
江晓原.1993. 元代华夏与伊斯兰天文学接触之若干问题. 传统文化与现代化, (6): 72~77
景冰.1995. 《授时历》的研究. 自然科学史研究, 14 (4): 349~358
雷焕芹.1994. 钱宝琮先生对《授时历》研究的贡献. 中国科技史料, 15 (1): 53~59
李鉴澄.1994. 中国历代日月交食周期的研究. 自然科学史研究, 13 (2): 114~122
李勇.1995. 中国古代正史31次日全(环)食记录的研究. 南京大学学报(自然科学版) 31 (2): 227~236
李勇.1996. 《授时历》交食推步研究. 南京大学学报(自然科学版), 32(1): 16~24
李勇.2000. 《授时历》与仲康日食推算. 南京大学学报(自然科学版), 36 (1): 51~55
李勇.2001. 武丁月食及其年代研究. 中原文物, 25 (1): 51~55
李勇.2001. 《授时历》对天再旦、天大曀的年代问题研究, 文博, 28 (2): 46~49
李勇.2005. 中国古历经朔数据的恢复及应用. 天文学报, 46 (4): 474~484
李勇, 吴守贤.1999. 仲康日食古代推算结果的复原. 自然科学史研究, 18 (3): 234~240
李勇, 吴守贤.2001. 授时历议中的仲康日食记录研究. 南京大学学报(自然科学版), 31 (1): 17~22
李勇, 张培瑜.1996. 中国古历定朔推步综述. 天文学进展, 14 (1): 66~76
李勇, 张培瑜.1996. 中国元明时期交食推步的比较研究. 南京大学学报(自然科学版), 32 (3): 387~394
李勇, 张培瑜.1999. 中国13世纪历法的交食推算精度, 南京大学学报(自然科学版), 35 (4): 421~424
李志超.1980. 沈括的天文研究(2)——日食和星度. 中国科技大学学报, 10 (1): 50~56
李致森, 杨希虹.1985. 我国古代交食的时刻记录与地球自转的长期不规则性. 中国科学(A辑) 15 (2): 163~170
吕凌峰.2003. 清代皇家天文机构日月食测报舞弊现象之透析. 见: 全国中青年学者科技史学术研讨会论文集, 20~29
吕凌峰.2003. 对清代地方志中日食记录可靠性的分析及其启示. 自然杂志, 35 (4): 243~246
吕凌峰.2006. 清代交食记录的历史文献及其研究状况. 广西民族学院学报(自然科学版) 12 (1): 32~36
吕凌峰, 石云里.2001. 明末历争中交食测验精度之研究. 中国科技史料, 22 (2):

128 ~ 138
吕凌峰，石云里 . 2003. 明末中西历法争论中回回历的推算精度——以六次日月食预报记录为例 . 回族研究，52（4）：78 ~ 80
刘宝林 . 1980. 一年中发生月食的次数 . 天文学报，21（1）：64
刘宝林 . 1983. 一年中日月食的次数 . 科学通报，（14）：871 ~ 872
刘操南 . 1985. 授时历术述要 . 宁波师院学报（社会科学版），（2）：31 ~ 44
刘次沅 . 1985. 两汉以前的古代大食分日食记录 . 天体物理学报，5（4）：284 ~ 290
刘次沅 . 1999. “懿王元年天再旦于郑”考证 . 自然科学史研究，18（1）：48 ~ 54
刘次沅 . 2001. “三苗日食”的可能年代 . 陕西天文台台刊，24（1）：9 ~ 14
刘次沅 . 2002. 天再旦日食的根据与计算——对 Keenan 质疑的注释，陕西天文台台刊，25（1）：70 ~ 80
刘次沅 . 2003. 中国早期日食记录研究进展 . 天文学进展，21（1）：1 ~ 10
刘次沅 . 2006. 中国古代常规日食记录的整理分析，时间频率学报，29（2）：151 ~ 160
刘次沅 . 2009. 魏晋天象记录校勘 . 中国科技史杂志，30（1）：65 ~ 82
刘次沅，窦忠，庄威凤 . 1998. 明代大食分日食记录考证 . 陕西天文台台刊，21（1）：84 ~ 98
刘次沅，李建科，周晓陆 . 1999. “天再旦”研究 . 中国科学 A 辑，29（12）：1141 ~ 1147
刘次沅，马莉萍 . 2004. 夏商周断代工程中的几个天文学问题 . 广西民族学院学报（自然科学版），10（1）：23 ~ 29
刘次沅，马莉萍 . 2006.《中国历史日食典》的编算方法与特点 . 广西民族学院学报（自然科学版），12（4）：11 ~ 16
刘次沅，马莉萍 . 2006. 睡虎地秦简《日书·玄戈篇》新探 . 秦文化论丛，第 13 辑：192 ~ 202
刘次沅，马莉萍 . 2006.《中国历史日食典》的编算方法与特点 . 广西民族学院学报（自然科学版）12（4）：11 ~ 16
刘次沅，马莉萍 . 2008. 朱文鑫《历代日食考》研究 . 时间频率学报，31(01)，73 ~ 80
刘次沅，周晓陆 . 1998. 带食而出的天光变化 . 天文学报，39（3）：278 ~ 286
刘次沅，周晓陆 . 2002. 诗经日食及其天文环境 . 陕西天文台台刊，25（1）：74 ~ 80
刘次沅，庄威凤 . 1998. 明代日食记录研究 . 自然科学史研究，17（1）：38 ~ 46
刘金沂 . 1983. 隋唐历法中入交定日术的几何解释 . 自然科学史研究，2(4)：316 ~ 321
刘金沂 . 1984. 麟德历交食计算法 . 自然科学史研究，3（3）：251 ~ 260
刘金沂，赵澄秋 . 1984.《麟德历》定朔计算法 . 见：中国天文学史文集（3）. 北京：科学出版社，38 ~ 88

宁晓玉 . 2004. 明清之际确定日月食方位的几种方法 . 自然科学史研究，23（1）：25～37
马莉萍 . 2004. 清代日食的地方性记录 . 自然科学史研究，23（2）：121～131
马莉萍 . 2004. 清代正史日食记录初探 . 时间频率学报，27（2）：146～160
马莉萍 . 2004. 清代日食预报记录探析 . 北京大学2004年全国博士生学术论坛论文集. 2004年8月：518～526
马莉萍 . 2007. 中国历法中合朔时的太阳位置 . 时间频率学报，30（1）：68～79
马莉萍 . 2007. 中国古代月食记录中的月亮位置分析 . 时间频率学报，30（2）：144～159
马莉萍 . 2008. 中国古代日食的宿度记录 . 自然科学史研究，27（1）：39～58
马建春 . 2005. 元代传入的回回天文学及其影响，西北师大学报（社会科学版），42（3）：67～71
钱宝琮 . 1956. 授时历法论略 . 天文学报，4（2）：193～209
钱宝琮 . 1960. 从春秋到明末的历法沿革 . 历史研究，（3）：35～67
曲安京 . 2000. 中国古代历法与印度及阿拉伯的关系——以日月食起讫算法为例 . 自然辩证法通讯，22（3）：58～68
曲安京 . 2002. 中国古代日食食差算法的原理 . 自然科学史研究，21（2）：97～114
曲安京，唐泉 . 2005. 中国古代的日食时差算法 . 石河子大学学报（自然科学版），23（4）：416～421
曲安京，唐泉 . 2008. 中国古代日食食限与食分算法 . 中国科技史杂志，29（4）：347～357
尚晓清，曲安京 . 1999.《大衍历》定朔算法及程序说明 . 西北大学学报：自然科学版，29（3）：193～196
石云里 . 1998. 古代朝鲜学者的《授时历》研究 . 自然科学史研究，17（4）：312～321
石云里，邢钢 . 2006. 中国汉代的日月食计算及其对星占观的影响 . 自然辩证法通讯，28（2）：79～85
石云里，魏弢 . 2009. 元统《纬度太阳通径》的发现——兼论贝琳《回回历法》的原刻本. 中国科技史杂志，30（1）：31～45
石云里，吕凌峰，张秉伦 . 2000. 清代天文档案中交食预报史料之补遗 . 中国科技史料，21（3）：270～281
薮内清 . 1964. 回回历解 . 京都大学人文科学研究所，东方学报，36册
薮内清 . 1984，1985.《九执历》研究 .《科学史译丛》1984年4期和1985年1期（张大卫译自 Acta Asiatica，No. 36，1979，7～48页）
薮内清 . 1996. 魏晋南北朝时期的历法 . 自然科学史研究 . 15（2）：122～130

唐泉. 2005. 古代巴比伦的月亮黄纬算法. 自然辩证法通讯, 27 (3): 91 ~ 97
唐泉. 2005. 中国古代的日食食分算法. 自然科学史研究, 24 (1): 29 ~ 44
唐泉. 2007.《授时历》和《回回历法》中的日食时差算法. 中国科技史杂志, 28 (3): 114 ~ 122
唐泉. 2008.《至大论》和《苏利亚历》中的日食时差算法. 西北大学学报 (自然科学版), 38 (3): 508 ~ 512
唐泉. 2009. 评曲安京《中国数理天文学》. 汉学研究 (台湾), 27 (1): 331 ~ 338
唐泉. 2009.《授时历》外行星计算精度. 西北大学学报 (自然科学版), 39 (5): 911 ~ 914
唐泉, 贾小勇. 2004. 古代巴比伦塞琉古王朝时期食分算法初探. 西北大学学报 (自然科学版), 34 (3): 369 ~ 372
唐泉, 曲安京. 2005.《苏利亚历》的视差算法. 自然科学史研究, 24 (3): 197 ~ 213
唐泉, 曲安京. 2005. 古代印度的视差算法. 广西民族学院学报 (自然科学版), 11 (1): 56 ~ 62
唐泉, 曲安京. 2005.《苏利亚历》的时差算法. 西北大学学报 (自然科学版), 35 (1): 117 ~ 121
唐泉, 曲安京. 2007. 中国古代的视差理论——以日食食差算法为中心的考察. 自然科学史研究, 26 (2): 125 ~ 154
唐泉, 曲安京. 2008. 希腊、印度、阿拉伯与中国传统视差理论比较研究. 自然科学史研究, 27 (2): 131 ~ 150
唐泉, 曲安京. 2009. 中国古代视差理论中的日食时差算法. 周秦汉唐文化研究, 第 7 辑: 3 ~ 32
唐泉, 曲安京. 2009. 北宋的行星计算精度——以《纪元历》外行星计算为例. 中国科技史杂志, 30 (1): 46 ~ 54
唐泉, 滕艳辉. 2009. 中国古代的日食起讫算法. 内蒙古师范大学学报 (自然科学汉文版), 28 (5): 520 ~ 525
唐泉, 万映秋. 2005. 藏族科学家第巴桑结嘉措的科学活动. 中国科技史杂志, 26 (4): 340 ~ 348
唐泉, 万映秋. 2008. 中国古代的日食事应与占辞. 周秦汉唐文化研究, 第 6 辑: 34 ~ 53
唐泉, 徐传胜. 2006. 评曲安京《中国历法与数学》. 汉学研究 (台湾), 24 (1): 483 ~ 490
滕艳辉, 王鹏云. 2008.《纪元历》定朔算法模型及分析. 西北大学学报 (自然科学版), 40 (5): 855 ~ 858

滕艳辉，王鹏云. 2009.《纪元历》等8部宋代历法的定朔推步及精度分析. 中国科技史杂志. 30（1）：55～64

王荣彬. 2001. 关于关孝和对《授时历》交食算法的几点研究. 自然科学史研究，20（2）：143～151

王维兰. 1998.《时轮历精要》日、月食预报系统概述. 西北民族大学学报（自然科学版），19（1）：26～29

王维兰. 1998. 罗睺与交食算法设计. 西北民族大学学报（自然科学版），19（1）：21～25

吴守贤. 1980. 在研究地月系加速中应用中国古代日食记录的某些问题. 陕西天文台台刊，3（2）：23～31

吴守贤. 1998. 夏代仲康日食记载再读. 自然科学史研究，17（3）：250～253

吴守贤. 2000. 夏仲康日食年代确定的研究史略. 自然科学史研究，19（2）：114～123

吴守贤，刘次沅. 1987. 古代交食观测记录对地球自转速率长期变化的研究进展. 天文学进展，5（2）：147～157

夏吾才让. 2004. 藏族天文历算日月食预报系统研究. 西北民族大学学报（自然科学版），25（3）：6～9

邢钢，石云里. 2005. 汉代日食记录的可靠性分析——兼用日食对汉代历法的精度进行校验. 中国科技史杂志，26（2）：13～27

杨怡. 1991. 回历行星位置的推算及其运动的几何模型. 自然科学史研究，10（3）：246～258

张培瑜. 1975. 甲骨文日月食纪事的整理研究. 天文学报，16（2）：210～224

张培瑜. 1992. 宣明历定朔计算和历书研究. 紫金山天文台台刊，11（2）：121～155

张培瑜. 1993. 中国古代月食纪录的认证和精度研究. 天文学报，34（1）：63～79

张培瑜. 1994. 中国古日食记录和地球自转长期变化. 紫金山天文台台刊，13（1）：23～31

张培瑜. 1998. 天再旦与日食，地球物理学进展. 13（1）：84～100

张培瑜. 1988. 殷商西周时期中原五城可见的日食. 自然科学史研究，7（3）：218～231

张培瑜. 1999. 甲骨文日月食与商王武丁的年代. 文物，（3）：56～63

张培瑜. 1999. 日月食卜辞的证认与殷商年代. 中国社会科学，6（5）：172～198

张培瑜，韩延本. 1995. 八世纪前中国纪时日食观测和地球转速变化. 天文学报，36（3）：314～320

张培瑜，韩延本. 1999. "天再旦"日食与世界时改正数 ΔT. 科学通报，（17）：1872～1874

张培瑜，徐振韬，卢央 . 1982. 中国早期的日食记录和公元前十四至公元前十一世纪日食表. 南京大学学报（自然科学版），18（2）：370 ~ 109
赵君亮 . 2008. 日月交食的基本规律. 自然杂志，30（3）：151 ~ 155
赵兴云，高华中 . 2002. 日食发生条件的计算. 烟台师范学院学报（自然科学版），18（1）：72 ~ 76
赵光贤 . 1992.《诗 · 十月之交》应为七月之交说. 人文杂志，（5）：72 ~ 73
赵光贤 . 1993. 周懿王元年“天再旦于郑”为日食说质疑. 人文杂志，（4）：92 ~ 93
赵却民 . 1963. 甲骨文中的日月食. 南京大学学报（自然科学版），7（9）：35 ~ 46
赵贞 . 2005. 唐五代日食的发生及对政治的影响. 西北师大学报（社会科学版），42（5）：64 ~ 67

后 记

日食理论是古代数理天文学的重要内容之一。由于月亮视差的影响，日食计算比月食计算复杂。日食计算中的许多项目，如食甚、食分、食延、日食起讫时刻等都和月亮视差密切相关。从这个意义上来讲，视差算法是古代日食理论中的核心算法，视差算法设计是否合理，直接影响到日食预报的精度。

2001 年秋天，我考入西北大学数学与科学史研究中心，师从曲安京教授攻读科学史硕士学位。读硕士的第二年，我开始关注古代文明的一些日食理论，最早看的是古巴比伦泥板书中记载的天文学文献。2003 年春天，我在导师的推荐和帮助下，获准提前攻读博士学位。此后，我开始详细研读古希腊、古代印度、阿拉伯和中国的一些历法，特别是对这些文明的日食理论给予了更多的关注。关于这些文明的日食理论，前人已经做了大量的工作，但是对日食理论中的视差算法，研究文献还不太多。因此，我初步计划以视差理论作为我博士论文的选题。选择视差理论做博士论文，题目虽然有些小，但是由于视差算法与日食理论中许多算法密切相关，这个算法实际上贯穿了整个日食计算的始终，可以说是传统日食计算中最为核心的算法。因此，我打算依次阐述古希腊、古代印度、阿拉伯和中国这四个主要古代文明的视差算法，内容涉及视差算法的造术原理、历史沿革、精度以及对日食计算的影响。

日食理论历来受到科学史家的高度关注和重视，关于视差理论，当时已有一些深刻的研究成果，如薮内清、陈美东和曲安京等学者的研究，给了我很大的启发和帮助。大约在 2004 年年初，我深入研究了古代印度经典数理天文学著作《苏利亚历》

中的视差理论，通过球面三角学变换，证明了《苏利亚历》中黄经视差和纬度视差的模型与理论模型完全等价。2005 年，我在薮内清的工作基础上，重新构建了中国古代日食时差算法的理论模型，并从算理上指出，中国古代的日食时差算法是食差算法的一个子算法。

博士毕业后，我继续从事日食计算与视差理论方面的研究，并参加了导师组织的历法讨论班。其间，我对中国古代历法家设立的阴历食限和阳历食限不相等的原因给出了一个合理的解释，此外，我还指出，《钦天历》是中国古代唯一一部在日食起讫算法中应用日食时差理论的历法。这些工作，构成了本书的主体部分。

回顾这些年的求学经历和学术生涯，虽然遇到不少困难和挫折，但总体来说还是比较顺利。说起来，我和科学史这个行当很有缘分，我 1996 年从西北师范大学数学系毕业时，本科毕业论文选的就是数学史方面的，题目好像与《九章算术》和《几何原本》有关，当时翻阅了一些图书馆能借到的关于《九章算术》和《几何原本》的著作。论文完成后，得到指导教师伏升茂先生的称赞，并计划将我的论文推荐到《西北师范大学学报》发表，但最后不知何故没有了下文，但从此我与科学史结下了不解之缘。

1996 年本科毕业后，我任教于甘肃省合作民族师专数学系。有一次，我在系资料室里，很意外地翻出一本由曲安京、纪志刚和王荣彬合著的《中国古代数理天文学探析》，书上落满了尘土。从该书的后记中，我知道西北大学在招收数学史方向的研究生，于是决定报考西北大学。我还订过半年《自然科学史研究》和《中国科技史料》，可是那两种杂志上面的文章对我来说确实很难，我只能囫囵吞枣地看个大概，细节基本是读不懂的。

2001 年，我终于如愿以偿考入西北大学数学与科学史研究中心，在曲安京教授的指导下，学习数学史；2003 年，我获准免试提前攻读博士学位；2006年，我顺利获得了博士学位。在西北大学读书的5年时间，可以说是我一生中最快乐的时光。我在导师曲安京教授的熏陶下，对数理天文学产生了浓厚的兴趣，并投入了大量的精力和热情。这些年，我一直在导师的帮助和指导下，从事数理天文学史的学习和研究工作，并陆续在《自然科学史研究》、《中国科技史杂志》（原《中国科技史料》）和《汉学研究》（台湾）等刊物上发表了一些论文，同时，我也认识了许多国内外同行。毫不讳言，我在从事数理天文学史的研究过程中，体会到无穷的乐趣。

值此书稿付梓之际，我想对那些曾经帮助过我、关心过我和爱护过我的亲人、师长、朋友、同事和同学致以衷心的感谢。

首先，我要特别感谢我的授业恩师曲安京教授。这些年，我时时处处得到先生的耐心指导和热情鼓励。我求学期间，他多次开设数理天文学讨论班，参加讨论班的师兄弟最终基本都放弃了数理天文学的研究，但是我却从中受益匪浅，对数理天文学产生了浓厚的兴趣。我在先生门下受业期间，先生不嫌我天资愚钝，倾心相授，循循善诱，因材施教，先生对我的恩情我将永远铭刻于心。我发表的每一篇文章，几乎都得到了先生的指点并凝聚着他的心血，有时候为讨论一个学术问题，我们往返邮件10余次。本书从选题立意到布局谋篇，先生都倾注了大量的心血，甚至连书名，也是先生帮我起的。先生时常告诫我们，年轻人要多读书勤思考，要心存远大理想。不仅如此，先生忘我的工作精神时常鼓舞着我，催我奋勇向前，不敢懈怠。先生做学问的方法和为人处世的态度，已经成为我的榜样。

博士毕业后我任教于咸阳师范学院数学系，其间，西北大学方光华教授非常关心我的科研进展情况，并热情鼓励我到西北大学中国思想文化研究所开展博士后研究，继续从事科学史研究，研究的课题可以由我自己和我的博士生导师曲安京教授拟定。在方光华教授的鼓励和帮助下，我于2007年9月顺利进入西北大学历史学博士后流动站，开始博士后研究工作，研究的题目是“中国古代的行星运动理论研究”，合作导师为张岂之教授和方光华教授。3 年来，我申请到首批中国博士后科学基金特别资助 1 项、第 43 批中国博士后科学基金 1 项、国家自然科学基金 1 项，博士后研究课题也进展顺利。感谢张岂之教授和方光华教授为我提供了在西北大学中国思想文化研究所（思想所）从事博士后研究的机会。我在思想所做博士后期间，思想所的副所长谢扬举教授一直关心我的课题进展情况，他不仅为我提供了一个宽松的科研环境，而且在我使用博士后经费方面提供了很大的方便。

在西北大学读书期间，我曾经聆听过许多师长的教诲。李文林教授学识渊博、待人热情，他的每次报告都使我受益匪浅，在北京查阅资料期间，李先生热情地为我安排了住宿，并赠送了他的大作《数学的进化——东西方数学史比较研究》；姚远教授见多识广、和蔼可亲，多年来一直关心我的学业，并在论文发表方面给予我很大的帮助；罗见今教授博闻强识、思想敏锐，他的每次报告都给我留下了深刻的印象。

袁敏博士一直关心我的学习和生活情况，并与我经常进行有益的讨论。在我做毕业论文期间，她为我提供了她所有的印度数理天文学方面的资料和梵文字典，我的博士论文初稿完成后，袁敏博士仔细审阅了全文并提出了许多宝贵的修改意见。赵继伟博士多年来一直和我广泛讨论各种学术上和生活上的问题，我的爱人和孩子在西安度假期间，赵继伟博士和张春娟女士不仅热情地邀请我们一家去他们家做客，还赠送给我孩子许多糖果和玩具。

陈美东教授、陈久金教授、刘次沅教授、孙小淳教授、石云里教授，都是著名的科学史家，我曾在许多学术会议聆听过他们的报告，与他们进行的学术讨论使我受益匪浅。

我在北京查阅资料期间，中国科学院数学研究所的杨静博士、武修文博士、陈惠勇博士为我借阅图书和复印资料提供了热情的帮助。在自然科学史研究所查阅资料期间，特别感谢艾素珍女士在百忙中亲自借出许多馆藏图书供我复印；感谢孙小淳研究员给我赠送了他翻译的《早期希腊科学》一书，并热情地询问我的学位论文进展情况。此外，孙承晟博士、武家壁博士、韩毅博士、陈明晖博士和王传超硕士也为我查阅资料提供了大量帮助，特别感谢孙承晟博士亲自带我进入书库，给我介绍外文书籍的分布情况。

多年来，咸阳师范学院的校领导，以及科技产业处和数学与信息科学学院的领导，营造了一个宽松、和谐的科研工作环境，使我能够全身心投入科研工作。

我考入西北大学读研究生以后，我以前的同事卢成武、贾小勇、李跃武和周瑞宏也陆续考入西北大学，在一起求学的那段时间里，我们互相帮助和鼓励，度过了愉快的时光。我的师弟滕艳辉和王鹏云为本书的校订花费了大量的精力，感谢他们对我的帮助。感谢科学出版社的编辑同志为本书顺利出版付出的辛勤劳动。

最后，我要特别感谢我的妻子万映秋女士。多年来，她为了让我能专心致志地从事研究，一个人承担了几乎所有的家务，没有一句怨言。没有她的支持和鼓励，我是不会顺利完成这本小书的。

唐　泉

2010 年 4 月 5 日于咸阳师范学院